한국 역사 속의 음식

1

지은이 방기철

건국대학교 사학과에서 학부를 마치고, 같은 학교에서 석사·박사 과정을 수료했다. 부천시사편찬위원회 상임연구원을 지냈으며, 지금은 선문대학교 역사·영상콘텐츠학부 교수로 재직 중이다. '역사저널 그날', '역사를 찾아서', '국방TV특강 지식IN' 등의 방송과 여러 강연 등을 통해 역사대중화에 힘쓰고 있다. 앞으로 한국사를 다양한 주제로 엮어낼 계획을 가지고 있다. 대표적인 저서로는 『朝日戰爭과 조선인의 일본인식』, 『한국역사 속의 전쟁』, 『한국역사 속의 기업가』 등이 있다.

한국 역사 속의 음식 1

© 방기철, 2022

1판 1쇄 인쇄_2022년 06월 20일
1판 1쇄 발행_2022년 06월 30일

지은이_방기철
펴낸이_양정섭

펴낸곳_경진출판
　　　　등록_제2010-000004호
　　　　이메일_mykyungjin@daum.net
　　　　사업장주소_서울특별시 금천구 시흥대로 57길(시흥동) 영광빌딩 203호
　　　　전화_070-7550-7776　팩스_02-806-7282

값 22,000원
ISBN 978-89-5996-996-8 03590

한국 역사 속의 음식
1

방기철 지음

경진
출판

인간을 비롯한 모든 생명체는 먹지 않고는 살 수 없다. 즉 음식은 생명 유지의 필수 요소인 것이다. 인간이 조리된 음식을 먹기 시작하면서 호모에 렉투스에서 호모사피엔스로 진화했다는 견해는 음식이 인간의 진화 내지는 역사 발전에 지속적으로 영향을 미쳤음을 말해준다.

음식을 먹는 행위는 인간만의 고유한 특징이 아니다. 그런데 동물은 자연 그대로의 먹이를 섭취하는 반면, 인간은 자연의 재료를 조리하여 음식을 만들어 먹는다. 음식을 만드는 행위는 당연히 그 지역과 사회의 독특한 문화를 함유하게 된다. 이런 점에서 음식에는 그 민족의 역사가 담겨 있다고 할 수 있다. 때문에 국가 간 정상이나 귀빈들을 맞을 때 그 나라를 대표하는 음식을 대접함으로써, 음식을 통해 그 나라의 문화와 역사를 소개하는 것이다.

『예기(禮記)』예운(禮運)편에는 "예의 시초는 마시고 먹는 데에서 시작되었다 [夫禮之初 始諸飮食]."라는 글이 있다. 조선시대 음식은 '손님을 대접하고 조상을 제사하는[奉祭祀接賓客]' 도구였다. 이런 모습은 지금도 마찬가지이다. 그렇다면 음식은 그 민족의 역사와 문화의 특징을 규정짓는 요소임이 분명하다.

인간은 배고픔을 면하기 위해서만 먹지 않는다. '食'이라는 글자는 사람[人]에게 좋은 것[良]을 뜻한다. 즉 먹는 행위는 우리 몸에 유익할 뿐 아니라, 마음으로도 행복감을 느끼게 한다. 특히 함께 음식을 먹는 행위는 중요한 소통 수단의 하나이다. 우리는 제사상을 통해 조상과 소통하고, 제사 후 음식을 나누어 먹는다. 끼니를 같이하는 사람을 '식구(食口)'로 부른다. 운명공동체를 '한솥밥을 먹는다', 상대방에 대한 호감을 '밥 한번 먹자' 등으로 표현한다.

이는 모두 음식이 일체감을 확인하는 중요한 수단임을 말해주고 있다.

전 세계에서 한류의 하나로 K-food에 주목하고 있다. 2011년 CNN이 운영하는 문화·여행·생활 정보 사이트 'CNN GO'는 '세상에서 가장 맛있는 음식 50'을 발표했는데, 김치 12위, 불고기 23위, 비빔밥 40위, 갈비 41위 등 우리 음식이 4개나 포함되었다. 이는 태국, 이탈리아에 이어 세 번째로 많은 음식이 포함된 것이다. 우리는 세계에서 가장 맛있는 음식을 먹으면서 살아가고 있는 것이다.

우리의 자연환경은 음식을 제공하는 데 적합하다. 기름진 평야에서는 쌀과 채소가 재배되며, 산에서는 나물을 채취할 수 있다. 삼면이 바다로 둘러싸여 해산물도 풍부하다. 때문에 다양한 음식이 존재하지만, 다른 한편으로는 우리 음식이 무엇인지에 대한 정확한 정의를 내리기 어려운 것도 사실이다.

역사와 마찬가지로 음식문화 역시 끊임없이 발전한다. 우리 역사에서 혼인은 남성과 여성 집안의 음식문화가 합쳐지면서 새로운 음식문화가 재창조되는 소중한 기회였다. 외국과의 교류는 필연적으로 음식물의 교류를 가져왔다. 일제강점기에는 설탕·아지노모도(味の素)·양조간장 등을 근대적 영양식품으로 믿었고, 식민지경험은 전통음식에 대한 열등감으로 이어지기도 했다. 이런 인식은 한국전쟁 이후 상당기간 우리 머릿속에 자리 잡기도 했던 것 같다.

물질문명의 발달은 음식문화에 막대한 영향을 미치고 있다. 냉장고는 찬장의 기능을, 김치냉장고는 땅속의 김칫독을 대신하고 있다. 식용유가 등장하면서 기름을 이용하여 튀기거나 지지는 음식이 증가했다. 김치나 장 등은 담가 먹기보다는 홈쇼핑이나 인터넷을 통해 주문하거나 대형마트에서 사는 경우가 많다. 장맛도 점점 더 단맛으로 변하고 있다. 밥도 무쇠솥을 사용하기보다는 전기밥솥으로 짓고, 화학조미료의 맛과 자극적인 맛에 익숙해져 가고 있다.

생활수준 향상에 따라 웰빙(well-being)을 중요시 여기게 되면서, 먹거리에 대한 관심이 높아지고 있다. 신토불이(身土不二)와 로컬푸드(locai food)가 강조되고, 음식의 양보다는 질을 중요시하는 시대가 되었다. 생활협동조합 중 상당수는 먹거리와 관련 있고, 건강식품이 인기를 끌고 있다. 기후변화와 코로나19(COVID-19)라는 재앙 속에서 식량안보(food security)와 식량주권(food sovereignty)도 크게 주목받고 있다.

우리는 음식으로 질병을 예방하고, 질병이 생기면 음식으로 건강을 다스릴 수 있다고 생각했다. 이것이 식치(食治)이며, 질병을 예방하기 위해 약선(藥膳)을 생각했다. 음식이 약이라는 뜻의 약식동원(藥食同源) 내지는 의식동원(醫食同源) 역시 같은 뜻을 담고 있다. 조선시대에도 마음의 병을 치료하는 심의(心醫)를 최고로, 그 다음이 음식으로 병을 낫게 하는 식의(食醫), 약으로 치료하는 약의(藥醫)였다. 히포크라테스(Hippocrates)는 음식으로 못 고치는 병은 누구도 고칠 수 없다고 했다. 잘 먹는 것이 잘 사는 것이라는 생각은 동·서양이 똑 같았던 것이다.

조선시대 전공자가 우리의 음식문화에 관심을 가지는 것이 이상하게 보일지 모르지만, 사실은 당연한 것이라 할 수 있다. 그 이유는 음식에는 그 민족의 역사가 담겨 있기 때문이다. 전쟁과 외교를 공부하면서 등장하는 여러 음식을 접할 때마다, 우리 음식의 역사가 궁금했다. 선학들의 연구 성과들을 정리했지만, 조리법이나 영양성분, 음식 관련 용어들은 낯설기만 했다. 여러 방송에서 경쟁적으로 음식 관련 프로그램을 제작하고 방영하는 모습들을 보면서, 음식에 대한 공부가 시류에 편승하는 것으로 비춰지는 것은 아닌지 하는 염려도 있었다.

우리 음식의 역사에 관한 공부는 보람이 컸다. 우리 음식문화의 공부를 통해 음식도 음양오행과 밀접한 관련이 있음을 알게 되었다. 우리는 양의 성질의 칼로 음의 성질인 도마 위에서 음식을 만든다. 그 음식을 양의 숟가락과 음의 젓가락을 사용하여, 양의 밥과 음의 국을 함께 먹었다. 밥상에 차려진 반찬은 오행을 상징한다. 음과 양이 조화된 간장과 된장, 오행의 요소가 골고루 갖춰진 탕평채와 무지개떡, 음양오행이 구현된 오곡밥과 비빔밥 등을 먹었다. 혼례를 치를 때 합환주를 마시고, 개장국과 삼계탕을 먹는 이유도 음양오행과 밀접한 관계가 있다. 우리는 음양이 조화된 밥상을 대하면서 역사를 발전시켜 왔던 것이다.

일제강점기 교자상과 한정식이 등장했다. 일제는 우리의 땅에서 쌀을 수탈했듯이 바다에서 천일염을 생산하고, 강에서는 연어를 잡아 갔다. 조선시대 오징어는 일제강점기 갑오징어, 진이는 느타리가 되었다. 파래를 뜻하는 해태는 김을 가리키는 말이 되었고, 불고기라는 명칭이 등장했다. 마른멸치가 만들어지기 시작했고, MSG와 빙초산이 등장했다. 이 시기 설탕은 문명화의 척도였다. 다대기[たたき], 로스(ロース)구이, 세꼬시[せごし], 오뎅(おでん), 짬뽕[ちゃんぽん], 빵[パン], 고로케(コロッケ), 소보로(そぼろ), 건빵[カンパン], 포항의 모리(もり)국수, 통영의 술집 다찌[たちのみ] 등은 용어자체가 일본어에 기원을 두고 있다. 삼계탕이 등장하고, 잡채에 당면이 들어가고, 제육볶음과 육개장이 매운 음식으로 변한 것도 일제강점기부터이다. 일제의 강제점령은 우리 음식문화에도 일정한 영향을 미쳤던 것이다.

백반, 설렁탕, 순대, 여러 밀가루 음식, 부대찌개, 초당순두부, 따로국밥, 족발, 떡만두국, 상수리, 부산과 제주도의 여러 향토음식, 김치의 판매, 오뎅과 달걀의 대중화 등을 통해 전쟁과 음식의 상관성을 알게 되었다. 숭늉과 누룽지, 쌈 문화, 게국지 등을 통해서는 배고픔의 역사를 확인할 수 있었다. 외국에서 전래된 짜장면과 짬뽕, 돈까스와 카레라이스, 라면, 치킨, 빵과 오뎅 등이 우리 음식이 되는 과정도 이해하게 되었다. 무엇보다 인간의 음식에 대한 욕심은 끝이 없다는 사실을 알게 되었고, 이는 곧 역사가 발전하는 것과 마찬가지임을 깨달을 수 있었다.

음식에 관한 공부를 하면서 가장 아쉬웠던 점은 북한 음식에 대한 접근이 쉽지 않다는 사실이었다. 탈북자들이 운영하는 식당에서 먹어본 북한 음식은 문헌에서 확인한 바와 다른 경우가 많았다. 그 이유가 무엇인지, 현재 북한에서 먹고 있는 음식이 우리가 먹는 북한 음식과 같은 것인지 확인하는 것도 쉽지 않았다. 때문에 이 책은 북한의 음식은 거의 다루지 못했다는 한계가 있다.

전쟁, 기업가에 이어 음식이라는 주제를 통해 한국사를 조망한 이 책은 가급적 쉽게 역사에 접근하는 것에 목적을 두었다. 때문에 책에 수록된 내용의 상당 부분이 지금까지 축적되어 온 중요한 학문적 기반에 의거했지만, 번잡함을 피하기 위해 일일이 출처를 밝히지는 않았다. 하지만 참고문헌을 통해 필자가 참고한 글들을 빠짐없이 소개했다.

이 책을 준비하면서 여러 음식을 먹어보는 호사를 누리기도 했다. 음식을 먹으면서 지금의 맛이 우리 음식의 전통 맛인지 의문이 들었고, 맛의 평가는 철저히 주관적임을 깨닫게 되었다. 맛집은 대개 손님이 많아 혼자 가기 힘들었다. 강요 아닌 강요에 의해 함께 음식을 먹어준 장훈종·오동일 교수님께 감사드린다. 문한별 교수님은 우리말 어원과 관련된 귀찮은 질문을 일일이 확인하고 답해 주셨다. 귀중한 사진자료를 제공해 주신 충북대학교 사학과 김영관 교수님, 미라크의 김동찬 대표님, 충북대학교박물관과 선문대학교박물관 관계자분들께도 깊은 감사의 말씀 올린다.

우리 역사를 사랑하는 30년 친구 한상용과 후배 이승배는 항상 필자와 고민을 함께 해 주었다. 처 김명지, 이제는 훌쩍 커 버린 채현과 승찬에게도 고마움을 전한다. 상업성이 떨어지는 인문학 서적의 출간을 허락해 주신 경진출판 여러분들께도 진심으로 감사드린다.

이 책은 특정 주제로 한국사를 엮어낸 세 번째 책이다. 나름대로 노력했지만, 음식의 역사를 단순 나열한 것에 그친 것이 아닌가 하는 아쉬움이 남는다. 음식에 대해 무지한 것과 마찬가지로, 아직도 필자는 우리 역사의 상당 부분을 제대로 이해하지 못하고 있다. 그런 만큼 이 책의 출간을 역사 공부의 또 하나의 계기로 삼고 싶다.

2022년 1월

방기철

차 례

PART 8 음료와 커피

PART 9 떡

PART 10 과자

PART 11 전쟁과 음식

PART 12 이제는 우리 음식

PART 1

우리 음식문화의 특징

부엌과 상차림

음식을 만드는 공간 부엌은 불의 언저리란 뜻에서 붙여진 이름이다. 정지라는 말도 사용하는데, 이는 솥[鼎]과 도마[俎]를 나타내는 정조에서 비롯된 것이다. 구석기시대인들은 동굴이나 막집에 살았던 만큼 음식을 만들기 위한 별도의 공간은 없었을 것이다. 신석기시대인들의 주거지 움집에서 부엌은 집의 중앙에 위치했다. 이는 음식을 하면서 발생하는 열을 난방에 활용하기 위한 배치였을 것이다. 청동기시대에 들어서야 부엌은 독립된 공간으로 자리 잡았다.

우리의 집은 대개 남향이며, 대부분의 사람이 오른손잡이다. 남향집에서 오른손잡이가 서쪽에서 주걱질을 하면 집 안쪽을 향하지만, 동쪽에서 주걱질을 하면 바깥쪽을 향하게 된다. 주걱질을 집 안쪽으로 하면 복이 들어오지만, 바깥쪽으로 하면 복이 나간다고 여겼다. 때문에 우리 부엌은 대개 서쪽에 위치했다.

부엌에서 음식을 만들기 위한 필수 요소는 불이다. 불의 세기는 음식의 맛과도 직결된다. 우리는 불꽃이 세면 무화(武火), 약하면 문화(文火)라고 했다. 또 불꽃이 요염하면 시앗[妾]불, 고르지 못하면 시어머니불, 불꽃이 없고 미지근하면 할아비불로 불렀다. 또 부엌의 불을 꺼뜨리지 않기 위해 각별히 신경을 썼다.

불씨와 부엌을 관장하는 조왕신(竈王神)을 모셨던 사실은 우리가 음식을 만드는 공간을 얼마나 신성시 여겼는지를 잘 보여준다. 조왕신은 부뚜막신·조왕각시·조왕할매 등으로도 불렀는데, 명절이나 각종 굿을 행할 때 조왕신에게도 집안의 무사함을 함께 기원했다. 우리는 음식을 만들기 위한 부엌과 불에 신성성을 부여했던 것이다.

우리는 만물의 생성과 변화, 소멸을 음양오행(陰陽五行)과 관련하여 이해했다. 즉 우주의 모든 물건이나 형상은 음과 양, 그리고 나무[木]·불[火]·흙[土]·

쇠[金]·물[水]의 다섯 요소로 구성되었다고 생각했던 것이다. 음양오행은 우리 음식과 상차림에도 영향을 미쳤다.

【오행의 상관관계】

오행	색상	방위	계절	동물	신체	음	맛
나무	청	동	봄	청룡(靑龍)	간	각(角)	신맛[酸]
불	적	남	여름	주작(朱雀)	심장	치(徵)	쓴맛[苦]
흙	황	중앙	환절기	황룡(黃龍)	비위	궁(宮)	단맛[甘]
쇠	백	서	가을	백호(白虎)	폐	상(商)	매운맛[辛]
물	흑	북	겨울	현무(玄武)	신장	우(羽)	짠맛[鹹]

우리는 음양오행의 조화를 유지하면 병을 예방하고 치료할 수 있다고 여겼는데, 음식이 몸을 변화시킨다고 생각했다. 이러한 인식은 밥상[飯床]에 그대로 반영되었다. 음식이라는 말은 마시는 것[飮]과 씹어 먹는 것[食]이 합쳐진 것이다. 우리 음식은 밥과 같은 건더기와 국물을 함께 먹는 형태로 발전되어 왔다. 그런데 밥은 양, 탕은 음, 그리고 반찬은 오행을 상징한다. 반찬의 맛 중 매운맛·짠맛·단맛은 양, 신맛과 쓴맛은 음의 성질을 가진다. 즉 밥상을 마주하면서 우리는 우주의 기운을 섭취하는 것이다.

『예기(禮記)』 내칙(內則)에는 "봄에는 신맛, 여름에는 쓴맛, 가을에는 매운맛, 겨울에는 짠맛을 많이 내야 하고, 단맛으로 맛을 조율한다[春多酸 夏多苦 秋多辛 冬多鹹 調以滑甘]."고 설명하고 있다. 해당 계절의 맛을 많이 섭취하는 것이 건강을 위한 방편이라는 것이다. 이러한 인식은 '약과 음식은 근원이 같다[藥食同原].'라는 관념을 탄생시켰다.

봄에 산나물을 먹는 것 역시 음양오행과 관련 있다. 나무는 봄에 흙을 뚫고 나온다. 때문에 사람의 비장은 흙의 성질을 지니는 만큼 봄에는 나물을 먹어야 한다는 것이다. 대보름날 먹는 오곡밥, 복날의 개장국과 삼계탕, 비빔밥,

탕평채 등도 음양오행과 밀접한 관련이 있다. 심지어 숟가락과 젓가락, 칼과 도마도 양과 음을 상징한다.

오행은 상생과 상극의 원리로 작용한다. 상생은 나무에서 불이 생기며[木生火], 물질이 타면 흙이 되고[火生土], 흙속에 금속이 있으며[土生金], 금속에서 물이 생기며[金生水], 나무는 물에 의해 성장한다[水生木] 등이다. 반대로 상극은 나무는 흙을 죄어 고통을 주며[木克土], 흙이 물의 흐름을 막고[土克水], 물이 불을 끄며[水克火], 불이 금속을 이기고[火克金], 금속이 나무를 이긴다[金克木] 등이다.

오행의 상생과 상극의 원리는 음식에 그대로 반영되었다. 즉 신맛과 쓴맛, 단맛과 매운맛, 매운맛과 짠맛, 짠맛과 신맛은 상생의 효과를 가져 온다고 여겼다. 반면, 신맛은 단맛, 단맛은 짠맛, 쓴맛은 매운맛, 매운맛은 신맛, 짠맛은 쓴맛에 의해 억제된다고 생각했다. 마찬가지로 간장병에는 금에 해당하는 매운맛을 금했고, 화에 해당하는 심장병은 수에 해당하는 짠맛을 금했고, 토에 해당하는 비위(脾胃)의 병은 목에 해당하는 신맛을 금했고, 금에 해당하는 폐병은 화에 해당하는 쓴맛을 금했고, 수에 해당하는 신장병에는 토에 해당하는 단맛을 금했다.

우리 음식에는 고명을 올리는 경우가 많다. 고명은 '웃기' 또는 '꾸미'라고도 하는데, 이 역시 오행과 관계가 있다. 때문에 노란색의 달걀로 만든 지단, 녹색의 오이와 미나리, 붉은색의 고추와 대추, 검은색의 버섯과 검정깨, 흰색의 잣과 호두 등이 고명으로 많이 사용된다. 보리·조·수수·쌀·콩을 오곡, 부추·염교·아욱·파·콩잎을 오채, 닭·양·소·개·돼지를 오축, 자두·살구·대추·복숭아·밤을 오과로 여기는 인식 등도 오행과 밀접한 관련이 있다.

상차림과 관련하여 우리는 방에 앉아 밥상에서 함께 음식을 먹는 것이 전통이었다고 생각한다. 하지만 고구려 무용총(舞踊塚) 벽화를 보면 식탁에 앉아 식사를 하고 있다. 방에 앉아 밥상을 마주하기 위해서는 바닥이 따뜻한 온돌이 필수적이다. 『신당서(新唐書)』 동이전(東夷傳) 고려조에는 "가난한 백

무용총 벽화 접객도

성은 겨울에 기다란 구들을 설치하고 불을 지펴 따뜻하게 하고 산다[裏民盛冬作長坑 溫火以取煖]."라고 기록하고 있다. 즉 가난한 사람은 온돌을 사용하는 만큼 바닥에 앉아 음식을 먹었지만, 귀족들은 식탁에서 식사를 했던 것이다.

무용총 벽화에서 또 하나 주의 깊게 살펴야 할 것은 식탁이 개인상이라는 점이다. 조선시대까지 소반(小盤)에서 혼자 식사하는 외상차림이 일반적이었다. 물론 손님을 맞을 때에는 대접한다는 의미에서 겸상을 했다. 그러나 요즘처럼 여러 사람이 함께 하는 교자상(交子床)은 일제강점기의 모습이다.

전근대시대 상차림은 곧 신분을 나타내는 척도이기도 했다. 밥·국·찌개·김치·초장·간장 등을 제외한 쟁첩에 담은 반찬수를 첩이라고 했는데, 조선시대 국왕은 12첩반상을 받았다고 한다. 이에 대해서는 국왕의 가장 사치스러운 밥상이 7첩반상이고, 평소에는 보다 검소하게 먹었다는 주장도 있다.

조선시대 국왕은 가뭄이나 홍수, 또는 질병이나 한파 등이 발생하면 음식의 가짓수를 줄이는 감선(減膳)을 행했다. 즉 왕의 밥상은 우리가 생각하는 것보다 훨씬 검소했던 것이다. 민은 대개 3첩반상, 양반들은 5첩반상을 받았다. 7첩이나 9첩반상도 있었지만, 이는 손님접대나 잔칫날 차려내는 특별한 상차림이었다.

3첩, 5첩, 12첩의 상차림 역시 음양오행과 관련 있을 가능성이 높다. 3첩은 만물을 구성하는 요소인 하늘[天]·땅[地]·사람[人]의 3재(才), 5첩은 5행을 상징했던 것 같다. 12간지와 12달에서 알 수 있듯이 12는 우주 질서의 완전한 수이다. 때문에 왕이 12첩 반상을 받았다는 이야기가 전해지는 것이다. 물론 상차림을 통해 우주의 기운을 접하려 했던 것은 먹고 살만한 사람들의 이야기이다. 아마도 전근대시대 민은 잡곡밥과 채소로 만든 반찬이 전부인 빈약한

식생활을 했을 것이다.

혼례·환갑·제례 등에는 고배상(高排床)이라고 해서 음식을 높이 고여서 담았다. 고배상은 망상(望床)이라고도 했는데, 경의와 공대의 뜻을 나타낸 것이다. 또 다른 한편으로는 음식을 쌓은 높이가 부와 권력을 상징하기도 했다. 무용총의 접객도에 이미 고배상이 나타나는 것으로 보아, 오래전부터 고배상을 차렸던 것 같다.

혼례의 고배상

우리가 아무렇지 않게 여기는 밥상에도 철학이 반영되어 있다. 밥상을 마주하면서 우주의 기운을 섭취한다는 생각, 그 자체만으로도 건강해지는 느낌이 든다. 또 당연히 방에 앉아 온 가족이 둘러앉아 식사를 함께 했을 것이라는 생각. 이 역시 우리 음식문화에 대한 오해인 것이다.

숟가락과 젓가락, 그리고 반상기

쇠[鐵]의 옛말인 '숟'에 가늘고 길다는 의미의 '가락'이 합쳐진 말이 숟가락[匕]이다. 숟가락의 고어는 '술'이었다. 이 말은 '밥 한 술' 등의 말에 아직 남아 있다. 음식을 떠먹는 도구가 숟가락이지만, 처음에는 조리도구였을 가능성이 높다. 즉 뜨거운 음식을 뜨거나 휘저을 때 사용하던 숟가락이 음식을 먹는 용도로 변했을 것이다.

이웃 국가인 중국과 일본에서도 숟가락을 사용한다. 하지만 그들은 음식을 옮기거나 국물을 떠먹을 때에만 이용할 뿐이다. 밥을 숟가락으로 먹고, 다시 반찬을 젓가락으로 먹는 것이 불편하기 때문에 밥을 들고 젓가락으로 먹는다.

반면 우리는 밥을 밥상 위에 두고 숟가락으로 먹고, 다시 반찬을 젓가락으로 집어 먹는다.

우리가 숟가락을 많이 사용하는 이유를 찰기 없는 음식을 먹기 위해, 빨리 많이 먹기 위해, 따뜻한 음식이 많아서 등으로 파악하고 있다. 그러나 젓가락 만으로도 찰기 없고 따뜻한 음식을 많이 먹을 수 있다. 우리가 숟가락을 사용하는 것은 국물 음식이 많기 때문일 가능성이 높다. 찌개에는 국물뿐 아니라 건더기도 있다. 국을 밥에 말아 먹기도 한다. 국이나 찌개를 먹는 데에는 젓가락보다 숟가락이 효율적이다. 그 외 곡식이 부족한 시절 한 톨의 곡식이라도 더 먹기 위해 숟가락을 사용했을 가능성도 있다.

신석기시대 유적지인 웅기 굴포리 서포항유적에서 짐승의 뼈로 만든 숟가락이 출토되었다. 기원전 1세기경 유적지인 광주 신창동에서는 나무로 만든 주걱과 국자, 초기 철기시대의 주거지인 광양 칠성리유적에서는 흙으로 만든 국자가 출토되었다. 이로 보아 신석기시대 이미 숟가락이 사용되었고, 숟가락의 재질이 짐승의 뼈 → 나무 → 흙 등으로 변화되어 갔음을 짐작할 수 있다.

중국의 숟가락은 자기로 만드는데, 크기가 작다. 때문에 숟가락으로 국물을 마실 수는 있지만, 밥을 먹기에는 불편하다. 반면 우리의 경우 삼국시대 숟가락은 대개 청동으로 만들어졌다. 깊이도 깊고 볼이 좁으며 손잡이가 곡선을 이룬 형태여서 밥을 떠 먹기에 불편함이 없다. 우리의 숟가락은 점차 나뭇잎처럼 생긴 형태로 변화되었다. 때문에 숟가락 형태를 '잎사시'라고도 표현하였다. 잎사시 형태의 숟가락은 조선시대부터 사

국립경주박물관에 전시중인 숟가락

용되기 시작했다.

우리에게 숟가락은 삶 그 자체였다. '숟가락을 놓았다'는 말은 죽음을 나타냈고, 부유한 사람은 '밥술깨나 뜬다'고 표현했다. 백일·돌·혼례 때 은수저를 마련해 주었고, 혼수로 불로장생을 상징하는 십장생, '福'·'壽'·'囍'·'富貴多男' 등의 글씨를 새긴 숟가락을 선물했다. 숟가락을 삶과 동일시했던 것이다.

젓가락은 한자 저(箸)에 가락이 합쳐진 말이다. 숟가락이 양인 반면 젓가락은 음을 상징한다. 즉 숟가락과 젓가락을 함께 사용하여 식사를 하는 것은 음양의 조화를 이루는 일이다. 세계에서 음식을 먹을 때 포크를 사용하는 문화권 30%, 손으로 먹는 문화권 40%, 젓가락을 사용하는 문화권이 30%라고 한다. 젓가락을 사용하는 인구 30% 중 우리와 중국·일본이 80% 이상을 차지한다. 그렇다면 젓가락 역시 우리 음식문화의 독특한 특징 중 하나라 할 수 있을 것 같다.

우리가 식사할 때 숟가락과 함께 사용하는 젓가락은 원래 중국에서 제사를 지낼 때 제물을 손으로 집는 것을 막기 위해 사용한 데에서 유래되었다. 이런 점에서 젓가락은 제기(祭器)의 하나였다고 할 수 있다.

『한비자(韓非子)』에는 "옛날 주왕이 상아 젓가락을 만들었다[昔者紂爲象箸]."는 기록이 있다. 이 글은 은나라 주왕의 방탕함을 지적한 것이지만, 문헌상으로는 젓가락의 사용을 처음 기록한 글이다. 그렇다면 주왕대인 기원전 11~12세기 경 이미 중국은 젓가락을 사용했음이 확실하다. 『예기』 곡례(曲禮)에는 "기장밥을 젓가락으로 먹지 말라[飯黍無以箸]."고 서술하고 있다. 또 "국에 채소가 있으면 젓가락을 사용하고, 채소가 없으면 젓가락을 사용하지 않는다[羹之有菜者用梜 其無菜者不用梜]."라고 기록하고 있다. 즉 젓가락은 음식을 먹는 용도라기보다는, 국에서 채소를 건질 때 사용되었던 것이다. 그러던 것이 한나라 때부터 모든 음식을 젓가락으로 먹기 시작한 것으로 여겨지고 있다.

우리가 처음 젓가락을 사용한 것은 언제부터일까? 4세기 유적지로 여겨지는 기장의 고촌 유적에서 대나무로 만든 젓가락, 무령왕릉에서 청동제 젓가

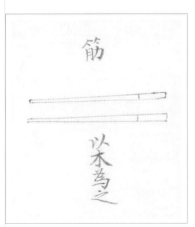

『세종실록』 오례의의 젓가락 설명

락이 출토된 만큼 고대국가 단계에 젓가락이 사용된 것은 확실하다. 그런데 이 시기 다른 유적에서는 숟가락은 발굴되었지만, 젓가락의 발굴은 드물다. 통일신라시대 유적에서도 젓가락은 출토되지 않았다. 그렇다면 통일신라시대까지 젓가락의 사용은 제한적이었던 것 같다.

고려시대 유적지에서 대나무젓가락이 출토되기는 하지만, 대부분은 은이나 청동으로 만든 젓가락이다. 조선시대 유적지에서 출토되는 젓가락 역시 대개 청동으로 만든 것이다. 그런데 『세종실록』 오례(五禮) 흉례서례(凶禮序禮) 명기(明器)에는 "젓가락은 나무로 만든다[以木爲之]."고 기록하고 있다. 아마도 의례에 쓰이는 젓가락은 나무로 만들었지만, 실생활에서는 청동 등 금속으로 만든 젓가락을 사용했던 것 같다.

중국은 음식을 덜어 먹기 위한 용도로 젓가락을 사용하기 때문에 길다. 일본은 우리에 비해 젓가락의 사용이 늦었다. 7세기 궁궐 내에서 젓가락을 사용하기 시작한 것 같으며, 민가에서 젓가락을 일상으로 사용하게 된 것은 9세기 경의 일로 여겨진다. 또 젓가락의 모양은 물고기를 발라먹기 위해 끝이 뾰족하다. 중국과 일본은 나무젓가락을 사용하는 반면 우리는 금속성 젓가락을 사용한다. 그 이유는 우리의 젓가락은 서양의 포크나 나이프의 기능을 함께 하기 때문일 가능성이 높다. 우리는 반찬을 집을 때뿐 아니라 김치나 육류 등을 찢을 때, 물고기의 살을 바를 때에도 젓가락을 사용한다. 이처럼 젓가락을 다양하게 사용하기 위해서는 아무래도 나무젓가락보다 금속젓가락이 유용하였을 것이다.

숟가락과 젓가락은 모두 '가락'이라는 접미사가 붙는다. 우리 신체에서 '가락'이 붙는 곳은 손가락·발가락·머리카락 등 신체의 끝 부분이다. 이는 우리가 숟가락과 젓가락을 신체의 일부분으로 여겼음을 보여주는 것이라 할 수 있다.

우리는 숟가락과 젓가락으로 용기에 담긴 음식을 덜어 먹는다. 음식을 담는 용기가 바로 반상기(飯床器)이다. 서양은 여러 음식을 한 그릇에 담는 일기다식(一器多食)인 반면, 우리는 한 그릇에 음식 하나만을 담는 일기일식(一器一食) 문화이다. 때문에 반상기의 종류가 상대적으로 세분화되어 있다.

반상기는 밥을 담는 놋쇠로 만든 주발(周鉢) 또는 사기로 만든 사발(沙鉢), 국을 담는 탕기(湯器) 또는 갱기(羹器), 국물이 있는 음식을 담는 보시기[甫兒], 국물이 적은 음식을 담는 바라기, 각종 장을 담는 종지[鍾子; 鐘鉢], 납작한 그릇인 접시[貼是; 楪] 등이 한 벌을 이룬다.

반상기는 나무·칠그릇·도금그릇·돌그릇 등 여러 재질을 사용했지만, 놋그릇[鍮器]을 가장 많이 사용했다. 신라에 놋그릇을 전문으로 만드는 철유전(鐵鍮典)이 있었던 것으로 보아, 늦어도 고대국가 단계 이미 놋그릇을 사용했음을 알 수 있다. 놋그릇 중에서도 구리와 주석을 4 : 1의 비율로 섞어 녹인 후 손으로 일일이 두드려 만든 것을 방짜라고 불렀다. 고려시대 왕실과 귀족은 방짜유기를 사용했다고 한다. 『선화봉사고려도경(宣和奉使高麗圖經)』에 왕실에서 연회를 베풀 때 "그릇은 모두 금이나 은으로 도금하는데, 청자가 가장 귀하다[器皿 多以塗金 或以銀而以靑陶器爲貴]."고 기록한 것으로 보아, 고려시대 왕실에서는 금·은·청자 등도 음식 담는 용기로 사용했음을 알 수 있다.

조선시대 궁중에서는 추석을 중심으로 가을이 되면 은그릇[銀器]을 쓰다가 단오가 되면 사기로 반상기를 바꾸었다. 양반가에는 은그릇 대신 여름에는 자기(瓷器), 겨울에는 놋그릇을 사용했다. 놋그릇이 보온성이 뛰어나기 때문이다. 민은 질그릇과 오지그릇을 많이 사용했다. 흙을 구워서 만드는 질그릇은 열을 잘 보존하기 때문에 뜨거운 음식물을 담는 데 사용되었다. 지금도 뜨거운 탕은 대부분 질그릇에 담아낸다.

우리가 밥상을 마주할 때마다 대하는 숟가락과 젓가락, 그리고 반상기. 여기에도 우리 음식문화의 특징이 반영되어 있는 것이다.

끼니와 식사량

"중국인은 혀로 먹고, 일본인은 눈으로 먹고, 한국인은 배로 먹는다."는 말이 있을 정도로 우리는 많이 먹는다. 삼시세끼라는 말이 있듯이 아침·점심·저녁에 밥을 먹는 것도 당연히 여긴다. 그러나 어려웠던 시절 과연 세끼 식사를 할 수 있었을까? 또 식사량은 지금과 비교하면 어떠했을까?

『삼국유사(三國遺事)』에는 김춘추(金春秋)가 백제 멸망 이후 주선(晝膳)을 먹지 않고, 아침과 저녁에만 식사를 했음을 기록했다. 또 신문왕은 절에서, 순정공(純貞公)은 바닷가에서 주선을 먹었다고 기록하고 있다. 주선은 낮에 먹는 음식을 가리키는 것이다. 그렇다면 삼국시대에는 아침과 저녁 사이 주선까지 세끼 식사를 했던 것일까? 그렇지는 않은 것 같다. 김춘추가 백제 멸망 후 주선을 먹지 않았다는 기록은 낮에도 음식을 먹어야만 할 정도로 백제 공격에 전력을 기울였음을 나타내는 것이다. 신문왕과 순정공은 모두 이동 중 주선을 먹었다. 즉 낮에 음식을 먹는 행위는 기록에 남을 만큼 특별한 일이었던 것이다. 『삼국유사』에서 주선을 먹은 사람은 모두 국왕이나 귀족이라는 사실은 민은 낮에 음식을 먹지 않았던 사실을 말해주는 것일 가능성도 있다.

『고려사(高麗史)』에는 1255년 9월 강화도에 식량이 떨어져 고종이 주선의 반찬 수를 줄인 사실, 1280년에는 원의 사신 타나(塔納)가 여러 곳에서 주식(晝食)을 대접받은 일, 조위총(趙位寵)의 난 때 창주를 수비하던 두경승(杜景升)이 무주의 객관에서 주식을 먹은 일 등이 기록되어 있다. 고려시대에는 낮에 먹는 음식을 주선 또는 주식으로 표현했는데, 이는 모두 국왕 관련, 외국 사신의 접대, 관료의 이동 중의 일이다. 1363년 3월 공민왕은 병란으로 죽은 시신을 거두어 매장케 하면서 사람들에게 하루 세끼의 식사를 주었다. 이는 노동을 하는 경우 관에서 세끼 식사를 지급했음을 나타내는 것이다.

『고려사』에는 끼니를 조석(朝夕) 또는 아침밥[饔]과 저녁밥[飧]이라는 뜻의 '옹손'으로 표현했다. 이러한 사실은 고려시대인들이 아침과 저녁 두 끼를 먹었음을 나타낸다. 다만 국왕이나 관료가 이동할 때, 사신의 접대, 민이 노역할 경우 등은 예외적으로 세 끼 식사를 했던 것이다.

조선시대 국왕은 죽수라(粥水刺)인 초조반(初朝飯)·조수라(朝水刺)·조다소과반(早茶小盤果)·석수라(夕水刺)·야다소과반(夜茶小盤果) 등의 다섯 끼를 먹었지만, 민은 대개 아침과 저녁 두 끼 식사를 했다. 그런데『오주연문장전산고(五洲衍文長箋散稿)』에는 2~8월까지 세 끼, 9~1월까지 두 끼를 먹었다고 기록하고 있다. 19세기 조선인의 모습을 기록한『조선잡기(朝鮮雜記)』에도 조선인은 두 끼 식사를 하는데, 낮이 긴 여름에는 해가 길어 상류층은 세 번 식사를 한다고 설명했다. 즉 조선시대에는 여름의 경우 낮에 한 끼를 더 먹었던 것인데, 이를 보통 새참이라고 했다. 고려시대에는 역과 역 사이에 참(站)을 두었는데, 허기진 사람들은 이곳에서 식사를 했다. 때문에 때가 아니면서 밥을 먹는 경우를 새참으로 부르게 된 것이다.

새참 외에도 중간에 먹는 식사가 있었다. 양반들은 아침 식사 전 이른밥[早飯; 早朝飯; 朝早飯]을 먹었다. 잠자리에서 일어나 간단히 먹는 욕식(蓐食)도 있었다. 욕식이 이른밥과 결합하여 자릿조반이라는 말이 생겨났다. 민 역시 밥 몇 숟갈에 한두 가지 반찬으로 간단하게 먹는 낮밥[午飯], 낮에 손님 등을 대접할 차려내는 별식인 낮것[晝物] 등을 먹기도 했다. 차와 간단한 정과류를 차린 다담(茶啖)도 있었다.

낮에 먹는 밥을 점심으로 표현하는데, 이는 중국에서 유래된 말이다. 중국 남북조시대 양(梁)나라의 소명태자(昭明太子)는 곡물 값이 오르자 소식(小食)을 명했는데, 적게 먹는 음식이 디엔싱(點心)이었다. 불가에서도 배고플 때 조금 먹는 음식을 점심이라 불렀다. 우리의 경우 공부하는 사람이 배고파 집중이 되지 않을 때 마음[心]에 점[點]을 찍기 위해 간단하게 먹는 음식이 점심이었다. 즉 조선시대 점심은 특정한 때 먹는 밥이 아닌 것이었다. 그러다가 점심은 18세기 낮에 먹는 식사의 의미로 굳어졌고, 음식을 간단히 먹는 것은 요기(療飢; 饒飢)로 부르게 되었다.

김홍도의 주막
(공공누리 제1유형 국립중앙박물관 공공저작물)

왕의 거둥[擧動], 관리의 행차, 상여 행렬 등 여럿이 함께 가다가 잠시 쉬면서 음식을 먹기도 했는데, 이것이 주정(晝停)이다. 또 여행객들이 중간에 음식을 먹는 것을 중화(中火)라고 했다. 중화 역시 점심과 마찬가지로 18세기 이후 낮에 먹는 식사로 변질되었다.

몇 끼를 먹느냐는 살림살이와 관련 있다. 아마도 민은 두 끼를 먹었겠지만 양반은 이른밥·낮것·다담·주정 등 보다 자주 식사를 했을 것이다. 그렇다면 한 끼에 먹는 식사량은 어떠했을까? 토지박물관의 조사에 의하면 고대국가 단계 밥그릇에는 1,300g, 고려시대 1,040g, 조선시대 690g, 2006년 350g의 쌀이 담겼다. 2017년 밥그릇의 용량은 217g이다. 2017년과 비교하면 고대에는 6배, 고려시대 5배, 조선시대 3배 정도 식사량이 더 많았던 것이다. 김홍도(金弘道)의 '주막'을 보면 밥그릇의 크기가 지금과 비교할 수 없을 정도로 크다. 이처럼 식사량이 많았기 때문에 이익(李瀷)은 『성호사설(星湖僿說)』에서 조선이 가난한 이유를 식사량이 너무 많기 때문이라고 지적하기도 했다. 이덕무(李德懋)도 배불리 먹는 것은 정신을 흐리게 해서 글 읽기에 불리하다고 하였다.

외국인들도 조선인들의 식사량에 크게 놀랐다. 『조선잡기』에는 조선인들은 맛있는 것을 조금씩 먹는 것보다는 맛이 없더라도 배불리 먹는 풍습이 있다고 평했다. 그리피스(W. E. Griffis)는 1882년 발간한 『은자의 나라 한국(Corea, The Hermit Nation)』에서 식사 때 말을 하면 많이 먹을 수 없어 식사 중 말을 하지 않는다며, 조선인들의 식탐을 지적했다. 또 아침은 간단히 점심과 저녁은 든든하게 먹는데, 그 중에서도 점심을 가장 많이 먹는다고 설명했다. 1894년 조선을 방문했던 비숍(Isabella Bird Bishop)도 『한국과 그 이웃 나라들(Korea and Her Neighbours)』에서 조선인들의 식사량에 놀라움을 표시했다.

전근대시대인들의 식사량이 많았던 이유는 아마도 간식을 먹지 않았기 때문일 것이다. 우리는 아침·점심·저녁의 끼니 외에 커피나 차, 과일, 빵이나 과자 등을 간식이나 후식으로 먹는다. 반면 조선인들에게 간식이나 후식은 사치였다. 뿐만 아니라 대부분의 사람들은 농사 등 몸을 움직여 일을 해야만 했다. 때문에 식사량이 많은 것은 당연한 것이었다고 할 수 있다.

한정식과 백반

우리의 밥상은 밥, 국과 찌개와 같은 국물음식, 김치와 젓갈 등의 발효음식, 육류·어류·해산물·채소류 등으로 만든 여러 반찬 등으로 차려진다. 때문에 이런 음식이 어우러진 한정식을 우리의 전통 상차림으로 아는 이들이 많다. 즉 양반 등 지배층은 한정식, 한정식보다 상차림이 소박한 백반은 민이 먹었던 밥상으로 이해하는 것이다. 하지만 이는 잘못된 상식이다.

정식은 두 가지 이상의 메뉴라는 뜻의 테이블 도테(Table d'hôte)에서 유래한 것이다. 일본에서는 밥과 국 외 주된 음식[食] 하나로 정해진[定] 것을 데이쇼쿠(定食)라고 했다. 이름에서도 나타나듯이 한정식의 역사는 길지 않다. 조선시대 왕의 밥상보다 반찬이 많은 음식을 과연 일상식으로 먹을 수 있었는지를 생각하면 쉽게 알 수 있는 문제다.

한정식은 일본에서 술과 음식이 함께 제공되는 료리야(料理屋)의 영향을 받았다. 조선시대에는 음식을 만드는 행위를 정조(鼎俎)·할팽(割烹)·치선(治膳) 등으로 표현했다. 요리라는 말 자체가 조선시대에는 잘 사용되지 않던 용어였다. 때문에 일제강점기 한정식이 나오는 음식점을 일본의 료리야의 한자인 요리옥을 그대로 사용하거나, 요리점(料理店)·요정(料亭)·요릿집 등으로 표현했던 것이다.

1887년 한성에 일본 요리옥 '정문(井門)'이 개업했고, 1888년에는 요리옥

'화월(花月)'에 게이샤(藝者)가 등장했다. 우리의 요리옥은 1890년에 개업한 것으로 여겨지는 '혜천관(惠泉館)'이 처음이다. 1900년 초반에는 송병준(宋秉畯)이 '청화정(淸華亭)'을 열었고, 이곳은 친일파들의 집합소가 되었다. 1903년 9월 17일 안순환(安淳煥)은 '명월루(明月樓)'를 개업했다. 그런데 손님이 붐비자 1908년 1월 같은 자리에 2층 양옥을 짓고 이름을 '명월관(明月館)'이라고 했다. 1918년 명월관이 화재로 소실되자 안순환은 을사오적 중 한 사람인 이완용(李完用)에게 넘어갔던 집 순화궁(順和宮)을 사들여 명월관의 지점격인 '태화관(太華館)'을 열었다. 태화관은 다시 이름을 '泰和館'으로 바꿨는데, 이곳이 바로 1919년 3월 1일 독립선언문이 낭독되었던 곳이다.

명월관 개업 이후인 1909~1910년 사이 안순환은 궁중의 연회를 책임지는 전선사(典膳司) 장선(掌膳)을 지냈다. 그런 만큼 명월관에서 궁중음식이 판매되는 것으로 여겨졌고, 이것이 하나의 상차림으로 정착되기 시작했다. 명월관 등의 요릿집들은 고위 관료들의 접대처였고, 일본인들이 많이 드나들었다. 그렇다면 요릿집에서 만들어진 음식은 일본인들의 입맛에 맞춘 음식이었음이 분명하다. 즉 요릿집에서 만들어졌던 것은 궁중음식이 아닌 것이다. 뿐만 아니라 이때까지도 정식이란 명칭이 사용되지 않았다. 일제강점기 화신백화점에서 정식이란 명칭으로 음식을 팔면서, 우리의 정식이란 의미에서 한정식이라는 이름이 사용되기 시작했다.

전통적으로 우리는 모든 음식을 한꺼번에 차린다. 그 이유는 반찬 없이 밥을 먹을 수 없기 때문이다. 정식이란 이름도 낯설기만 하다. 조선시대 밥상은 반찬수에 따라 ○첩반상으로 표현했지 정식이란 말은 사용하지 않았다. 그런데 한정식은 서양의 코스요리를 본 따 각종 음식을 먹고 나면 마지막에 밥이 나온다. 식사 전 나오는 음식들은 술 마시기에 적합하게 구성되어 있다. 혼인을 앞둔 양쪽 집의 상견례, 가족의 생일, 각종 모임 등을 한정식집에서 가지곤 한다. 그런데 이런 자리에서는 대개 음식을 먹으면서 술잔이 오간다. 이런 이유로 안주에 적합한 서양이나 일본 음식 등이 포함된 퓨전(fusion)한정식도 등장한 것 같다.

역사가 발전하면서 음식은 어떤 형태로든 변화하기 마련이다. 그런 점에서 한정식의 등장을 비판할 필요만은 없다. 접대를 위해 한정식이 필요할 수도 있다. 그러나 터무니없이 비싼 가격, 먹은 것보다 더 많은

불고기전골, 보쌈, 게장, 생선구이와 생선조림 등으로 차려진 백반

음식이 남아 있는 밥상을 대하면 쓸쓸함이 남는 것도 사실이다.

한정식보다 서민에게 어울리는 음식이 백반이다. 백반은 말 그대로 흰[白] 쌀밥[飯]을 말하는데, 여기에 국과 반찬이 차려져 나온다. 집에서 먹는 그대로의 백반이 음식점에 등장한 것은 한국전쟁과 상관있다. 전쟁으로 남성을 잃은 여성들은 생업 전선에 뛰어들 수밖에 없었다. 자본과 경험이 없는 여성들은 집에서 하던 밥을 그대로 차려 손님을 맞았고, 이런 과정에서 백반이 음식의 한 종류가 된 것이다.

가정식백반이란 형태로 집에서 먹는 것과 유사한 밥상을 차리는 경우도 있지만, 백반도 변하고 있다. 불고기백반·보쌈백반·수육백반·오뎅백반·찌개백반·산채백반·더덕백반·회백반·굴비백반·게장백반·젓갈백반·생선구이백반 등 주요 음식을 강조하거나, 남도백반 등 특정 지역 이름을 붙이면서 한정식과 유사한 모습을 띠기 시작한 것이다.

상을 채우고도 모자라 접시가 겹쳐지는 한정식이나 백반은 우리의 전통과 아무 관련이 없다. 생활수준이 향상되었고, 어쩌다 한번 먹는 별식이라는 점에서는 넘어갈 수 있는 문제일 수도 있다. 그러나 버려지는 음식을 생각한다면, 차려내는 음식의 수는 줄여야 할 것 같다.

쌈문화

우리 음식문화의 특징 중 하나는 쌈에서 찾을 수 있다. 물론 다른 민족도 음식을 싸 먹지만, 그들은 밀전병이나 옥수수 반죽을 구워낸 토르티야(tortilla) 등에 음식을 싸서 먹는다. 즉 탄수화물로 음식을 싸서 먹는 것이다. 우리도 여러 채소와 고기 등을 접시에 놓고 싸서 먹는 밀쌈, 여덟 칸에 담긴 음식을 밀전병에 싸서 먹는 구절판(九折坂) 등이 있다. 그러나 대개는 채소로 탄수화물 등을 싸먹는 다는 점에서 차이점이 있다.

밥을 쌈 사 먹는 것은 논이나 밭에서 일하다 먹는 들밥에서 유래되었다고 한다. 들판에는 여러 채소가 풍부한 만큼 밥을 쌈 사 먹었을 가능성은 있다. 그러나 쌈문화의 전통과 들밥이 상관이 있는지는 의문이다. 김홍도의 '점심'은 들밥 먹는 모습을 그린 것이다. 그런데 쌈을 싸 먹는 모습은 보이지 않는다. 만약 야외에서 일하다 쌈을 싸서 먹는 것이 일반적인 모습이었다면, 김홍도는 쌈을 먹는 모습을 그렸을 것이다. 들밥은 농업이 발달했을 때 등장한 문화이다. 그런데 신라의 무덤 천마총(天馬塚)에서 칠기구절판찬합이 출토되었다. 이는 조선시대에 비해 농업의 발달이 뒤쳐졌던 고대국가 단계 이미 쌈 문화가 시작되었음을 말해주는 것이다.

김홍도의 점심
(공공누리 제1유형 국립중앙박물관 공공저작물)

쌈 중에서 우리가 가장 즐겨 찾는 것은 상추쌈인 것 같다. 상추쌈은 마치 아이를 포대기에 싼 것 같은 밥이라고 하여 포아희반(包兒戱飯)으로 표현하기도 했다. 상추의 옛 이름은 부루이며, 한자로 청상추는 백거(白苣), 적상추는 와거(萵苣) 또는 와채(萵菜), 쓴맛이 있는 상추는 고거(苦苣)로 표기했다. 이들은 모두 생으로 먹을 수 있다고 해서 생채(生菜)라고 했다. 생채가 상치가 되어 상추로 정착한 것이다. 지중해 동부와 서아시아가 원산지인 상추는 실크

로드를 통해 중국에 전래되고, 다시 중국에서 우리나라로 전해진 것으로 여겨지고 있다.

『해동역사(海東繹史)』에는 수(隋)나라 사람들이 고구려 상추의 종자를 구하기 위해 비싼 값을 지불해서 천금채(千金菜)로 불렀다는 이야기가 수록되어 있다. 이를 근거로 우리의 상추가 중국에 전래된 것으로 이해하기도 한다. 그러나 한치윤(韓致奫)은 다시 와국(咼國)이 고국(高國)이 되어 고려가 된 것 같다며, 고구려에서 중국으로 상추가 전래되었다는 것은 상고할 수 없다고 했다. 그렇다면 고구려의 상추가 수나라에 전래된 것으로 보기는 힘들다.

원간섭기 공녀(貢女)로 끌려간 고려의 여성들은 원에서 상추쌈을 먹으며 실향의 아픔을 달랬다. 이 모습을 보고 몽골인들도 상추쌈을 먹기 시작했다. 그러면서 상추의 인기가 높아지자 고려 상추의 종자를 구했다고 한다.

조선시대 수라상에도 상추쌈이 올랐다. 궁중에서는 민가와는 달리 상추의 뒷부분으로 쌈을 싸서 먹었다고 한다. 상추는 찬 성질을 가지기에 상추쌈을 먹은 후에는 따뜻한 성질을 가진 계수나무의 가지로 끓인 계지차(桂枝茶)를 마셨다. 일제강점기 출간된 『조선요리법』에도 상추쌈이 소개되어 있다. 다만 특이한 점은 지금과 같이 맨밥이 아닌 비빔밥을 쌈 사 먹었다는 사실이다.

이집트에서는 상추가 정력을 높인다고 여겨 풍요와 다산의 신인 민(Min)에게 제물로 바쳤다. 이런 생각은 우리 역시 마찬가지였다. 상추 잎을 따면 우윳빛 액체가 흐르는데, 그것이 남성의 정액과 비슷하다고 여겨 상추가 정력을 높이는 데 도움을 준다고 생각했던 것이다. '고추밭에 상추 심는 년', '상추를 서 마지기 반이나 하는 년' 등에서 알 수 있듯이 상추로 여성의 음욕을 확인하기도 했다. 때문에 상추는 잘 보이지 않는 곳에 심어야 한다고 해서 은근초(殷懃草)로도 불렸다. 특히 고추밭 사이에 심은 상추를 가장 좋은 것으로 여겨, 서방님 밥상에만 은근히 차려 놓는다는 이야기도 전해지고 있다.

'눈칫밥 먹는 주제에 상추쌈까지 먹는다'는 속담이 있다. 얻어먹는 처지에서도 상추쌈을 찾을 정도로 우리는 상추를 좋아했다. 고기 먹을 때에도 상추는 빠지지 않는다. 하지만 고기를 상추에 싸서 먹은 것은 오래전의 일이 아니다. 1960년대 말에서 1970년대 초 음식점에서 고기만으로 부족하기 때문에 포만감을 주기 위해 상추를 내기 시작한 것이, 이제는 고기를 먹을 때 반드시 함께 먹는 음식으로 정착한 것이다.

우리는 밥만 쌈으로 먹는 것이 아니다. 소고기·돼지고기·오리고기·돼지족발 등의 육류뿐 아니라 회 등도 쌈 속에 들어간다. 상추 외에도 호박잎·배춧잎·깻잎·곰취·미나리·쑥갓·콩잎·머윗잎·고춧잎·참나물 등으로도 쌈을 싸먹는다. 또 김·미역·다시마 등과 같은 해초도 쌈의 재료가 된다. 최근에는 서양 채소인 셀러리·엔다이브·케일·파슬리 등도 쌈 채소로 이용되고 있다. 즉 우리는 잎이 넓은 모든 채소로 쌈의 대상을 넓혀 가고 있는 것이다.

우리가 쌈을 좋아했던 이유는 어디에 있는 것일까? 우리 음식은 모든 반찬을 한 상에 놓고 먹는데, 국물이 흘러 채소를 받쳐 먹은 데에서 유래되었다는 견해가 있다. 하지만 우리가 밥상을 대할 때 항상 쌈 재료를 놓고 먹는 것이 아닌 만큼 다른 이유가 있었을 것이다.

쌈은 자신이 원하는 음식을 원하는 만큼 넣어 먹을 수 있다. 무엇보다 반찬 없이 밥을 맛있게, 배불리 먹기 위한 방법이 쌈이었다. 된장 하나만 있으면 다른 반찬 없이도 밥을 먹을 수 있는 음식이 쌈이다. 또 밥이 부족하던 시절 포만감을 줄 수 있도록 하는 방법 중 하나는 쌈을 싸 먹는 것이었다. 지금은 별미인 쌈에도 우리의 배고픈 역사가 숨어 있다.

배달음식

우리 음식문화의 특징 중 하나는 배달음식이 발달했다는 점이다. 배달음식은 음식을 판매하는 단계에 접어들면서 등장했을 것이다. 최초의 배달음식을 해장국인 효종갱(曉鍾羹)이라고 한다. 그러나 효종갱은 지금의 테이크 아웃

(Take-out)의 형태일 가능성이 높다. 『임하필기(林下筆記)』에 기록된 순조가 군직(軍職)에게 궁궐 밖에서 면을 사오게 하여 냉면을 먹은 기록 역시 마찬가지이다.

신윤복(申潤福)의 풍속화 '상춘야흥(賞春野興)'은 봄날 양반들이 기녀와 함께 풍류를 즐기는 모습을 그린 것이다. 그림에 등장하는 술상은 아마도 기방에서 기녀와 함께 보냈을 것이다. 그렇다면 최초의 배달음식

신윤복의 상춘야흥
(공공누리 제1유형 간송미술관 공공저작물)

은 기방음식일 가능성이 높다. 실제로 대한제국기에 등장한 요릿집 혜천관은 음식과 술을 갖춘 교자상을 배달했는데, 기녀가 동반하기도 했다. 명월관 역시 마찬가지였다. 그렇다면 기방에서 술상을 마련해 기녀와 함께 보내는 문화는 조선시대에도 있었을 것이다. 일제강점기에는 설렁탕과 냉면이 대표적인 배달음식이었다. 이때는 자전거를 탄 배달부가 긴 나무판에 그릇을 올리고 그릇에는 양철고깔을 씌워 배달했다.

배달음식의 번성을 가져온 것은 중국음식이다. 짜장면·짬뽕·탕수육 등은 갑자기 손님이 찾아오거나 이사 등으로 음식을 조리할 수 없을 때, 거의 반드시라고 해도 좋을 만큼 배달시켜 먹곤 했다. 배달을 하면서 짜장면의 조리법이 바뀌기도 했다. 배달하는 동안 면이 부는 것을 막기 위해 면을 만들 때 간수를 사용하고, 짜장에는 전분을 넣었다. 전분이 들어가면 눅눅한 맛이 나지만, 면의 쫄깃한 상태가 지속되기 때문이다. 중국음식이 배달의 대중화를 가져왔다면, 짜장면이 대중화된 1960년대부터 음식의 배달이 급격하게 발달했다고 할 수 있다.

1960년대 음식 배달이 대중화되면서 나무배달가방이 등장했다. 1970년대

에는 보다 가벼운 양철가방으로 음식을 배달했다. 1990년대 소형 오토바이인 스쿠터가 보급되면서 배달문화는 획기적으로 변했다. 족발·보쌈·여러 탕과 찌개, 짜장면과 짬뽕, 생선회와 초밥, 피자·파스타·스파게티·돈까스·햄버거, 치킨·김밥·떡볶이 등 한식·중식·일식·양식·분식을 가리지 않고 거의 모든 음식을 배달시켜 먹을 수 있게 된 것이다.

음식을 배달시켜 먹는 것은 전 세계 어느 나라에서나 이루어지는 일이다. 서양의 경우 피자 등 일부 음식만 배달한다. 일본은 도시락·초밥·피자와 파스타·중국음식·카레라이스와 오므라이스·돈까스·장어덮밥 등이 배달되고 있다. 중국도 거의 모든 음식을 배달한다. 일본과 중국 등도 우리나라와 비슷한 것 같지만, 배달음식의 종류와 이용횟수 등은 우리와 비교할 수 없다. 또 도시에서는 배달이 가능하지만, 지방의 경우 음식을 배달하는 경우가 상대적으로 드물다.

전 세계에 체인점을 가지고 있는 KFC는 우리나라에서는 별로 인기가 없다. 그것은 치킨하면 배달시켜 먹는 것으로 인식하는 우리 음식문화의 특징 때문이다. 맥도날드(McDonald's)는 2007년 10월부터 맥딜리버리 서비스(Mcdelivery Service), 즉 배달을 시작했다. 물론 맥딜리버리 서비스는 1993년 11월 미국 버지니아에서 먼저 시작되었지만, 우리처럼 광범위하게 행해지고 있지는 않는 것 같다. 이런 점에서 우리의 음식배달문화는 세계적인 회사의 경영방식마저 바꾸고 있는 것이다.

스마트폰이 대중화되면서 2013년 배달 전문 애플리케이션이 등장했다. 이후 음식점에서는 배달전문 인력을 고용하기보다는 배달 대행 서비스를 이용하는 경우가 더 많아졌다. 캠퍼스 잔디밭에서 음식을 배달시켜 먹는 모습은 이제는 일상적이다. 심지어 산속에 있는 숙소에서도 음식을 배달시켜 먹는다.

다양한 음식이 배달되는 편리한 세상이 되었지만, 한편으로는 아쉬운 점들도 있다. 직접 가지 않고 전화나 애플리케이션을 통해 주문하는 탓에, 어떤 환경에서 어떻게 음식이 만들어지는지를 확인할 수 없다. 또 음식이 배달되는 동안 시간이 걸리는 만큼 방금 요리한 음식보다 맛이 떨어지는 것도 사실이다. 그럼에도 불구하고 음식배달이 당연시 된 것은 편리함을 추구하는 면도 있지만, 세상이 급박하게 돌아가고 있음을 말해주는 것이기도 하다. 즉 배달문화의 성행은 우리 음식문화의 특징이기도 하지만, 우리가 살아가고 있는 현재를 나타내는 하나의 척도이기도 한 것이다.

PART 2
음식의 기본 요소

물

생명체가 살아가는 데 필수적인 요소 중 하나가 물이다. 때문에 그리스의 철학자 탈레스(Thales)는 물을 만물의 기원으로 생각했고, 지금도 많은 사람들은 물을 생명의 원천으로 여기고 있다. 『예기』 교특생(郊特牲)에서도 신맛·쓴맛·매운맛·짠맛·단맛 이전에 물이 있었다며, 물을 다섯 가지 맛의 근본으로 설명했다.

물을 중요시 여긴 것은 우리 역시 마찬가지이다. 물고기의 경우 '물이 좋다'는 신선하다는 뜻이며, '물이 갔다'는 상했다는 의미를 나타낸다. 물을 생명력과 동일시했던 것이다. 외모를 평가할 때도 '물'로 나타냈고, 유학 다녀 온 사람을 '외국 물 먹었다'고 표현하기도 한다. '물'로 그 사람의 외모뿐 아니라, 그 사람이 살아 온 인생을 나타내는 것이다. 이처럼 우리는 생명체의 모든 것을 물로 표현했던 것이다.

우리 역사에서 물은 신과 인간을 연결시키는 매개체였다. 신에게 기원할 때는 새벽에 길어 온 정화수(井華水)를 올렸고, 물로 몸을 깨끗이 하였다. 우리는 물에 신성성을 부여했던 것이다. 남성이 냇물에 오줌을 싸면 고추가 부어 감자고추가 된다는 말, 여성이 냇물에 오줌을 싸면 아이를 못 낳는다는 말 등은 우리가 물을 얼마나 중요시 여겼는지를 잘 보여준다.

이중환(李重煥)은 『택리지(擇里志)』에서 물이 없는 곳은 살 곳이 못된다고 하였고, 물가에 부유한 집과 번성한 마을이 많다고 설명했다. 물[氵]에 함께 모여 있는[同] 곳이 지리적 공동체인 동네[洞]이다. 인간은 물 없이는 살 수 없으므로 당연히 물이 있는 곳에 모여 살았다. 이처럼 물은 주거지와도 밀접한 관련이 있다.

물은 음식의 중요 요소이기도 하다. 우리는 국이나 찌개를 많이 먹는다. 이러한 사실은 쌀을 주식으로 하는 농경민족이었기 때문이겠지만, 다른 한편으로는 우리 음식에는 그 만큼 물이 중요하다는 사실을 말해주는 것이기도 하다.

우리는 투명한 물을 숫물[牡水], 불투명한 물을 암물[牝水]로 나누었다. 높은 산의 물은 청경수(淸輕水), 바위에서 새어나온 물은 청감수(淸甘水), 모래에서 솟아난 물은 청렬수(淸洌水), 흙 속의 샘물은 담백수(淡白水) 등으로 구분했다. 물맛은 모두 제각각이라고 한다. 물은 땅속에 존재한다. 그렇다면 흙의 성분에 따라 물맛이 달라질 수 있을 것 같다. 판매되고 있는 생수를 보면 성분이 조금씩 차이가 있다. 각 지역마다 인심이 서로 다른 이유는 혹시 마시는 물의 차이 때문은 아닐까?

『규합총서(閨閤叢書)』에는 술·장·김치의 맛은 모두 물이 좌우한다고, 『증보산림경제(增補山林經濟)』에는 죽을 쑬 때 감천수(甘泉水)를 사용하는 것이 좋다고 기록하고 있다. 『산가요록(山家要錄)』에는 오래된 장에 납설수를 부으면 맛이 저절로 좋아진다고 했고, 『임원경제지(林園經濟志)』「정조지(鼎俎志)」에서는 납설수로 장을 담그면 벌레가 생기지 않고 맛도 좋아진다고 설명하고 있다. 『조선무쌍신식요리제법(朝鮮無雙新式料理製法)』에는 죽을 쑬 때 물이 나쁘면 죽빛이 누렇고 잘 되지 않는다고 하였다. 이러한 설명들은 모두 물이 음식의 맛을 좌우함을 보여주는 것이다.

물은 술맛도 좌우한다. 술을 빚을 때 찬 샘물이나 첫새벽에 길러온 물을 사용하는 것 역시 물이 술맛에 결정적 영향을 미친다고 생각했기 때문이다. 『동의보감(東醫寶鑑)』에서는 청명수(淸明水)와 곡우수(穀雨水)로 술을 빚으면 색이 좋고 맛이 달며 오래 보관할 수 있다고 설명했다. 『증보산림경제』에도 술맛은 샘물 맛이 맑고 달아야 한다며, 술맛은 물이 좌우한다고 서술하였다. 평양의 문배주는 대동강 유역 석회암 층에서 솟아나는 지하수로 담근 술이며, 경주법주는 그 집 마당에 있는 우물물을 사용한다. 온천으로 유명한 이천에 맥주와 소주 공장이 있다는 사실 역시 물이 술맛과 밀접한 관계가 있음을 보여주는 것이다.

우리는 물을 약과 동일시 여겼다. 전국 각지에 있는 약수터나 온천은 그러한 사실을 말해주고 있다. 약을 달일 때에는 새벽에 기른 물을 사용했다. 『청장관전서(靑莊館全書)』에는 입추 날 첫 닭 울 때 정화수를 길어 마시면 모든 병을 물리칠 수 있다고 했고, 『어우야담(於于野譚)』에는 밤에 쇠로 만든 그릇에 물을 담아 두었다가 아침에 마시면 장수한다고 기록하고 있다. 『동의보감』에는 납설수

운림산방(雲林山房)의 약수터

(臘雪水)를 마시면 술독을 치료할 수 있으며, 정월에 처음으로 내린 빗물인 춘우수(春雨水)를 마시면 아이를 가질 수 있다고 설명하고 있다. 『임원경제지』 「정조지」에는 바위구멍에서 솟는 물인 유혈수(乳穴水)는 마치 젖과 같은 효능을 가진다고 설명했다.

특정한 물을 약으로 여기기도 한다. 대표적인 것이 고로쇠나무에서 나오는 물이다. 고로쇠는 원래 뼈에 좋은 나무라고 해서 골리수(骨利樹)로 불리다가 고로쇠가 되었다고 한다. 고로쇠에서 수액을 채취한 것은 1990년대 초의 일이며, 2000년대부터 널리 알려지기 시작했다. 고로쇠나무에서 수액을 채취할 수 있는 것은 나무의 특성 때문이다. 나무는 얼어 죽지 않기 위해 겨울에 수분을 뺀다. 그러다가 봄이 되면 다시 물을 채우는데, 고로쇠나무는 물을 올리는 양이 많아 나무에 구멍을 내면 수액이 밖으로 흘러내린다. 이러한 특성을 응용하여 봄에 고로쇠나무에서 수액을 채취하는 것이다. 고로쇠 수액이 건강에 유용한지의 여부는 과학적으로 구명되지 않았다. 하지만 각종 미네랄이 풍부한 만큼 건강에 이로울 것으로 여겨지고 있다.

조선시대 왕실에서도 물을 중요시 여겼다. 조선시대 왕은 새벽 5시경 양기가 왕성할 때 물을 떠서 마셨다. 그 외 99번 끓인 후 식혔다가 필요할 때 마지막으로 끓여 마시는 백비탕(白沸湯)을 마시기도 했는데, 백비탕은 양기를

돕고 경락을 소통시켜 주는 효과가 있다고 한다. 내의원(內醫院)에는 한강물 한가운데 가장 깨끗한 물인 강심수(江心水)를 얻기 위한 수고(水庫)가 준비되어 있었다. 그 외 끓는 물과 냉수를 반반 썩은 생숙탕(生熟湯), 황토를 파서 물을 넣고 저어 한참 후 찌꺼기가 가라앉은 후 맑은 물을 취한 지장수(地漿水), 동지 후 세 번째 미일(未日)인 납일에 내리는 눈인 납설을 녹인 납설수 등을 마셨다.

민간에서도 마찬가지였다. 납설수로 술을 담그면 쉬지 않는다고 믿었고, 차를 끓이면 맛있으며, 약을 달이면 효과가 있고, 씨앗을 담갔다가 뿌리면 가뭄에도 견딜 수 있다고 여겼다. 가슴이 답답하면 지장수를 마셨고, 첫눈을 받아 두었다가 눈이 녹으면 그 물로 환약을 만들었다.

민간에서 흔하면서도 귀하게 여긴 물은 새벽 첫 두레박으로 뜬 용안수(龍眼水)이다. 또 정월 첫 상진일(上辰日)에 아무도 길어가지 않은 우물물을 기르는 것을 '알뜨기'라고 불렀다. 용이 하강해서 우물에 알을 낳는 날이기에, 우물물에 용의 정기가 스며있다고 믿었던 것이다. 이처럼 물을 소중히 여겼기에 장독대뿐 아니라 물독대를 둔 집도 있었다.

조선시대 사람들은 우물이나 샘에서 물을 길었다. 우물이나 샘이 마르면 물장수가 공급하는 물을 마시기도 했다. 한양의 경우 5부에 도가(都家)를 두었는데, 도가에서는 물장수를 고용하여 청계천이나 한강의 물을 공급하였다.

1905년 영국계 자본이 설립한 대한수도회사는 1908년 서울 주민이 먹을 수 있는 물을 공급할 뚝섬정수장을 완공했다. 정수장이 생기면서 식수는 수돗물을 가리키는 것이 되었다. 1990년대 초까지만 해도 수돗물을 마시는 것이 일상적인 모습이었다. 이때에는 물을 돈 주고 사먹는다는 것은 생각도 할 수 없는 일이었다.

산업이 발달하면서 생활이 편리해졌지만, 그 만큼 세상은 오염되었다. 특히 생활수준이 높아지면서 건강을 중요시 여기는 시대가 되었다. 수돗물은 염소가 포함되어 있다. 또 급수관에 체류하는 시간이 긴 만큼 산소의 농도가 감소해 상대적으로 맛이 좋지 않다. 1991년 낙동강페놀오염사건, 1994년 낙동강유기용제오염사고 등이 발생하면서 사람들은 수돗물을 불신했다. 이후 약수터에서 물을 떠 나르고, 정수기를 들여놓기 시작했다.

생수를 사먹는 모습은 이젠 일상적이다. 마트 등에서 판매되는 물을 신선한 물이라는 뜻에서 생수로 부른다. 하지만 생수라는 표현은 다른 물 특히 수돗물이 신선하지 않다는 오해를 불러일으킬 수 있다고 하여 '먹는 물 관리법'에 의해 먹는 샘물로 지칭하고 있다. 먹는 샘물은 각종 미네랄 성분이 함유된 광천수(鑛泉水)이다. 지하수가 틈을 통해 지표면으로 솟아나온 용천수, 태양광이 도달하지 않는 바다 속 깊은 곳을 흐르고 있는 물을 취수한 해양심층수, 빙하가 녹은 물을 취수한 빙하수, 우리의 초정약수나 북한의 강서약수와 같은 천연탄산수, 탄산을 첨가한 인공합성탄산수, 몸에 좋은 미네랄 성분을 인위적으로 첨가한 혼합음료 등도 모두 먹는 샘물이다.

생수의 역사는 생각보다 오래되었다. 1912년 일본인들이 초정리에 공장을 세워 천연탄산수를 제작·판매했다. 해방 이후 생수 판매는 금지되었다가, 1976년 주한 미군 및 외국인 가족을 대상으로 생수를 한정 판매하였다. 1988년 서울올림픽이 개최되면서 외국인들을 위해 생수 판매가 합법화되었지만, 올림픽이 끝난 후 위화감 조성을 이유로 다시 생수 판매를 금지시켰다. 생수 판매업자들은 헌법소원을 청구했고, 1994년 생수 판매 금지는 깨끗한 물을 마실 권리를 침해한다는 판결이 나왔다. 그 결과 1995년 '먹는 물 관리법'이 제정되어 생수 판매가 합법화되었다.

우리는 물이 흐르는 곳에 모여 살고, 우물에서 물을 길러 먹었다. 그러다가 집에서 물이 나오는 수돗물의 편안함을 누렸다. 수돗물을 믿지 못하게 되면서 다시 약수터에서 물을 길러 먹거나 정수기에 의존했다. 심지어 물을 돈 주고 사먹는 시대가 되었다. 시대가 변하면서 물을 먹는 모습도 변했다. 하지만 분명한 것은 음식의 가장 1차적인 요소는 물이라는 사실이다.

소금

소금은 물과 함께 생명체의 근원이다. 우리 몸의 체액에는 0.9%의 염분이 포함되어 있다. 때문에 일정 정도의 소금을 섭취해야만 생명을 유지할 수 있다. 흔히 우리는 소금을 먹지 않는다고 생각할지 몰라도, 우리가 먹는 거의 모든 음식에는 소금이 들어 있다.

소금의 한자 염(鹽)은 신하[臣]가 천연소금[鹵]을 그릇[皿]에 두고 지키라는 뜻이 담겨 있다. 이는 소금이 얼마나 귀한 것이었는지를 단적으로 보여준다. 소금이라는 말은 귀했기 때문에 작은[小] 금[金]으로 표현된 것일 수도 있지만, 노란색[黃] 금[金]만큼 소중히 여겼기 때문에 흰색[素] 금[金]이라는 의미에서 소금으로 불렀을 가능성도 있다. 실제로 로마에서는 병사들에게 급료를 소금으로 주었고, 고대 아프리카에서는 소금이 금과 같은 무게로 거래되었다고 한다.

소금은 모든 음식에 반드시 들어가는 식재료지만, 액을 물리치는 중요한 요소이기도 했다. 집에 해를 끼치는 사람이 오면 소금을 뿌렸다. 이사를 가면 먼저 소금을 뿌렸고, 상갓집을 다녀오면 소금을 뿌린 후 집에 들어오게 했다. 그 외 굿판을 정화시키는 부정굿, 집에 잡귀가 들어오는 것을 막는 부정치기, 신에게 비는 의례 비손에도 소금을 사용했다. 소금이 더러운 것을 깨끗하게 한다고 여겼던 것이다.

화재를 막는 마을공동의례인 불막이제에도 소금이 사용되었다. 소금의 짠 맛은 음양오행에서 물의 성질을 지닌다. 즉 '물이 불을 이긴다[水克火]'는 원리가 적용된 것이다. 자식이 잘 되기를 기원할 때 장독 위에 정한수와 함께 소금을 두었다. 아이들이 오줌을 싸면 소금을 얻어 오게 한 이유도 소금이 나쁜 기운을 막아준다는 믿음을 가졌기 때문이다.

소금은 탈수나 삼투압 작용으로 부패성 미생물을 억제하고 발효기능을 유도한다. 때문에 식재료를 소금에 절이면 오래 보관할 수 있고, 발효도 가능해진다. 우리 음식 중 상당 부분이 발효음식인데, 발효음식의 맛은 소금이 좌우한다.

소금은 바다와 육지 모두에서 생산된다. 육지의 경우 바다였다가 육지로 바뀐 소금호수나 바닷물이 육지에 갇혀 바위처럼 굳어진 소금바위[岩塩]에서 소금을 얻을 수 있다. 하지만 우리는 소금호수나 소금바위가 없기 때문에 바다에서 소금을 구해야 했다. 바다에서 얻는 소금은 바위 웅덩이나 개펄에서 바닷물이 증발해 자연적으로 만들어진 로(鹵)와 인위적으로 만든 염으로 구분하기도 한다.

우리나라 최남단에 위치한 마라도에서는 바위에 바닷물이 고였다가 마르면 그것을 긁어 소금을 얻었다. 최초의 소금은 이러한 모습이었을 가능성이 높다. 소금의 본격적 생산은 바닷물을 끓이는 것이었다. 갯벌에 구덩이를 파고 그 가운데 짚으로 짠 통자락을 둔다. 밀물 때 들어온 바닷물은 마른 갯벌을 통과하면서 염도가 높아진다. 이것을 통자락 안에 모은 후 끓여 소금을 얻는 것이다. 이렇게 만들어진 소금이 자염(煮鹽)이다. 자염은 불을 지펴 만든 소금이라는 뜻에서 화염(火鹽), 갯벌에서 나는 소금이라는 뜻에서 육염(陸鹽)으로도 불렀다. 일제강점기에는 끓여서 만든다는 뜻에서 전오염(煎熬鹽)이라고도 하였다.

소금이 중요하게 된 것은 농경의 시작과 밀접한 관련이 있다. 농경을 시작하기 전에는 동물의 고기 등을 통해 염분을 섭취할 수 있었다. 그러나 곡식을 주식으로 하면서 염분 보충을 위해서는 소금의 확보가 중요한 문제였다. 우리나라는 3면이 바다지만, 동해안은 해안의 경사가 심해 소금을 얻기 힘들었다. 때문에 일조량이 많고 개펄이 넓은 서해와 남해에서 주로 소금을 생산했다.

고구려·백제·신라가 한강을 두고 치열하게 전투를 벌였던 이유 중 하나는 서해안 경기만 일대 소금 생산 기지를 장악하기 위해서였다. 그만큼 소금이 중요했던 것이다. 『삼국사기』에는 고구려의 미천왕이 즉위 전 봉상왕의 박해를 피해 다니며 압록강 일대에서 소금장수를 한 사실이 기록되어 있다. 그렇다면 고구려뿐 아니라 백제·신라·가야 역시 소금이 사사로이 거래되었을 것이다.

『삼국사기』에는 254년 신라 내해왕의 아들 석우로(昔于老)가 왜의 사신에게 왜왕을 염노(鹽奴)로 만들겠다는 말을 했고, 이 말을 들은 왜가 신라를 침략한 사실을 기록하고 있다. 염노라는 용어를 통해 신라에서 소금 생산은 노비가 담당했음을 알 수 있다.

고려시대에는 소금과 관련된 업무를 관장하는 기구로 도염원(都鹽院)을 설치했다. 소금을 생산하는 염호(鹽戶)를 두었고, 그들로부터 일정액의 염세(鹽稅)를 징수하였다. 그 외 가내수공업 형태로 소금을 생산하는 경우도 있었고, 왕실이나 국가에서 필요로 하는 소금을 생산케 하는 염소(鹽所)가 운용되기도 했다. 그러나 소금 굽는 가마인 염분(鹽盆)을 귀족들이 장악하여 염세수입이 감소되자, 1288년 3월 충렬왕은 소금을 전매케 하였다.

충선왕은 소금의 생산과 교역을 국가에서 장악하는 각염제(榷鹽制)를 실시했다. 당시 원에서도 소금전매제가 실시되고 있었다. 충선왕은 세자시절 원에서 생활했던 만큼, 각염제 실시는 원의 소금전매제에서 일정 부분 영향을 받았음이 분명하다. 1357년 공민왕은 국가 재정의 수지구조를 개선하기 위해 전국에 염철별감(鹽鐵別監)을 파견하여 소금의 전매제 운영을 강화했다.

소금전매제가 시행된 후 소금의 생산이 급속도로 줄었다. 그 이유는 소금을 생산하던 염호가 도산했고, 귀족들이 염분을 사적으로 소유했기 때문이었다. 이 시기 왜구(倭寇)의 침략으로 소금생산이 마비된 것도 일정한 영향을 미쳤다. 이처럼 소금전매제가 유명무실해지자 조선 정부는 소금전매제를 포기하였다.

조선시대에는 소금을 생산하는 염한(鹽干) 외에는 개인의 염분 소유를 엄격히 제한했다. 소금의 생산은 공염한(貢鹽干)이 담당했는데, 이들은 신역(身役)으로 정액의 소금을 납부하였다. 염한이 아닌 사염한이 염분을 설치하여 소금을 생산할 경우 1년에 4섬[石]의 소금을 세금으로 납부토록 했다. 공염한이나 사염한이 소유하던 염분은 소유권이 개인에게 있는 사염분이었다. 관청에서 염분을 설치하여 소금을 생산하기도 했고, 수군 역시 군량 보충 등을 위해 소금을 생산했는데, 이는 관염분에 해당한다.

개인의 염분 소유를 금지했지만, 시간이 지나면서 점차 권세가들이 염분을 소유하게 되었다. 그러자 조선 정부는 염분의 사적 소유를 인정하면서 세금을 거두는 것으로 정책을 전환했다. 그러나 염세는 제대로 걷히지 않아, 국가 재정에서 차지하는 비중은 그리 크지 않았다.

1578년 포천현감으로 있던 이지함(李之菡)은 소금을 구워 부족한 재정을 보충하려는 방안을 마련했다. 그는 소금이 생산지와의 유통거리나 조건에 따라 가격 차이가 매우 크다는 사실에 주목했던 것 같다. 조일전쟁 중 류성룡(柳成龍)은 소금을 구워 군비를 마련하고자 했다. 『난중일기(亂中日記)』에는 1595년 5월 17일, 19일, 24일에 소금 굽는 가마솥[鹽釜]을 제작한 사실이 기록되어 있다. 이순신(李舜臣)은 소금을 구워 군량을 마련했던 것이다. 조일전쟁 후 조선 왕실은 왕자나 공주의 궁방(宮房)에 염분을 나누어 주었다. 궁방은 직접 염분을 운영하거나 개인에게 위탁한 후 이윤의 일부를 거두어 갔다. 이러한 사실들은 소금으로 인한 이익이 매우 컸음을 보여준다.

공·사염한이 생산한 소금 중 경기·충청·황해도의 소금은 배를 통해 마포로 옮겨졌다. 마포나루에 즐비했던 소금가게들은 염리동(鹽里洞), 소금창고의 흔적은 염창동(鹽倉洞)이란 이름으로 남아 있다. 이들 소금은 사재감(司宰監)에 보내져 왕실과 국용으로 사용되었고, 그 나머지는 도성의 군자감(軍資監)과 현지 군현의 염창에 보내졌다. 경기·충청·황해도를 제외한 지역에서 생산된 소금은 곡식이나 포 등으로 바꾸어 중앙과 지방의 재정에 활용되었다. 또 관청에서 생산된 소금은 구황염으로 이용되거나 민과의 교역을 통해 재정에 충당되었다.

조선시대 동해안과 서해안의 소금 만드는 법은 서로 달랐다. 동해안은 개펄이 없기 때문에 바닷물을 바로 끓이는 직자법(直煮法)으로 소금을 만들었다. 반면 서해안은 진흙으로 염전 바닥을 만들고 두렁을 형성시켜 바닷물이 들어오게 한 후 햇볕을 쬐어 농도가 높은 소금물을 만들고, 이를 다시 끓여 소금을 만들었다. 그러다가 점차 염전을 조성하여 농도가 높은 소금물인 함수(鹹水)를 채취한 후, 이것을 염분에 넣고 끓여 소금을 만들었다.

조선 후기 자염법에 획기적인 변화가 있었다. 소금을 생산하기 위해서는 조수가 들어오는 것을 기다려야만 했다. 그런데 경상도 지역에서 바닷물이 들어가는 어귀를 막아 염전을 만든 유제염전(有堤鹽田)이 등장한 것이다. 유제염전의 등장으로 물때와 상관없이 소금을 만들 수 있게 되었다. 그러나 서해안은 조수 간만의 차이가 커서 높은 제방을 쌓을 수 없었기 때문에 여전히 무제염전(無堤鹽田)에서 소금을 생산했다.

일제강점기 염전은 전매국(專賣局)에서 경영했는데, 소금 생산방법에 큰 변화가 있었다. 천일염(天日鹽)이 등장한 것이다. 천일염은 인공저수지에 바닷물을 염도가 6~7도가 될 때까지 저장해 두었다가, 수차를 이용하여 증발지로 바닷물을 유입시킨 후 증발시키면서 소금의 농도가 높은 물인 함수가 되게 하고, 함수가 결정지(結晶地)에서 소금이 되는 것이다.

일제는 무기와 군수산업에 사용하기 위한 소금이 필요했는데, 우리의 자염은 이에 부적합했다. 때문에 일제는 우리에게 염화나트륨 성분이 높은 천일염을 만들게 했던 것이다. 1907년 일제는 타이완의 천일염전을 모방하여 인천 주안에 천일염전시험장을 설치하고, 주안염전(朱安鹽田)을 만들었다. 1911년부터는 본격적으로 소금을 생산하기 시작했고, 이후 서해안에 천일염전이 자리 잡게 되었다.

일제는 천일제염법을 도입함으로써 소금생산을 독점하여 세입을 확보하려 했다. 일제강점기 천일염 생산과 공급은 관영 혹은 전매제로 독점하여 민간인에게는 천일염 생산이 허용되지 않았다. 때문에 천일염은 관염(官鹽)으로 불린 반면, 자염은 사염(私鹽) 또는 재래염(在來鹽)으로 불렸다.

천일염은 땔감이 필요 없어 생산 비용이 싸고, 사람의 손이 덜 가는 만큼 대량생산이 가능하다. 때문에 해방 이후 바닷물을 끓여 소금을 얻는 방식은 거의 사라졌다. 천일염이 좋은 소금으로 여겨지면서, 천일염은 많이 먹어도 몸에 좋다고 여기기도 한다. 몸에 좋은 음식이라도 정도가 지나치면 문제가 될 수 있다. 천일염 역시 마찬가지이다. 최근에는 천일염이 좋은 소금인가에 대한 의문이 끊임없이 제기되고 있다. 그 이유는 생산방식에 문제가 있기 때문이다.

천일염을 생산할 때 예전에는 황토를 깔아 소금을 생산했다. 이것이 황토천일염이다. 그런데 황토천일염은 수확할 때 황토와 소금을 분리하는 데 손이 많이 갔다. 그래서 바닥에 황토가 아닌 옹기파편을 깔았다. 이를 옹패판이라 불렀는데, 옹패판은 겨울에 얼어 울퉁불퉁해지는 단점이 있었다. 때문에 옹기 대신 타일을 깔았다. 타일판은 균열이 일어나지 않고 내구성이 뛰어났다. 그러나 비용이 많이 들기 때문에 비닐장판을 깔아 소금을 생산하는 곳이 늘어났다. 비닐장판은 뜨거운 햇빛과 염도가 높은 바닷물에 환경호르몬 등이 녹아나올 가능성이 높다. 때문에 최근에는 다시 황토를 까는 곳이 늘어나고 있다.

천일염은 송홧가루가 날리는 철에 생산되는 송화염이 최고라고 한다. 5~6월이 햇볕과 바람이 좋기 때문이다. 천일염은 여러 형태로 가공되기도 한다. 천일염의 불순물을 제거하기 위해 등장한 것이 구운소금이다. 800℃ 이상 고열로 가열하여 인체에 해로운 성분들을 연소시키는 것이다. 이 온도에서도 연소되지 않는 불순물을 없애기 위해 생대나무통에 소금을 넣고 1300~1600℃ 이상의 고열

염전에서 소금이 만들어지고 있는 모습

로 가열한 죽염이 등장했다. 대나무 속의 유황 성분이 천일염에 들어가 불순물과 중금속이 제거되고 미네랄이 강화되는 것이다. 한 번부터 아홉 번까지 구운 다양한 죽염이 있는데, 아홉 번 구운 죽염은 보랏빛을 띠어 자죽염(紫竹鹽)이라고 부른다.

천일염 외 가공한 소금으로 정제염·맛소금·재제염·가공염 등이 있다. 정제염은 중금속을 걸러내고 나트륨이온과 염소이온만으로 만든 염화나트륨이다. 미네랄이 전혀 함유되지 않은 소금이지만, 대량생산이 가능하고 값이 저렴해 식품회사에서 주로 사용한다. 정제염 표면에 MSG를 코팅한 소금이 맛소금이다. 재제염은 천일염을 바닷물에 녹인 뒤 다시 끓여 만든 소금인데, 가공 과정에서 하얀 눈꽃 같은 결정이 생긴다고 해서 꽃소금이라고도 한다. 꽃소금은 천일염에 불순물이 많고 정제염은 염화나트륨의 비율이 높다는 생각에서 만들어진 것이다. 주로 미네랄이 거의 없는 오스트레일리아나 멕시코 등에서 수입된 천일염을 용해하고 조작해서 만든다. 가공염은 소금을 태우거나 융용·분쇄·압축 등을 통해 불순물을 제거한 후 다른 물질을 첨가한 소금이다.

소금의 다량 섭취는 고혈압·뇌졸증·심근경색 등의 성인병을 유발한다. 세계보건기구(WHO)에서 권장하는 1일 소금 섭취량은 5g에 불과하다. 맵고 짠 음식을 좋아하는 우리는 권장량보다 훨씬 많은 소금을 먹는다. 때문에 최근 저염식사법이 주목받고 있다. 그러나 소금은 삼투압을 유지시켜 체액의 균형을 이루도록 하고, 신진대사와 소화를 촉진시킨다. 또 혈관을 정화시키고 적혈구의 생성을 돕는다. 소금은 생명을 유지하는 데 있어 가장 기본적인 요소인 것이다.

양념

음식의 맛은 간이 맞아야 한다. 간을 맞추는 데 결정적인 역할을 하는 것이 양념이며, 양념으로 새로운 맛을 내기도 한다. 양념은 먹어서 몸에 약처럼 이롭기를 염두에 둔다고 해서 한자로는 '藥念' 또는 '藥廉'으로 표기한다. 양념 대신 다대기라는 표현을 쓰는 경우도 있는데, 다대기는 두들긴다는 뜻의 일본어 타다키(たたき)에서 유래된 말이다. 양념을 두들겨 다진다고 해서 타다키로 부른 것이 다대기가 된 것이다. 우리말로 표현하면 다진 양념 정도가 될 것 같다.

우리는 전통적으로는 단맛을 위해 꿀, 짠맛을 내기 위해 소금과 간장, 신맛을 위해 식초를 사용했다. 매운 맛을 위해서는 겨자[芥子]·산초(山椒)·후추 등을 사용하다가, 고추가 들어온 이후에는 고추를 주로 활용했다. 또 고소함을 더하기 위해 들기름과 참기름을 사용하였다.

인간이 가장 좋아하는 맛은 단맛인데, 단맛을 내는 전통 양념은 꿀이었다. 꿀은 밀(密)·봉밀(蜂蜜)·봉당(蜂糖)·백화례(百花醴)·함소(含消) 등으로 표기했고, 누런 꿀을 황밀(黃蜜), 투명한 꿀을 청밀(淸蜜)로 구분하기도 했다. 중국에 보내는 공물, 왕실의 잔치와 하사품 등으로 애용되었던 꿀은 약으로도 사용되었다. 때문에 약과와 약밥처럼 꿀이 들어간 음식에는 '약'이라는 접두어를 붙이기도 했다.

꿀을 채취하는 방법에는 한봉(韓蜂)과 양봉(養蜂)이 있다. 당연히 예전에는 토종벌로 꿀을 모으는 한봉이 주였다. 『니혼쇼키(日本書紀)』에는 백제의 왕자 여풍(餘豊)이 일본에서 벌통을 놓아 꿀을 만들려 한 사실이 기록되어 있다. 고대국가 단계 이미 한봉이 시작되었던 것이다.

토봉(土蜂)이라고도 하는 한봉은 1년 내내 한곳에서 꿀을 모으기 때문에 여러 꿀이 함께 담기게 되어서 잡화꿀이라고도 부른다. 『산림경제(山林經濟)』에는 봄에 채취한 꿀은 빛깔이 흐리며 신맛이 나고 비린내를 풍기며, 겨울꿀은 엉긴 기름 같은 빛깔에 신맛이 나서 좋지 안다고 했다. 따라서 여름에 채취한 꿀, 그중에서도 6월에 딴 꿀을 최고로 여겼다.

양봉은 서양벌로 꿀을 만드는 것이다. 한봉이 한 장소에서 꿀을 뜨는 반면, 양봉에서의 벌은 꿀을 빨아올 수 있는 식물을 쫓아 이동한다. 때문에 유체꿀·아카시아꿀·밤꿀 등 각각의 꿀 생산이 가능하다. 특히 서양벌은 생산능력이 토종벌보다 월등하여 대량생산에 적합하다.

꿀벌이 꿀 1kg을 생산하기 위해서는 5만 6천 송이의 꽃에서 꿀을 모아야 한다. 이처럼 꿀이 귀했기 때문에 우리는 곡류의 전분을 당으로 바꾼 조청(造淸)으로 단맛을 내기도 했다. 조청 외 단맛을 내는 양념은 설탕이다. 우리는 사탕수수나 사탕무가 재배되지 않았던 만큼 설탕을 만들 수 없다. 때문에 설탕은 전적으로 수입에 의존했는데, 처음 전래된 것은 고대국가 단계라는 시각과 고려시대 송으로부터 전래되었다는 견해로 나뉘어져 있다.

조선시대에는 설탕을 모래 덩어리처럼 곱다고 하여 사탕[沙糖]이라 불렀고, 혹은 당병(糖餠)·당상(糖霜)·표당(豹糖)·빙당(氷糖)이라고도 했다. 정백제를 넣기 전 설탕은 검은색의 흑당(黑糖)이다. 여기에 정백제를 넣으면 하얀 가루가 되는데, 희고 고운 눈과 같은 당이라고 하여 설당(雪糖; 屑糖)이라고 불렀다. 설당에서 설탕이란 이름이 생겨났다.

설탕은 중국 사신이 가져 오는 선물 중 하나였고, 중국을 왕래하는 역관들에 의해 수입되기도 했다. 또 일본이나 류큐(琉球)를 통해 수입했다. 이처럼 설탕이 귀했기 때문에 왕실에서 약재로 이용되었고, 왕이 병든 신하에게 내리는 하사품의 하나였다.

1880년대 청의 상인 동순태(同順泰)에 의해 설탕이 수입되었고, 이후 설탕 수입량은 계속 늘어났다. 그러나 이 시기 설탕은 중국과 일본의 이민자들이 상업용으로 구매한 것이었다. 설탕이 들어간 중국 음식과 일본식 과자를 접한 조선인들은 점차 설탕의 단맛에 익숙해지기 시작했다. 개항 이후 우리나라에 수입된 설탕은 홍콩에서 생산된 것이었다. 그런데 1900년대부터 일본의 설탕이 수입되기 시작했고, 1905년 이후에는 일본에서 생산한 설탕이 우리 시장을 완전히 장악하였다.

설탕의 원료인 사탕수수를 재배하기 위해서는 많은 노동력이 필요하다. 하와이의 사탕수수농장에는 중국인과 일본인들이 일하고 있었는데, 이들이 임금인상을 요구했다. 그러자 하와이의 여러 농장은 필리핀과 한국에서 노동자를 구하기 시작했다. 1902년 12월 22일 갤릭호(S. S. Gaelic)는 하와이 사탕수수농장에서 일하기 위한 노동자 97명을 태우고 제물포항을 떠나 1903년 1월 13일 호놀룰루항에 도착했다. 이들이 최초의 미국 이민자이다. 1905년 일제에 의해 중단될 때까지 65회에 걸쳐 7,226명이 하와이로 이민했다. 우리 역사에서 설탕은 미주지역 한인사회 성립과도 관계있는 것이다.

1910년대부터 음식을 만들 때 꿀이나 엿 등의 전통감미료 대신 설탕을 넣기 시작했다. 1920년 다이니혼(大日本)제당은 평양에 제당공장을 세웠다. 평양에 제당공장을 세운 것은 중국 수출을 위한 것이었지만, 우리 땅에서 설탕이 생산되면서 보다 쉽게 설탕을 구할 수 있게 되었다. 그 결과 1930년대에는 단맛을 낼 때 전통감미료가 아닌 설탕을 사용하게 되었다.

일제강점기 문명개화론자들은 설탕을 많이 먹으면 체력이 좋아져 근대화를 이룰 수 있다고 여겼다. 설탕을 문명화의 척도로 생각했던 것이다. 이후 설탕소비량은 점점 늘어갔다. 그러나 1937년 중일전쟁이 발발하면서 설탕이 부족해졌다. 그러자 일제는 설탕의 폐해를 강조했고, 이후 설탕 소비는 점차 위축되었다.

일제강점기 우리 땅에 있던 제당공장은 다이니혼제당 조선지점이 유일했다. 해방 후 남북이 분단되면서, 남한에는 설탕을 생산할 수 있는 설비가 없었다. 때문에 설탕은 전량 수입에 의존했다. 1953년 11월 5일 제일제당에 의해 설탕이 생산되었다. 이어 1954년 8월 동양제당, 12월 한국정당, 1955년 12월 삼양사 등이 설탕을 생산했다. 1956년 2월 금성제당, 3월 해태제과, 7월 대동제당 등도 설립되었다. 최근 설탕은 비만·당뇨·충치 등을 유발한다고 해서 푸대접을 받지만, 1950년대까지는 명절의 주요 선물일 정도로 귀한 식재료였다.

사탕수수에서 최초로 결정화되는 설탕은 검은색이다. 흑설탕은 사탕수수에서 당밀을 분리하지 않아 불순물을 포함하고 있다. 흑설탕을 원심분리기에 넣고 이물질을 뽑아내면 황설탕이 된다. 황설탕의 불순물을 다시 제거하는 세당과정을 거치고 탈색을 한 것이 백설탕이다.

일제강점기 조선총독부와 언론은 백설탕보다 흑설탕이 우수하다고 선전했다. 여기에서 말하는 흑설탕은 사실 황설탕이었다. 백설탕은 정제 과정에서 사탕수수에 들어 있던 몸에 좋은 요소들이 모두 사라져 버리는 것이 사실이다. 그러나 조선총독부에서 황설탕을 권장한 것은 정제를 위해 물자가 들어가고, 정제하는 과정에서 설탕의 분량이 줄어들기 때문이었다. 그런데 일제강점기 형성된 황설탕이 우수하다는 인식은 지금까지 영향을 주고 있다. 현재 국내에서 생산되는 흑설탕은 대개 백설탕에 캐러멜 색소를 입힌 것이고, 황색설탕 역시 백설탕에 열을 가하여 노랗게 색을 변하게 한 것에 불과하다. 영양성분에는 차이가 없고 오히려 추가 공정을 거쳐야 하기에 가격만 더 비쌀 뿐이다.

전근대시대 꿀이나 설탕은 민이 쉽게 접할 수 없는 식재료였다. 때문에 우리는 단맛을 내기 위해 엿기름을 사용했다. 엿기름을 단맛이 나는 기름으로 아는 이들도 있는데, 사실 보리의 싹을 엿이 나오게 기른 것이 엿기름이다. 이 엿기름으로 식혜와 조청을 만들어 단맛을 냈다.

매실액 역시 단맛을 내는 양념 중 하나였다. 『성종실록』에는 우의정 이극배(李克培)가 병으로 사임을 청하자, 성종은 "술은 누룩으로 빚고 국은 매실로 만든다[酒作蘗而羹作梅]."며 만류했다. 이는 성종이 이극배의 도움이 필요함을 말한 것이지만, 조선시대 매실이 양념의 역할을 했음을 나타내기도 한다.

매운맛을 내는 양념 중 하나인 후추는 인도 남부가 원산지이다. 중국을 출발해 일본으로 향하던 신안해저유물선에 후추가 실려 있었던 것으로 보아 고려시대에는 중국을 통해 수입되었던 것 같다. 후추는 북쪽에서 전래된 초(椒)라고 하여 호초(胡椒)로도 불렸다. 후추는 조미료나 향신료로 사용되었지만, 더위로 인해 생기는 병과 가슴과 배가 아픈 것을 치료하는 약재로도 이용되었다.

신안해저유물선에 실려 있던 후추
(국립해양문화재연구소)

서유구(徐有榘)는 후추가 "물고기·고기·자라·버섯 등의 독을 없애준다[殺一切魚肉鼈蕈毒]."고 설명했다. 조선시대 음식을 만들 때 후추의 효율성이 매우 컸던 것이다. 조선시대에는 후추를 일본의 쓰시마 섬(對馬島)·잇키 섬(一岐島)·큐슈(九州)·야마구치(山口) 등에서 수입했다. 전량 수입에 의존했던 만큼 후추를 재배하기 위한 노력이 이어졌다. 1482년 성종은 일본 사신에게 후추씨를 구해줄 것을 요청했고, 이듬해에는 중국 사신을 통해 후추씨를 구할 것을 명하기도 했다. 1485년에도 오우치도노(大內殿)의 사인(使人)인 원숙(元肅)에게 후추씨를 구해줄 것을 요청했다. 그러나 후추 재배에 성공하지는 못했다.

1496년 질정관(質正官)으로 명을 다녀 온 남곤(南袞)은 조선에서 나지 않는 후추를 명으로 가져가 밀무역하는 폐단을 지적하였다. 『징비록(懲毖錄)』에는 조일전쟁 전 일본에서 사신으로 파견된 다치바나 야스히로(橘康廣)가 후추를 잔칫상에 흩어놓으니 기녀와 악공들이 서로 빼앗으려 했고, 이를 보고 야스히로가 조선은 기강이 무너져 곧 망할 것이라고 말한 사실을 기록하고 있다. 이는 조선시대 후추가 매우 귀한 식재료였음을 알려준다.

식초는 초(醋)·순초(醇醋)·엄초(釅醋) 등으로 표기했는데, 신맛과 쓴맛을 함께 지니고 있기에 고주(苦酒)라고도 불렸다. 곡물이나 과일을 발효시켜 만든 술을 초산균(醋酸菌)이 다시 발효시킨 것이 식초이다. 그렇다면 우리가 술을 만들어 먹을 때 이미 식초는 양념으로 쓰였을 것이다. 초를 뜻하는 한자 초(醋)에는 술 항아리를 뜻하는 한자 유(酉)가 들어 있고, 실제로 먹다 남은 술을 항아리에 넣어 식초를 만들기도 했다. 이렇게 만들어진 식초에는 60종 이상의 유기산이 형성되며, 생리활성 물질이 가득하다고 한다.

우리는 꿀로 밀초, 엿기름으로 엿초를 만들었다. 또 멥쌀과 찹쌀·밀·보리·차좁쌀·수수쌀·율무 등의 곡류, 감·대추·매실·복숭아·대추 등의 과실류, 쑥·창포·길경·도라지·연꽃 등의 식물 등을 발효시켜 식초를 만들었다. 이들 천연식초를 만드는 데에는 6개월 이상의 시간이 소요된다. 때문에 식초를 장과 마찬가지로 중요시 여겨졌다. 보관할 때는 습한 곳에 두지 않았고, 더러운 사람이나 임산부는 가까이 하지 못하게 했고, 맹물과 짠 기운을 피했다. 식초를 담는 초두루미는 시어머니로부터 며느리에게 전해졌다. 초두루미는 온도와 공기의 양을 조절해주는 항아리로 지역마다 모양이 조금씩 다르다. 초두루미는 단순한 항아리가 아닌 신주단지였고, 모심의 대상이었다. 그만큼 식초를 중요하게 여겼던 것이다.

요즘 쉽게 볼 수 있는 양조식초는 주정에 초산균을 넣고 기계로 속성 발효시킨 것이다. 때문에 전통 식초와 달리 유기산·아미노산·비타민·미네랄 등이 들어 있지 않고, 단순히 신맛만 낼 뿐이다. 양조식초 대신 사용되는 것이 빙초산(氷醋酸)이다. 1924년 출간된 『조선무쌍신식요리제법』에 빙초산은 달고 감칠맛이 천연식초에 미치지 못한다고 설명하고 있다. 이로 보아 빙초산은 일제강점기부터 식용으로 사용된 것 같다. 빙초산은 석유를 정제할 때 부산물로 나오는 화학물질을 희석한 것인 만큼 식용으로 적합하지 않다. 그러나 가격이 싸다는 이유로 빙초산을 물에 희석시켜 사용하기도 한다. 양심적인 식당도 있겠지만 냉면

식초를 보관했던 초두루미
(공공누리 제1유형 국립민속박물관 공공저작물)

에 넣는 식초·초고추장·해파리냉채·단무지·무절임·오이피클 등에 빙초산이 사용되는 경우가 많다고 한다.

1995년 산내들에서 건강을 위한 식품으로 '감식초'를 출시했다. 그러나 이때까지 식초는 조미료라는 인식이 강해 음용식초의 대중화에는 성공하지 못했다. 2005년 대상에서 생산한 '홍초'는 많은 사람들의 관심을 끌었다. 이후 현미식초인 '흑초', 감으로 만든 '감식초', 석류·복분자·열대과일 등으로 만든 식초 등이 큰 인기를 끌었다. 음식을 만들 때에는 백포도주를 발효시켜 만든 발사믹식초를 사용하는 가정도 늘어났다.

우리는 농사를 주업으로 했던 만큼 동물성 기름은 충분하지 않았다. 때문에 찜·무침·데침·삶기·굽기 등으로 음식을 만들었다. 이러한 요리법에도 고소한 맛을 내기 위해 기름이 필요한 경우가 있었는데, 이때는 참기름이나 들기름을 사용했다.

참기름은 참깨에서 추출한 기름이다. 참깨의 원산지는 아프리카라는 견해도 있고, 인도로 보기도 한다. 참깨는 한자로 지마(芝麻; 脂麻)·홍장(鴻藏)·등홍(藤弘)·교마(交麻)·유마(油麻)·향마(香麻)·진임(眞荏)·진임자(眞荏子)라고 했고, 서역에서 전해졌기 때문에 호마(胡麻)로도 표기했다. 때문에 참기름을 호마유 또는 마유(麻油)라 했고, 들기름에 비해 향이 진했기 때문에 진유(眞油)·향유(香油), 색이 맑아서 청유(淸油)라고도 불렀다. 『동의보감』에서는 참기름을 지마유(脂麻油)라고 하여 대소변을 잘 나오게 하는 효능이 있다고 설명했다.

참깨에는 노인의 풍을 없애주고, 머리를 검게 해주며, 근심을 없애주는 삼거지덕(三去之德)이 있다고 여겼다. 때문에 참깨를 효마자(孝麻子)라고도 불렀다. 먹으면 속살이 백옥같이 예뻐지는 음식이 참깨였다. 참기름 등불의 그을음을 참기름에 개면 눈에 총기를 더하는 미묵(眉墨)이 되며, 머리를 검게 하는 머릿기름도 되었다. 참깨꽃을 머리에 꽂고 다니며 깨처럼 다산을 기원했고, 아이 낳는 방에는 참깨 다발을 들여놓고 깨알 터지듯이 순산할 것을 바랐다. 때문에 여성에게 참깨는 삼가지덕(三加之德)이 있다고 여겨졌다.

참깨가 우리나라에 언제 전래되었는지는 확실하지 않지만, 삼국시대에는 재배되었을 것으로 여겨지고 있다. 고려시대에는 참깨를 많이 재배했으며, 조선시대에는 뇌물로 활용되기도 했다. 『동의보감』에서는 참깨를 요통을 치료하고, 살찌고 건강케 하는 약재로 설명했다. 『산림경제』에서는 참깨를 신선들이 먹었다는 선약에 가까운 식품으로 소개했다. 이로 보아 조선시대 참깨는 매우 귀한 식재료 중 하나였던 것 같다. 지금도 마찬가지여서 2020년 참깨 자급률은 7% 정도에 불과하다.

들기름은 들깨에서 짜낸 기름인데, 소자유(蘇子油) 또는 법유(法油)라고 했다. 들깨에서 기름을 짜 먹는 것은 우리가 유일한데, 들기름은 식용뿐 아니라 등불을 밝히거나 방수용 도료로도 사용되었다. 들기름의 원료인 들깨의 원산지는 우리나라를 비롯하여 동아시아지역이라는 설과 인도와 중국 중남부지역이라는 견해가 있다. 들깨는 임(荏)·임자(荏子)·야임(野荏)·자소(紫蘇)·소엽(蘇葉)·소자(蘇子)·야소(野蘇)·백소(白蘇)·수임자(水荏子)·수소마(水蘇麻) 등으로 표기했는데, 우리가 쌈으로 즐겨 먹는 깻잎이 바로 들깨의 잎이다.

참기름과 들기름 외에도 다양한 기름을 양념으로 사용했다. 『규합총서』에는 아주까리기름·수박씨기름·봉선화씨기름·수유(茱萸)기름·면화씨기름·콩기름, 『임원경제지』 정조지에는 삼씨기름·순무씨기름·유채씨기름·차조기씨기름·홍화씨기름·도꼬마리씨기름·하눌타리씨기름·박씨기름·참외씨기름·산초씨기름·봉숭아씨기름·개암씨기름·잣기름·호두기름·비자기름 등이 수록되어 있다. 그러나 앞에서도 언급했듯이 조선시대 가장 귀하게 여겼던 기름은 역시 참기름이었고, 그 다음은 들기름이었다.

우리 혀가 느끼는 맛은 단맛·짠맛·쓴맛·신맛이다. 매운 맛은 혀로 느끼는 것이 아닌 통증이지만, 우리는 맛에 포함시키고 있다. 여기에 하나 더 추가한다면 감칠맛이 있다. 감칠맛은 소고기·멸치·다시마 등을 우린 국물에서 느낄 수 있는데, 그 자체의 맛보다는 다른 재료와 어우러져 맛을 돋우는 역할을 한다. 하지만 이렇게 만들기까지 오랜 시간이 걸리는 만큼, 흔히 인공조미료

인 MSG(글루탐산나트륨)를 통해 감
칠맛을 낸다.

1909년 도교(東京)대학교의 이케
다 기쿠나에(池田菊苗)는 다시마 추
출물에서 MSG를 발견했다. 스즈키
사부로스케(鈴木三郎助)는 기쿠나에
부터 특허권을 양도받아 공업화를
시도했고, 1909년 5월 '아지노모도
(味の素)' 생산을 시작하였다. 1910년

일제강점기 '아지노모도' 간판
(공공누리 제1유형 국립민속박물관 공공저작물)

'아지노모도'는 서울의 쓰지모토(辻本)상점과 부산의 후쿠에이(福榮)상회를
특약점으로 하여 우리나라에 수입되기 시작했다.

1929년 9월 경복궁에서 개최된 조선박람회에서 '아지노모도'가 대대적으
로 홍보되었다. 이를 계기로 '아지노모도'의 판매량이 크게 증가했다. 일제강
점기 '아지노모도'는 냉면과 설렁탕에 반드시 들어갔다. 국물이 많은 우리
음식의 특성상 '아지노모도'는 최고의 양념으로 자리 잡았던 것이다.

해방 후 '아지노모도'는 암시장에서 밀수품으로 소량 유통되었다. 그러던
것이 1955년 대성공업사가 '미미소(美味素)'라는 이름으로 생산을 시작했다.
1956년에는 동아화성이 일본어 발음 아지노모도와 같은 표기인 '미원(味元)'을
생산했다. 1960년대 미원 외에도 '미영(味榮)'·'미왕(味王)'·'미성(味星)'·'일미
(一味)'·'선미소(仙味素)'·'천일미(天一味)' 등의 다양한 화학조미료가 경쟁했다.

1963년 12월 제일제당은 '여인표 미풍'을 생산하던 원형산업(源亨産業)을
인수한 후, '미풍(味豊)'을 생산했다. 동아화성은 1965년 12월 '미왕'을 생산하
던 미왕산업을 흡수하여 상호를 미원주식회사로 변경했다. 이후 우리나라의
조미료는 미원과 미풍의 양대 구도로 정리되었다.

제일제당은 1975년 종합 조미료인 '다시다', 1977년에는 핵산 조미료 '아이
미'를 생산했다. 미원을 생산하던 대상은 1982년 종합조미료 '맛나'를 생산하

기 시작했다. 경제발전에 따른 생활수준의 향상으로 건강에 대한 관심이 높아졌다. 그 결과 핵산조미료에 천연 재료를 조합한 복합 천연조미료, 더 나아가 천연 원료로 만든 조미료도 등장했다.

1968년 미국의 의사 로버트 호만 곽(Robert Homan Kwok)은 중국음식을 먹은 사람들이 목·등·팔이 저리고 마비되는 증세를 느끼며, 심장이 뛰고 노곤해지는 것을 경험했는데, 그 이유가 MSG 과다 함유 때문이라는 논문을 발표했다. 이후 이러한 증상을 '중국 음식점 증후군(Chinese Restaurant Syndrome)'으로 부르기 시작했다. 일부 의학계에서는 MSG의 부작용은 일부 사람에게 나타나는 증후군일 뿐 질병으로 보기 힘들다고 주장하기도 한다. 하지만 최근 화학조미료가 건강에 좋지 않다는 인식이 널리 퍼지면서 가정의 식탁에서 화학조미료가 사라지고 있는 추세이다. 대신 표고버섯·멸치·다시마·마른 새우 등을 가루로 내어 조미료로 사용하는 가정이 늘어나고 있다. 그러나 여전히 식당에서는 화학조미료가 대세인 것 같다.

PART 3
발효와 음식

장문화의 전통

사람은 단맛·쓴맛·짠맛·신맛·매운맛의 다섯 가지 맛을 느낀다. 그런데 우리는 떫은맛과 삭은맛을 더해 일곱 가지 맛을 느낀다고 한다. 이중에서 삭은맛은 발효음식과 밀접한 관계가 있는데, 우리 음식의 80%가 발효음식과 관계있다고 한다.

우리의 전통음식 장(醬)은 세균·효모·곰팡이 등의 미생물이 음식물에 작용해서 만들어진다. 우리만 음식물을 발효시켜 먹는 것은 아니다. 서양의 빵·치즈·요쿠르트 등도 발효식품이다. 『예기』옥조(玉藻)편에는 "장은 음식을 먹을 때 주가 된다[醬者食味之主]."라고 기록하고 있어, 중국에서도 발효음식 장을 중요시 여겼음을 알 수 있다. 그러나 우리에게 장은 단순한 음식이 아니었다. 『임원경제지』에서는 장은 "음식의 독을 제어할 수 있다[能制食物之毒]."고 하여, "우리의 장이 천하제일[是則吾東之醬 當爲天下第一也]"이라고 설명했다.

'장이 달면 복이 든다', '장맛이 변하면 집안이 망한다', '장맛을 보면 그 집의 내력을 알 수 있다' 등의 속담에서 나타나듯이, 장맛이 그 집의 모든 것을 대변하는 것으로 여겼다. '장맛 보고 딸 준다', '며느리가 잘 들어오면 장맛이 좋아진다', '말 많은 집은 장맛도 쓰다'라고 하여, 장맛으로 가문과 사람됨을 평가하기도 했다. 우리에게 장은 음식을 뛰어넘는 의미를 지녔던 것이다.

우리는 농경민족이었던 만큼 동물로부터 단백질을 섭취하는 것이 쉽지 않았다. 때문에 고기를 대신할 수 있는 콩을 많이 먹었다. 그런데 콩은 더운 철에는 습기와 온도 때문에 쉽게 상한다. 때문에 콩을 오래 보관하는 방법으로 된장과 간장을 만들게 되었을 것이다.

콩은 삶거나 찌면 발효가 일어난다. 『삼국사기』에는 신문왕이 왕비를 맞아들일 때 보낸 폐백 중에 시(豉)가 있다. 아마도 시는 메주였을 것이다. 메주가 존재한다면 간장과 된장을 만들어 먹었음이 확실하다. 국왕이 부인을 맞아들

장을 담기 위해 메주를 띄우는 모습

이면서 예물로 메주를 준 사실은 메주가 무척 귀하거나, 꼭 필요한 음식이었음을 보여준다. 이 시기 메주는 지금의 메주와는 형태가 달랐다. 소금과 누룩을 넣어 항아리 안에서 발효시킨 알갱이 상태였다. 조선시대에도 알갱이 형태의 메주가 만들어졌을 가능성이 높다.

고려시대에는 흉년이 들거나 적의 침략을 받는 등 국가적 재난이 있으면 민에게 메주를 나눠 주었다. 아마도 민들은 메주로 장을 만들고, 구황작물로 배고픔을 면했을 것이다. 조선시대에는 합장사(合醬使)라는 관직이 있었다. 합장사는 왕이 궁궐을 나설 때 미리 가서 왕이 먹을 장을 만드는 것이 임무였다.

우리가 장을 잘 담그는 것은 중국에서도 인정했다. 『삼국지(三國志)』 위지동이전(魏志東夷傳)에는 고구려인들이 장을 잘 담근다며 '선장양(善醬釀)'으로 기록했고, 몸에서 나는 특유의 메주 냄새를 '고려취(高麗臭)'라고 했다.

장을 담글 때는 외부 사람을 금했다. 특별히 날도 가렸는데, 오일(午日)·병인일(丙寅日)·정묘일(丁卯日)·제길신일(諸吉神日)·정일(正日)·우수(雨水)·입동(立冬)·황도일(黃道日) 등을 장 담그기 좋은 날로 여겼다. 특히 정월 첫 번째 오일인 상오일(上午日)은 말날인데, 12지신 중 말의 피가 가장 맑다고 여겼다. 또 정월은 춥기 때문에 세균 감염을 막아 변질되지 않고, 점차 온도가 상승하면서 장의 특유의 맛이 생긴다. 때문에 정월 오일에 담근 장을 최고로 여겼다. 반면 신일(辛日)에는 장을 담지 않는데, 그 이유는 '신'이라는 발음이 맛이 시다는 것을 연상시키기 때문이었다. 이런 이유로 신씨 집에서는 사돈집이나 딸집에서 장을 담아 옮겨 오기도 했다.

장을 담근 후에는 장독대에 각별히 신경을 기울였다. 7~8월에 구운 장독과

옹기장수의 나이가 홀수일 때 파는 항아리가 장맛을 좋게 한다고 여겼다. 장독대는 바람이 잘 통하는 남향에 위치토록 하여 항상 볕을 쬘 수 있도록 하였다. 또 담장이 무너져 장독을 깨트릴 수 있으므로 장독대는 담장과 어느 정도 거리를 두었다. 과일을 따다 장독을 깨트릴 수 있고, 뱀이나 벌레들이 모일 수 있기에 장

명재 윤증 고택(明齋尹拯故宅)의 장독대

독대 주변의 나무는 모두 베었다. 항아리의 수평을 유지하는 데에도 주의를 기울였다. 항아리가 기울면 소금물이 한쪽으로 몰려 물이 적은 곳에 백태(白苔)가 끼기 때문이다.

장을 보관하는 항아리는 잘 닦아 숨구멍이 막히지 않도록 했다. 또 항아리에는 종이로 버선을 만들어 붙였다. 그 이유는 장을 더럽히는 귀신이 버선 속으로 들어가 나오지 못하도록 한다는 의미지이만, 실제로는 종이에서 반사되는 빛이 벌레의 침입을 막았기 때문이다. 고추가 수입된 이후에는 항아리에 숯과 고추를 넣었다. 숯은 작은 구멍 사이로 유익한 미생물이 자리 잡아 장의 발효를 돕고 잡내를 빨아들이는 작용을 하며, 고추는 살균과 방부 효과가 있기 때문이다. 한편 고추의 붉은 색이 부정함을 막아준다고도 여겼다.

간장과 된장

간장은 짠맛, 단맛, 감칠맛 등 여러 맛을 함께 가지고 있다. 한자로는 '艮醬'으로 표기하지만, '간(艮)'이라는 글자를 음차한 것일 뿐 특별한 의미가 있는 것은 아니다. 우리는 음식의 맛을 적당하게 조절하는 것을 '간을 맞춘다'고

표현했다. 이는 간장이 우리 음식에 있어 기본 요소임을 말해 준다.

전통시대 우리 밥상에는 항상 간장이 놓여 있었다. 이러한 모습은 왕의 수라상 역시 마찬가지였다. 밥상에 간장이 놓여 있었던 이유는 각자의 식성에 맞게 간을 맞추기 위해서였다. 하지만 최근에는 짜게 먹는 것이 금기시되면서 밥상에서 간장이 점차 사라지고 있다.

간장은 중국과 일본에도 존재한다. 우리와 중국은 콩과 소금으로 간장을 만들지만, 일본은 여기에 밀이 더 들어간다. 우리는 콩을 삶아 덩어리로 만들고, 그 덩어리를 새끼줄에 매달아 메주를 만든다. 메주를 숯·고추·대추 등과 함께 소금물에 넣어 침출시키고 메줏덩이를 걸러 된 것은 된장, 맑은 물은 간장이라고 했다.

간장은 간수(艮水)로도 표기했는데, 특별히 단맛이 나는 간장은 단장[甘醬]으로 부르기도 했다. 막 담근 간장은 농도가 진하지 않아 국에 간을 맞출 때 사용한다. 때문에 국간장이나 집간장 또는 왜간장과 구분하기 위해 조선간장이라고 부른다. 2~3년 지난 중간장은 나물이나 찌개의 간을 맞출 때 쓴다. 소금물보다 메주를 많이 넣어 숙성시킨 간장이나 5년 이상 숙성시킨 간장이 진간장이다. 숙성되면서 염분과 수분이 줄고 당분이 늘어난 진간장은 대개 조림·초·포·육류의 양념 등에 사용한다. 진간장은 특별히 검기 때문에 붙여진 이름인데, 재물을 관장하는 신인 업(業)으로 섬기는 경우도 있었다. 덧간장은 묵은 간장인 씨간장에 햇간장을 더해 만든 간장이다.

일본인이 많이 이주해 오면서 1904년 서울 청파동에 다카미쇼유양조장(高見醬油釀造場)이 설립되었다. 이곳에서 생산된 간장은 일본식 간장, 즉 왜간장이었다. 발효과정을 거치지 않는 왜간장은 조선간장보다 덜 짜면서 단맛이 강해 인기가 없었다. 1937년 중일전쟁 이후 콩과 밀이 부족해지면서 콩깻묵·땅콩깻묵·비지 등을 원료로 한 아미노산간장이 개발되었다. 이후 발효 대신 화학적 방법으로 생산된 왜간장을 찾기 시작했다.

왜간장과 조선간장 외에 몽고간장도 있다. 때문에 간장이 몽고에서 전래된 것으로 아는 이들도 있다. 1905년 마산에서 일본인 야마다 노부츠케(山田信助)는 야마다쇼유양조장을 설립했고, 해방 이후인 1945년 12월 공장장이었던 김홍구(金洪球)가 양조장을 인수했다. 양조장 옆에는 원간섭기 몽골군이 일본을 침략하기 위해 주둔해 있으면서 사용하던 우물 몽

일제강점기 몽고정
(공공누리 제1유형 국립민속박물관 공공저작물)

고정(蒙古井)이 있었다. 이 몽고정의 우물물을 사용해 간장을 담았기 때문에 제품 이름을 '몽고간장'이라 했던 것이다. 몽고간장은 왜간장의 상표 중 하나인 것이다.

1945년 매일식품공업, 이듬해 미쓰야(三矢)쇼유양조장을 인수하여 이름을 바꾼 샘표식품, 1948년 진미식품의 전신인 대창장유사(大昌醬油社) 등이 간장 등의 장류를 생산했다. 이때까지도 대개 장을 집에서 담아 먹었다. 그러나 한국전쟁의 발발로 집에서 간장을 담글 수 없게 되면서, 공장에서 생산되는 왜간장이 우리 식단을 장악하게 되었다. 이후 왜간장은 진간장, 우리의 전통 간장은 조선간장이 되었다.

공장에서 생산되는 양조간장은 콩에 밀을 섞어 만든 메주를 소금물에 넣어 숙성시킨 것이다. 즉 전통 우리 간장과는 맛뿐 아니라 제조법도 다른 것이다. 2001년 샘표는 '조선간장' 생산을 시작했다. 그 외 직접 담은 조선간장이 판매 되는 등 우리의 전통 간장을 찾는 이들이 점점 더 늘어나고 있다.

2008년 이후 농림수산식품부는 '한식세계화'를 정책으로 추진했다. 고추장은 매운 음식을 싫어하는 외국인에게는 부적합하며, 된장은 고유의 냄새 때문에 꺼리는 경우가 많다. 그렇다면 우리 음식이 세계화가 되려면 기본은 간장이 되어야 한다. 외국인들이 좋아하는 불고기와 갈비는 간장으로 양념한 음식이다. 한식의 세계화를 매운 맛에서만 찾는 것은 잘못된 것이라고 생각

한다.

된장은 염시(鹽豉)·염장(鹽醬)·니장(泥醬)·토장(土醬) 등으로 표기했는데, 간장을 담은 부산물로 만든다. 즉 메주를 소금물에 담가 간장을 떠내고 건더기는 다시 소금 간을 해서 버무리는 데 이것이 된장이다. 된장의 '된'은 물기가 적어 빡빡하다는 뜻의 '되다'에서 온 말이다. 즉 된장은 물기가 적어 빡빡한 장을 가리키는 것이다.

우리는 된장에 다섯 가지 덕이 있다고 칭송했다. 다른 맛과 섞여도 제 맛을 잃지 않는 단심(丹心), 오래 두어도 상하거나 변하지 않는 항심(恒心), 비리고 기름진 냄새를 제거하는 불심(佛心), 독한 맛을 중화시켜 부드럽게 하는 선심(善心), 음식 및 자연과 조화를 이루는 화심(和心) 등이 그것이다. 이 말은 우리 음식에서 된장이 어떤 역할을 하는지를 잘 보여준다.

간장과 마찬가지로 된장도 더 이상 집에서 담지 않는다. 공장에서 만들어 판매하기 때문이다. 우리의 전통 된장과 달리 공장에서 만드는 개량된장은 메주로 만들지 않는다. 수입산 대두에 종균(種菌)을 묻혀 배양실에서 배양한 다음 밀가루와 섞어 만든다. 여기에 정제소금과 화학조미료 그리고 약간의 메줏가루와 노란 색 착색제가 들어간다.

우리의 된장과 비슷한 음식으로 일본의 미소(味噌; みそ)가 있다. 8~9세기 우리의 메주인 말장(末醬)이 일본에 전해졌고, 그 음을 따서 미소가 된 것이라고 한다. 우리 된장은 100% 콩을 사용하지만, 미소는 콩과 쌀을 섞어 만든다. 된장은 메주를 만들 때 지푸라기로 묶는데, 이때 지푸라기에 있는 고초균(枯草菌)이 자연적으로 메주를 발효시킨다. 반면 미소는 코지(コジ)라는 누룩을 미리 길러 콩과 섞어 발효시킨다는 차이점이 있다.

된장과 비슷한 생김새를 가진 청국장은 담근 지 3~4일이면 먹을 수 있는 속성 된장이다. 된장과 달리 삶은 콩을 발효시키기 때문에 소금을 사용하지 않는다. 청국장은 항암효과가 있고 다이어트에 좋다고 해서 건강식품으로 각광받고 있다. 실제로 청국장에는 천연효소가 많이 들어 있고, 유산균이

요쿠르트보다 100배나 많다고 한다. 하지만 특유의 냄새 때문에 거부감을 느끼는 사람들도 있다.

청국장의 유래와 관련해서 고구려인들이 콩을 삶아 말안장 밑에 넣고 다니며 먹었는데, 말의 체온에 의해 콩이 자연 발효되어 청국장이 되었다는 이야기가 전하고 있다. 청국장을 전시장(煎豉醬)이라고도 했는데, 단기 숙성으로 만들 수 있는 만큼 전투식량이었을 가능성도 있다. 『산림경제』에서도 청국장을 전국장(戰國醬)이라고 기록하여 전시 비상식량으로 해석하였다.

청국장의 한자 표기는 淸麴醬이다. 靑局醬으로 표기하기도 하지만, 조청전쟁때 청국장은 청군의 군량이었다고 하며, 청에서 유래되어 淸國醬으로 부르게 되었다는 이야기도 있다. 청국장의 원료인 콩의 원산지는 고구려의 영토였던 만주지역이다. 청을 건국한 여진족은 고대에는 고구려에 부속된 말갈족(靺鞨族)이었다. 그렇다면 청국장은 고구려의 전투식량이 여진족에게 일정한 영향을 주었을 가능성도 있다.

『훈몽자회(訓蒙字會)』에는 메주를 나타내는 한자 '豉'를 '전국 시'로 설명하고 있다. 그렇다면 메주로 담근 장이 전국장이었을 것이다. 그렇다면 청이 건국되기 전, 메주가 만들어진 단계 이미 우리는 청국장을 먹었을 가능성이 높다.

청국장처럼 된장보다 빨리 담을 수 있는 장이 막장이다. 메줏가루에 보리쌀을 삶아 넣고 고춧가루와 소금 그리고 물을 넣어 담는데, 2주 쯤 지나면 장이 완성된다. 막장은 메주를 가루로 내어 담그기 때문에 메주를 빠개었다고 해서 빠개장, 가루로 만들었다고 해서 가루장이라고도 부른다.

집장도 속성 장의 하나이다. 많은 사람들이 집장을 집에서 담근 장으로 알고 있지만, 과거에는 모든 장을 집에서 담아 먹었다. 집장은 즙장(汁醬)에서 유래되었을 가능성이 높다. 집장은 채소를 많이 넣고 담기 때문에 채장, 오래되면 검은색으로 변해서 검정장으로도 부른다. 이른 봄에 메주를 잘게 부수어 소금물에 버무리고 고춧가루 등을 섞어 일주일 정도 발효시켜 먹는 담뿍장

[淡水醬]도 속성장의 하나이다.

간장과 된장, 그리고 청국장·막장·집장 등은 모두 콩을 발효시켜 만든 음식이다. 콩은 거름을 주지 않아도 될 정도로 재배가 쉽다. 단백질과 지방이 풍부하여 '밭에서 나는 고기'로도 불린다. 식물은 햇볕을 쐬기 위해 위로 자라지만 콩은 다르다. 콩에 물을 주면 아래로 성장하여 음의 성질을 지닌다. 반면 콩에는 기름 성분이 있어 불을 붙이면 위로 날라 간다. 콩에 불을 가하면 양의 성질이 나타나는 것이다. 간장과 된장은 콩으로 만든 메주에 물을 부은 후 불로 가열하여 만든다. 음과 양이 조화된 음식이 간장과 된장인 것이다. 우리 민족이 오랜 역사를 이어온 것도 콩으로 만든 음양이 조화된 간장과 된장을 먹어왔기 때문은 아닐까 하는 생각을 가져 본다.

고추장

우리만의 유일한 발효음식 고추장은 간장·된장과 함께 음식의 기본 요소이며, 그 자체가 반찬이 되기도 한다. 우리는 풋고추를 고추장에 찍어 먹을 정도로 매운 맛을 좋아한다. 하지만 우리가 고추를 먹기 시작한 것은 불과 5백년이 되지 않는다. 그렇다고 해서 고추가 들어오기 전 매운 맛을 몰랐던 것은 아니다. 산초나무 잎과 열매로 만든 초장(椒醬)과 후추를 수입해서 매운 맛을 냈다. 빨간색으로 입맛을 돋우기 위해서는 맨드라미꽃의 즙을 이용하기도 했다.

고추의 원산지는 남아메리카 아마존강 유역이다. 1429년 콜럼버스(Christopher Columbus)는 인도에서 후추를 확보해 스페인으로 들여오는 직항로를 개척하기 위해 항해를 떠났다. 그는 아메리카에 도착했는데, 자신이 도착한 곳을 인도로 알았다. 그리고 후추 대신 고추를 유럽에 전했다. 때문에 고추는 매운 후추라는 뜻의 'hot pepper', 붉은 후추라는 뜻의 'red pepper'로 불리는 것이다.

처음 유럽에 전래되었을 때 고추는 약용식물 또는 관상식물로 이용되었다.

순창고주창 관련 설화가 전해지고 있는 만일사

고추가 수입된 것은 조일전쟁 이후로 보는 것이 일반적이다. 하지만 다른 견해도 있다. 고려 말 이성계(李成桂)가 무학대사(無學大師)가 기거하고 있던 순창의 만일사(萬日寺)를 찾아가던 중 고추장을 곁들인 밥을 먹고, 조선 건국 후 진상토록 한 것이 순창고추장이라는 이야기가 전하고 있다. 조선시대 이전 이미 고추와 고추장이 있었다는 것이다. 만일사는 무학대사가 이성계의 역성혁명(易姓革命)의 성공을 위해 만일 동안 기도를 했던 곳이다. 그런 만큼 이 이야기는 왕위에 오른 이성계의 소탈함을 강조하기 위해 또는 순창고추장의 명성을 높이기 위해 훗날 만들어졌을 가능성이 높다.

우리의 고추가 일본에 전해진 것으로 보기도 한다. 조일전쟁 당시 조선에 파견 된 명군 내에는 타이(暹羅)·티벳(都蠻)·인도(天竺)·미얀마(緬國) 등 동아시아국가의 군사가 포함되어 있었다. 특히 해귀(海鬼)로 불린 포르투갈 출신 흑인 병사도 참전했다. 이때 참전했던 포르투갈인에 의해 고추가 전래되었으며, 조선에 전해진 고추는 부산포에 있던 왜관(倭館)을 통해 일본으로 전해졌다가, 다시 일본을 통해 역수입되었다는 것이다.

1709년 일본에서 간행된 『야마토혼초(大和本草)』에는 고추에 대해

옛날 일본에 없었는데, 히데요시가 조선을 침략할 때 그 나라에서 종자를 가져왔기에 고려호초라 한다[昔ハ日本ニ無之 秀吉公伐朝鮮時 彼國ヨリ種子ヲ取來ル故ニ俗ニ高麗胡椒卜云].

고 기록하고 있다. 위 글에서는 조일전쟁 당시 조선에서 일본에 고추가 전래되었고, 때문에 고추를 코라이코쇼(高麗胡椒)로 불렀다고 설명하고 있다. 1775년 간행된 『부츠루이쇼고(物類稱號)』 역시 같은 내용을 기록하고 있으며, 『타이슈헨넨랴쿠(對馬州編年略)』에서는 1605년 고추가 일본에 전래되었다고 소개하고 있다. 1605년은 전후 일본의 국정을 탐색하기 위해 조선에서 일본에 탐적사(探賊使)를 파견한 해이다.

우리는 고추에 대한 기록이 『지봉유설(芝峯類說)』에 처음 나타나기 때문에 조일전쟁 이후 고추가 들어온 것으로 알고 있다. 이규경(李圭景)은 조일전쟁 중 일본군이 고추를 태워 눈을 못 뜨게 하거나, 고춧가루를 얼굴에 뿌리는 등 지금의 화생방무기처럼 사용한 것으로 설명하였다. 즉 우리는 고추가 일본에서 전해진 것으로, 일본은 조선에서 전해진 것으로 이해하고 있는 것이다. 그 외 조일전쟁 이전 중국으로부터 고추를 전래받았고, 일본에서 전해진 고추는 우리의 전통 고추와 다른 종이라는 주장도 있다.

고추의 전래에 대해 여러 견해가 있지만, 역시 고추는 일본에서 전래된 것으로 보는 것이 타당할 것 같다. 1542년 일본 큐슈의 다이묘(大名) 오오토모 요시시게(大友義鎭)는 포르투갈의 신부 발다자르 가고(Balthazar Gago) 등으로부터 고추를 선물 받았다. 때문에 일본에서는 고추를 대륙에서 왔다고 해서 도오가라시(唐辛子) 또는 난반가라시(南蛮辛子)라고 불렀다. 그러나 일본에서는 고추에 주목하지 않았고, 고추는 쓰시마를 통해 조일전쟁 전 부산에 있던 왜관을 통해 조선에 전해진 것 같다. 즉 조일전쟁 발발 전 고추는 이미 경상도 지역에 알려졌던 것이다. 그러나 경상도 외 지역 사람들은 고추의 존재를 알지 못했기 때문에 전쟁 중 일본을 통해 고추가 전해진 것으로 생각했다. 마찬가지로 일본인들도 조선에서 고추의 존재를 알게 되었고, 또 귀국하면서 고추를 가져가기도 하면서, 고추가 조선에서 전래된 것으로 여긴 것 같다.

『지봉유설』에서는 고추를 남번초(南蕃草)로 소개하고, 일본에서 들어왔다고 해서 왜개자(倭芥子)라고 설명했다. 『성호사설』에는 번초(蕃椒)·왜초(倭椒),

『산림경제』에는 남초(南草)·왜초(倭草), 『오주연문장전산고』에서는 만초(蠻椒)·당고초(唐苦草)·고초(苦草) 등으로 설명하고 있다. '남' 또는 '만'이라는 말이 붙는 것으로 보아 남쪽에서 전래된 것으로 여겼던 것 같은데, '당'이 붙기도 하는 만큼 중국에서 전래된 것으로 생각하기도 했던 것 같다. 그 외 맛이 맵고[辣] 모양이 가지[茄]와 비슷하다고 해서 랄가라고도 불렀다. 그러던 것이 매운맛을 내던 진초(秦椒)·천초(川椒) 등의 초를 일컫던 우리말 고초가 고추를 부르는 말로 불리게 된 것 같다.

『지봉유설』에는 고추를 소주에 타서 먹었다고 기록하고 있다. '땡초소주'가 여기에서 유래된 것 같으며, 감기에 걸렸을 때 소주에 고춧가루를 타서 마시면 낫는다는 말도 여기에서 나온 것이 아닌가 싶다. 그런데 17세기 후반에 저술된 『음식디미방』에는 매운 맛을 낼 때 천초·후추·겨자 등을 사용했고, 고추를 사용하여 음식을 만드는 방법은 기록하지 않았다. 17세기에는 고추가 식재료로 널리 사용되지 않았던 것이다.

고춧가루에 메줏가루와 찹쌀가루를 1 : 1로 섞고 조청·소금·간장 등으로 양념을 하여 숙성시킨 장이 고추장이다. 세계 여러 나라에서 고추를 음식에 활용하지만, 발효시킨 장의 형태로 먹는 민족은 우리가 유일하다. 그렇다면 우리는 어떻게 고추로 장을 담을 생각을 했을까? 인간이 식품 보존을 위해 가장 먼저 행한 방법이 건조이다. 우리는 채소를 말려 겨울에 먹었다. 아마도 고추도 건조해서 겨울에 먹으려 했을 것이다. 그런데 고추는 다른 채소와 달리 수분이 사라지면 바스러져 가루가 된다. 이러한 과정을 통해 고춧가루의 존재를 알게 되었고, 고춧가루를 된장 등 다른 장에 섞어 먹는 과정을 거쳐, 된장을 담듯이 장으로 만들어 고추장이 되었을 것이다. 그렇다면 일본은 왜 고추장을 담지 않았을까? 일본은 고온 다습한 만큼 고추를 말리기 힘들다. 때문에 미소된장을 만들 줄 알지만, 고추가 바스러져 고춧가루가 되지 않았기 때문에 고추로 장을 담지는 않았을 것이다.

고추장은 『증보산림경제』에 만초장(蠻椒醬)이란 이름으로 처음 등장한다.

그 외 초장(椒醬)·호초장(胡椒醬)·고초장(苦草醬; 古草醬; 枯草醬) 등으로도 적었다. 조선시대 고추장 만드는 법은 지금과는 조금 차이가 있다. 『소문사설(諛聞事說)』에 의하면 메주의 양이 많은 반면, 고춧가루의 양은 적다. 또 단맛을 내는 식재료가 들어가지 않는다. 현재 고추장과 같은 모습은 일제강점기에 등장했을 가능성이 크다. 그 이유는 전기식 분쇄기가 등장하면서 고춧가루 만드는 작업이 수월해지고, 단맛을 내는 식재료로 설탕이 수입되었기 때문이다.

고추장의 등장은 우리 식생활에 있어 혁명적인 사건이었다. 고추장은 후추나 산초 등의 매운 맛을 대신해 주고, 소금의 양을 줄여주었다. 고추를 사용하기 전에는 자주색 갓·맨드라미 잎과 꽃·잇꽃[紅花] 등으로 음식에 붉은 색을 냈고, 붉은 고명으로 대추를 사용했다. 그러나 고추와 고추장만으로 식욕을 자극하는 붉은 색을 더욱 선명하게 낼 수 있게 된 것이다.

고추장은 점차 간장과 된장을 대신하기 시작했다. 고추장에는 단맛, 매운 맛, 구수한 맛 등이 절묘하게 어우러져 있다. 찹쌀고추장·밀가루고추장·보리고추장·수수고추장·고구마고추장·잣고추장·엿고추장·매실고추장 등 재료에 따라 다른 맛을 낼 수도 있다. 고추장에 꿀과 다진 소고기를 넣고 볶아 약고추장을 만들 수도 있다. 하지만 고추장에도 약점이 있다. 간장과 된장은 오래 묵을수록 맛이 있지만, 고추장은 오래 보관하면 수분이 날라 가고 색깔도 변한다. 때문에 고추장은 1년에 한 번씩 담는 것이 일반적이다.

고추의 수용과 고추장의 탄생으로 우리 음식은 훨씬 다양해지고 새로운 맛을 낼 수 있게 되었다. 하지만 최근에는 무조건 매운 맛을 내려는 경향이 있다. 라면회사에서는 경쟁적으로 매운 맛 라면을 개발하고 있다. 중국집의 짬뽕도 매운 맛을 강조하고, 매운 맛의 단계를 두어 소비자들을 경쟁시키기도 한다. 족발은 불족발, 닭발은 불닭발, 치킨은 매운양념치킨, 냉면은 매운냉면 등으로 변하고 있다.

우리가 매운 맛을 좋아한다고 하지만, 우리가 먹는 고추는 그리 매운 것이 아니다. 우리의 고추는 다른 나라 고추에 비해 매운 맛은 1/3이지만, 비타민C는 2배이며 단맛이 난다는 특징이 있다. 물론 매운맛의 고추도 있다. 1983년 중앙종묘사의 유일웅(俞一雄)이 제주도의 고추와 태국 고추를 잡종교배해서 매운 맛의 청양고추를 만들었다. 청양고추라는 이름은 비싸고 귀한 고추라는 뜻의 천냥고추에서 청양고추로 부르게 되었다는 이야기와 청양에서 재배했기 때문이라는 이야기가 전한다. 그러나 유일웅은 청송(靑松)과 영양(英陽)에서 임상 재배에 성공했기 때문에 붙여진 이름이라고 밝혔다.

청양고추가 맵지만, 청양고추의 매운 맛은 4천~1만 2천 스코빌(SHU)로 인도 고추 부트 졸로키아(Bhut jolokia)의 1백만 스코빌, 방글라데시 고추 도셋나가(Dorset naga)의 88만 스코빌, 멕시코 고추 하바네로(habanero)의 50~60만 스코빌, 쥐똥고추로 알려진 태국의 프릭키누(Phrick khi nu)의 5만~7만 스코빌보다 낮다. 이는 외국의 고추나 핫소스의 매운 맛이 우리의 전통 맛이 아님을 알려준다. 고추와 고추장은 매워서 인기가 있는 것이 아니다. 고추장은 맵고 짜고 단맛이 조화되었기에 우리 식단을 자리 잡을 수 있었던 것이다.

1978년 삼원식품이 최초로 '찹쌀고추장' 판매에 나선 이후 간장이나 된장과 마찬가지로 고추장 역시 사먹는 음식이 되었다. 공장에서 만드는 고추장에는 수입콩을 단기간 집중 발효시킨 메줏가루를 사용한다. 또 조청 대신 물엿, 소금 대신 정제염으로 만든다. 무엇보다 가장 큰 차이점은 우리의 전통 고추장과 달리 발효과정이 생략된다. 이런 점에서 공장에서 만든 고추장은 엄밀한 의미에서는 전통 발효식품으로 보기 힘들다.

1967년 농어촌개발공사가 설립되면서 '장독대 없애기 운동'이 일어났다. 주부들이 장 담그는 시간에 일을 더 하자는 취지였다. 1968년 1월 9일 서울시장 김현옥(金玄玉)은 간장·된장·고추장공장을 육성하여 장독대를 없애겠다고 발표했다. 이러한 조처는 서민주택으로 아파트를 공급하면서 이루어진 것이다. 장독대를 둘 곳이 마땅치 않았고, 발코니에 장독대를 둘 경우 아파트 붕괴의 위험이 있다고 생각했던 것이다. 1970년 4월 8일 와우지구 시민아

와우아파트 붕괴 현장

파트가 붕괴하여 33명이 숨지고 39명이 중경상을 입는 사건이 일어났다. 불량 공사 때문이었지만, 베란다에 장독대를 둔 것도 원인 중 하나로 꼽혔다. 이후 '장독대 없애기 운동'은 더욱 강력하게 추진되었다.

행정편의주의적인 발상에서 시작된 장독대를 없애는 정책으로 우리의 전통 장은 점차 사라져 갔다. 그 결과 간장·고추장·된장은 사먹는 음식이 되었고, 우리의 입맛은 공장에서 만든 장을 통해 획일적인 맛에 길들여져 가고 있다. 2009년 국제식품규격위원회(Codex Alimentarius Commission)는 고추장과 된장의 식품규격을 규정했다. 전 세계에서 우리의 장을 주목하고 있는데, 정작 우리는 소중한 우리의 장을 지켜내지 못하고 있는 것이 아닌지 모르겠다.

젓갈

젓갈은 젓과 식해(食醢)를 통틀어 이르는 말이다. 어패류의 살·알·창자 등을 소금으로 절여 발효·숙성시킨 음식이 젓이다. 젓은 그 자체로 반찬이 될 수도 있고, 다른 음식의 맛을 돋우는 조미료의 기능도 하는 발효음식이다.

젓은 우리만 먹는 음식은 아니다. 베트남·타이·미얀마·캄보디아 등 바다와 가까운 동남아시아 국가에서는 물고기를 소금에 절여 숙성시킨 어간장을 먹는다. 멸치과 물고기를 발효시킨 안초비(anchovy)나 청어를 발효시킨 수르스트뢰밍(surströmming) 등의 서양 음식도 우리의 젓과 같은 것이라 할 수 있다.

젓은 구석기시대 이미 먹기 시작했을 가능성이 높다. 바닷가에서 생활하던 구석기시대인들은 조개나 굴 등을 소금에 절여 먹었을 것이다. 후기 구석기시

대 이미 토기가 만들어졌던 만큼 어패류를 소금에 절일 수 있었을 것이다. 『선화봉사고려도경』에는

가난한 백성은 해산물을 많이 먹는다[細民多食海品]. (…중략…) 입맛을 돋우어 주지만 냄새가 나고 짜므로 오래 먹으면 싫증이 난다[多勝食氣 然而臭腥味鹹 久亦 可猒也].

라는 기록이 있다. 입맛을 돋우지만 냄새가 나고 짠 음식은 젓일 가능성이 높다.

고려~조선시대에는 그물질하는 배로 물고기를 잡는 어장(漁場), 물고기가 지나가는 길목에 배들이 줄을 맞추어 서서 그물을 설치하여 물고기를 잡는 어조(漁條), 큰 배의 좌우에 작은 배를 벌려 두고 잡는 어종(漁艐), 간조의 차이가 심한 바닷가 개펄에 대나무나 갈대 등으로 발을 설치하여 물이 빠져나갈 때 빠져나가지 못한 물고기를 잡는 어살[漁箭], 어살과 유사한 어구로 물살이 센 곳에 설치하는 방렴(防簾) 등이 있었다. 그 외 낚시로도 물고기를 잡았다.

김홍도의 '고기잡이'를 보면 어살에서 물고기를 잡아 바로 독에 넣어 소금에 절이고 있다. 또 다른 풍속화 '행상'에는 남성이 둥근 통을 지고 있는데, 이런 지게를 통지게라고 한다. 통지게 속에 담긴 것은 아마도 젓일 것이다. 즉 물고기를 잡아 바로 젓을 담았고, 그렇게 만들어진 젓이 행상을 통해 판매될 정도로 조선 후기에는 젓이 대중화되었던 것이다.

조선 후기 젓이 대중화된 것은 고추의 수용과도 관계있다. 고추가 젓갈에 들어가면서 고추의 캡사이신이 젓갈의 단백질이 부패하는 것을 막아 주었

김홍도의 《고기잡이》
(공공누리 제1유형 국립중앙박물관 공공저작물)

김홍도의 행상
(공공누리 제1유형 국립중앙박물관 공공저작물)

을 것이기 때문이다. 또 젓이 김치에 들어가면서 김치 맛 역시 한층 더 좋아졌을 것이다.

우리나라에서 만들어지는 젓은 117종이나 된다. 그 중에서도 가장 대중적인 것은 아마도 새우젓일 것이다. 새우젓은 국과 찜, 김치와 각종 반찬 등의 간을 맞추는 중요한 조미료이다. 뿐만 아니라 그 자체가 반찬이 되기도 하다.

새우젓은 한자로 하해(蝦醢)·하염(鰕鹽; 蝦鹽) 등으로 표기한다. 주로 여름에 담기 때문에 상하는 것을 막기 위해 소금을 많이 쳤다. 때문에 염분 함량이 30% 정도로 무척 짜다. 새우젓 중 음력 정월부터 4월 사이에 잡은 새우로 담근 것이 풋젓인데, 그 중에서도 2월에 담근 것을 동백하젓이라고 한다. 5월에 잡은 새우로 담근 오젓은 붉으면서 살이 단단하지 않다. 6월에 잡은 새우로 만든 육젓은 연분홍색으로 식감도 좋고 단맛이 난다. 오젓과 육젓은 산란 직적에 잡은 새우로 담근 젓이다.

가을에 잡히는 새우로 만든 추젓은 흰색인데, 염분 함량이 10% 정도이다. 소금을 많이 치지 않은 것은 날씨가 선선하기 때문이다. 뎃데기젓은 보리새우로 담근 것이다. 보리새우라는 이름은 누런빛이 도는 것이 보리싹을 닮았기 때문이라고도 하고, 보리싹을 틔울 무렵부터 잡히기 때문이라고도 한다. 자줏빛 나는 작은 새우로 담근 곤쟁이젓은 자하젓 또는 자젓이라고도 하는데, 한자로는 자하해(紫蝦醢) 또는 감동해(甘冬醢)로 표기한다. 작은 새우를 선별하지 않고 담근 자젓은 잡젓이라고도 한다. 그 외 민물새우로 담근 토하젓도 있다.

조선시대 새우젓은 황해도를 비롯한 서해안 일부 지역의 특산품으로 공물로 진상되던 귀한 음식이었다. 세종대인 1429년 7월 명에 보낸 공물 물목에 흰 새우로 담은 백하젓[白蝦鮓]과 곤쟁이젓이 포함되어 있었다. 성종대 명

황제가 보낸 요청 물목에도 백하젓이 포함되어 있었다. 『어우야담』에는 중국 사신이 나이든 어머님 생각에 곤쟁이젓을 먹지 못하기에, 선물로 주자 사신이 감동해서 곤쟁이젓을 감동해(感動醢)로 불렀다는 일화를 소개하고 있다. 조선의 새우젓은 중국에서도 유명했던 것이다. 16세기가 되면서 양반가에서 환자의 식욕을 돋우는 반찬, 혼례의 폐백, 제사음식으로 활용되었다. 새우젓은 궁궐이나 양반가에서 단백질과 염분을 공급하고, 입맛을 돋우는 귀한 음식이었던 것이다. 새우젓이 대중화된 것은 어업기술이 발달하고 상품경제가 발달한 19세기부터였다.

밥반찬으로 많이 찾는 젓 중 하나가 명태알로 담근 명란젓이다. 명란젓은 조선시대 함경도에서 먹던 음식인데, 우리는 새해 첫날 명란의 많은 알을 먹으면서 자손의 번창을 기원했다. 그럼에도 불구하고 우리의 전통음식 명란젓을 일본 음식으로 아는 이들도 있다. 일본에서는 명태의 알을 소금에 절인 멘타이고(めんたいこ), 멘타이고에 고춧가루를 바른 가라시멘타이고(からしめんたいこ) 등을 먹는다. 그러나 멘타이고와 가라시멘타이고는 우리의 명란젓에 가쓰오부시와 청주 등을 넣어 일본인의 입맛에 맞도록 변형한 것에 불과하다.

우리는 숭어나 민어 등의 알을 소금에 절여 햇볕에 말려 어란(魚卵)의 형태로 먹었다. 그러나 명란은 알집이 단단하지 않아 겨울이 아니면 쉽게 상했다. 그래서 명란은 겨울에만 함경도에서 남쪽으로 유통되었다. 그러던 것이 일제강점기 일본인에 의해 명란이 통조림으로 가공되어 일본뿐 아니라 타이완과 만주지역까지 수출되었던 것이다.

명란젓은 원래 소금에 절여 숙성시켰지만, 요즘에는 청주와 다시마 달인 물 등을 섞은 침지액(浸漬液)에 명란을 담갔다가 꺼낸다. 이는 일본인들의 입맛에 맞게 바꾼 것을 다시 우리가 받아들였기 때문이다. 그 외 명태의 창자로 창란젓, 아가미로 아가미젓을 만든다.

식해 역시 물고기를 발효시킨 음식이다. 젓은 단지 소금에만 절여 발효시

가자미식해

킨 것이지만, 식해는 소금에 절인 물고기에 곡류·고춧가루·무 등을 넣고 버무려 삭힌 음식이다. 식해는 중국의 춘추전국시대 국가 중 하나인 월(越)나라를 통해 전래된 것으로 여겨지고 있다. 젓과 마찬가지로 처음에는 고추가 들어가지 않던 식해가 고추가 수용되면서부터 붉은 식해로 변했을 것이다.

식해는 동해안 지역에서 주로 담아 먹는다. 서해안은 겨울에 물고기를 잡을 수 없어 해산물을 장기 저장할 필요가 있었다. 또 염전이 많아 소금 생산량이 풍부하다는 점 때문에 젓이 발달했다. 반면 동해안은 사시사철 물고기를 잡을 수 있었고, 상대적으로 소금이 귀했다. 때문에 보존 기간이 짧고 적은 소금으로 담을 수 있는 식해가 발달했던 것이다.

식해에는 쌀밥·찰밥·차조밥·메조밥 등의 곡물이 들어간다. 밥은 질지 않게 하고, 밥을 말려서 수분의 양을 조절한다. 우리가 만드는 식해는 28종인데, 명태·멸치 등 다양한 물고기를 사용한다. 그 중 가장 유명한 것은 역시 가자미식해이다. 함경도에서 많이 먹었던 가자미식해는 가자미에 조밥을 섞어 고춧가루와 다진 양념을 넣어 만든 것이다. 가자미로 식해를 만든 이유는 가자미는 가시가 많아 뼈를 제외하면 먹을 것이 별로 없기 때문에 뼈를 함께 먹기 위해 삭혔던 것 같다.

홍어와 돔베기

홍어(洪魚; 魟魚)는 말 그대로 몸의 폭이 넓다고 해서 붙여진 이름인데, 분어(鱝魚) 또는 공어(鯕魚)로 표기하기도 했다. 예전에는 홍어를 잡을 때 암컷을 줄에 묶어 바다에 던졌다. 수컷 홍어는 암컷을 보고 교접을 했는데, 수컷의 생식기에는 가시가 있어 교접 중 몸을 빼지 못해 암컷과 함께 잡히곤 했다. 이런 습성 때문에 음란하다고 해서 해음어(海淫魚)라고도 불렸다. 전남 지역은 고동무치, 함평은 물개미, 포항에서는 나무가부리, 신미도에서는 간쟁이라고 불렀다. 그 외 간재미·나무쟁이·나무가오리 등 지역마다 다양한 이름으로 부르고 있다.

발효음식의 최고봉으로 꼽히는 홍어는 '지옥의 향기와 천국의 맛'을 동시에 지녔다고 한다. 사람은 요소를 오줌으로 내보내지만, 홍어는 피부로 요소를 배출한다. 때문에 홍어를 일정 공간에 잡아두면 요소가 발효한다. 때문에 홍어에서 독특한 '지옥의 향기'가 나는 것이다.

홍어하면 삭힌 홍어가 생각나지만, 홍어가 많이 잡혔던 흑산도에서는 홍어를 그대로 먹었다. 반면 목포는 약간 삭혀서, 나주·광주·영암 등에서는 많이 삭힌 홍어를 먹었다. 이는 생산지에서 먼 곳일수록 홍어를 삭혀 먹었음을 보여준다.

홍어를 삭히게 된 것은 삼별초(三別抄)와 관계있다. 고려 정부가 몽골과의 항쟁을 끝내고 강화를 맺자, 배중손(裵仲孫)과 노영희(盧永僖) 등은 승화후온(承化侯溫)을 왕으로 옹립하고 대몽항쟁을 펼쳤다. 삼별초를 진압한 후 고려 정부는 서남해안의 저항세력이 삼별초에 동조하거나, 해상 저항세력이 왜구와 연대하는 것을 막기 위해 섬 주민을 쇄환하는 공도정책(空島政策)을 펼쳤다. 이에 따라 흑산도 주민들은 나주의 영산포로 옮겨졌다. 이주해 온 흑산도 주민들은 홍어를 잊지 못해 흑산도에서 홍어를 잡아 나주로 옮겨 왔다. 그 과정에서 홍어가 삭혀졌던 것이다. 먹을 것이 귀했던 만큼 삭은 홍어도 버리지 않고 먹었는데, 그것이 또 다른 맛을 냈다. 14세기 숙성된 홍어가 등장했던 것이다.

일제강점기까지 영산포는 유통의 중심지였다. 때문에 홍어의 거래 역시 영산포를 중심으로 이루어졌다. 그런데 철도가 물건을 실어 나르면서 1970년대부터 영산포는 포구로서의 기능을 상실했다. 이후 홍어는 목포에서 거래되기 시작했고, 홍어하면 목포가 떠오르게 된 것이다. 2000년 영산포는 '홍어·젓갈축제'를 개최했고, 2007년 '영산포홍어축제'로 부활시켰다. 흑산도 역시 2007년 '흑산도홍어축제'를 개최하는 등 홍어의 성지로서의 예전의 위치를 되찾기 위해 노력하고 있다.

홍어는 삭혀서만 먹는 것이 아니다. 날것을 그대로 먹기도 하고, 양념을 넣고 쪄서 먹는 홍어찜, 홍어를 잘게 썰어 갖은 양념에 무와 미나리 등과 버무린 홍어무침, 숯불이나 프라이팬에 구운 홍어구이 등 다양한 방법으로 먹을 수 있다. 홍어의 코·날개·꼬리·아가미인 구섭치 등도 별미지만, 가장 맛있는 부위는 간인 애이다. '애간장이 녹는다'는 말은 홍어 애의 부드러운 식감에서 나온 말이다.

사람들은 홍어를 먹으면서 신김치와 함께 막걸리를 마셨다. 원래 홍어회는 소금에 찍어 먹었던 만큼 삼합의 등장은 그리 오래 전의 일은 아닌 것 같다.

홍탁삼합

전라도 지역 잔치에 홍어는 빠지지 않는다. 아마도 홍어의 가격이 비싸기 때문에 비교적 가격이 싼 돼지고기가 추가되었을 것이다. 그러면서 홍어·돼지고기 수육·묵은 김치를 함께 먹는 삼합이 탄생했을 가능성이 높다. 여기에 막걸리를 마시면 홍탁삼합이 된다.

'날씨가 찰 때는 홍어 생각'이라는

말이 있듯이 홍어는 겨울에 먹는 것이 제격이다. 또 수컷은 암컷보다 작고, 맛도 덜하고, 가시가 억세어 먹기 힘들기 때문에 암컷이 더 귀하다. 이런 이유로 어물전에서는 수컷의 생식기를 잘라 암컷으로 둔갑시켜 판매하기도 했다. 그래서 '만만한 것이 홍어좆'이라는 말이 생겨났다.

홍어의 암수를 구별하여 판매한 것은 그리 오래된 일이 아닌 만큼 '만만한 것이 홍어좆'의 유래를 다른 시각에서 보기도 한다. 가난한 어민들은 안주 없이 술을 마셔야만 했다. 잡은 홍어가 있었지만 팔아야 했기에 먹을 수 없었다. 그런데 홍어는 생식기가 두 개다. 때문에 흑산도에서는 수컷 홍어를 '쌍권총'으로 부른다. 어민들이 떼어도 표시가 나지 않는 수컷의 생식기를 안주로 삼으면서 '만만한 것이 홍어좆'이라는 이야기가 생겨났다는 것이다.

목포와 나주 등 전라도 일부 지역에서 먹던 음식 홍어는 대중적인 음식이 아니었다. 1992년 대통령선거에서 낙선한 김대중(金大中)은 정계은퇴를 선언하고, 영국으로 유학을 떠났다. 홍어맛을 잊지 못한 김대중은 영국으로 홍어를 가져다 먹었다. 이 사실이 화제가 되면서 많은 사람들이 홍어를 찾게 되었고, 더 나아가 홍어는 전라도를 상징하는 음식으로 자리 잡았다.

1980년대 중반부터 중국 어선의 불법조업으로 홍어가 고갈되면서 어획량이 급격히 줄어들었다. 그러면서 중국과의 합작을 통해 중국산 홍어가 반입되기 시작했지만, 1990년대 중반 어획량이 감소하면서 이들 합작회사들은 문을 닫았다. 이후 원양회사들이 외국에서 잡은 홍어를 들여오기 시작했고, 1997년 홍어 수입이 완전 개방되었다. 중국·러시아·칠레·포르투갈 등에서 홍어가 들어오면서 저렴한 가격으로 홍어를 맛볼 수 있게 되었다. 어획량 감소가 오히려 홍어를 대중화시켰고, 그 결과 홍어는 전라도를 넘어 전국구 음식이 된 것이다.

전라도에서 홍어를 발효시켜 먹는다면, 경상도에서는 상어를 발효시켜 먹었다. 상어도 홍어와 마찬가지로 피부를 통해 요소를 배출한다. 때문에 자연 상태로 두면 암모니아발효가 일어나는 것이다.

상어는 한자로 착(鯌) 또는 교어(鮫魚)·사어(鯊魚; 沙魚)이다. 『자산어보(玆山魚譜)』에서는 껍질이 모래와 같아 사어라는 이름을 얻게 되었다고 설명하고 있다. 상어는 간에서 나오는 기름으로 등잔불을 밝혔고, 고려시대에는 상어 가죽으로 칼집을 만들어 사용했다. 조선시대에는 상어고기를 일본과의 외교에서 선물로 활용하였다.

경상도 지역의 조개무지[貝塚]나 고분에서 상어의 이빨과 뼈 등이 발굴되었다. 선사시대 이미 상어의 고기를 먹고 뼈와 이빨 등으로 장식품이나 도구를 제작했던 것이다. 그러나 이때 상어를 발효시켜 먹었는지는 명확하지 않다.

1894년 조선을 방문하여 조선인의 풍습과 생활상을 『조선잡기』로 편찬했던 혼마 큐스케(本間九介)는 다케다 시요우(武田紫陽)라는 일본인이 전남 지역에서 상어고기를 버리는 것을 보고 부산에 가져가 팔았는데, 운반 과정에서 상했지만 사람들이 줄을 서서 구입하여 큰 이익을 얻은 사실을 기록했다. 『조선잡기』에서는 전남에서 버리는 상어고기를 부산에서 판매했던 사실을 기록하고 있지만, 부산뿐 아니라 대구·포항·영천 등 경북 지역에서는 상어고기를 토막으로 잘라 말린 후 쪄서 먹는다. 큰 상어를 토막토막 잘라서 절인 고기라 하여 돔베기 또는 돈베기라고 한다. 돔베기는 경북 지역 제사상에 빠지지 않는 음식이다.

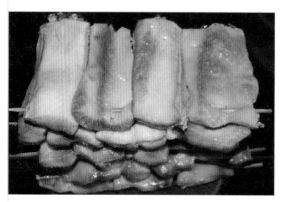
제사상에 올려진 돔베기

돔베기가 제사상에 올려진 이유에 대해서는 다음과 같은 이야기가 전해지고 있다. 영천에 살던 한 청년이 처음으로 바닷가에 갔다가 상어고기를 보고 어머님께 드리기 위해 구입했다. 그는 일을 마칠 때까지 상어고기가 상할 것이 두려워 소금에 절여 처마 밑에 걸어 두었다. 일을 마치고 집에 돌아오니 어머님은 이미 세상을 떠난 뒤였다. 그는 아쉬운 마음에 상어고기를 놓고 제사를 지냈다. 제사상에 올린 상어고기는 이미 발효가 된 상태였고, 그 맛이 알려지면서 제사상에 반드시 돔베기를 올리게 되었다는 것이다.

경주 교동과 황남동유적 등에서 상어 척추뼈가 출토되었다. 경주가 신라의 수도였으며, 영천과 그리 멀리 떨어지지 않은 지역임을 감안하면 고대국가 단계에 이미 돔베기를 먹었을 가능성이 높다. 그러다가 유교식 제례문화가 성행하면서 별미로 즐겼던 돔베기를 제사상에 올리게 되었을 것이다.

PART 4
국물과 음식

찌개와 전골

우리 밥상에는 국뿐 아니라 찌개가 함께 등장한다. 그런데 국은 밥 옆에 두지만, 찌개는 반찬 중 한 가운데 위치한다. 이런 점에서 국은 밥과 동격이며, 찌개는 반찬의 중심이라고 할 수 있다.

조선시대 궁중에서는 찌개를 조치(助致)라고 불렀다. 조치는 '밥 먹는 것을 도와주기 위해 올리는 음식'이다. 그러나 조치는 보통 새우젓으로 간을 하는 맑은 국물을 뜻하는 만큼, 지금의 찌개와 동일하다고는 볼 수는 없을 것 같다. 북한에서는 자작하게 졸여 먹는 음식을 지지개라고 하는데, 우리의 찌개와 같은 음식이다. 찌개는 국이나 탕보다는 건더기가 많고 간이 센 음식이며, 찜과 비교하면 국물을 더 중요시하는 음식이다. 이런 점에서 찌개는 국과 찜의 중간에 해당하는, 국과 반찬이 절묘하게 조화를 이룬 음식이라 할 수 있다.

찌개와 유사한 음식으로 짜글이가 있다. 짜글이는 재료를 많이 넣고 국물은 조금 부어 국물이 자작하게 남도록 끓인 음식이다. 충청도에서 시작되었다는 이야기가 있지만, 언제 어디에서 유래되었는지는 명확하지 않다. 엄밀한 의미에서 짜글이 역시 찌개의 일종이라 할 수 있다.

전골(煎骨; 顚骨)은 즉석에서 끓이면서 먹는 음식이다. 전골은 국이나 찌개와는 달리 음식 자체에서 우러나오는 국물을 먹는 것이 특징인데, 용기도 완전히 다르다. 찌개에는 특별히 용기의 제한이 없지만, 전골그릇은 모양이 독특하다.

전골은 전쟁 중 그릇이 없어 군사들의 철모 전립(戰笠; 氈笠)을 뒤집어

만두전골

음식을 해 먹은 데에서 유래했다고 한다. 『연려실기술(燃藜室記述)』에는 토정비결(土亭秘訣)로 유명한 이지함(李之菡)이 "철관을 쓰고 다니다가 밥을 지어 먹고, 다시 씻어서 관으로 썼다[行爲鐵冠 脫而炊飯 洗而冠之]."는 사실을 기록하고 있다. 때문에 이지함에게서 전골의 유래를 찾기도 한다. 전골의 특징 중 하나는 용기의 특이성에 있는 것이다.

흔히 찌개는 끓인 후 내어오는 음식, 전골은 끓이면서 먹는 음식으로 구분한다. 그러나 최근에는 찌개도 끓이면서 먹는 것이 일반적이다. 때문에 싸게 먹을 수 있는 음식이 찌개, 이보다 비싼 음식을 전골로 인식하기도 한다.

신선로와 열구자탕

신선로(神仙爐)는 화로와 같은 그릇에 고기와 야채 등을 넣고 끓이면서 먹는 음식이다. 영조가 노란색 계란전, 검은색 버섯전, 파란색 파전, 붉은색 당근전 등 4색전을 넣은 신선로를 가운데 놓고 서로 다른 붕당의 관료들과 술상을 가진 것에서 유래를 찾기도 한다. 영조가 신선로를 통해 정치적 화합을 꾀했는지는 모르겠지만, 신선로는 탕평책과 관련 없는 음식이다.

『대동기문(大東奇聞)』에는 무오사화 후 정희량(鄭希良)이 갑자사화를 예견하고 산에 은둔해 살면서 화로를 만들고 채소를 끓여 먹었는데, 그가 신선이 되자 사람들이 그가 사용하던 화로를 신선로로 불렀다고 기록하고 있다. 여기에서 신선로는 음식이 아닌 그릇이다. 박상(朴祥)은 "신선로의 술이 맑은 가을을 멀리하고[神仙爐酒隔晴秋]"라는 시를 지었고, 이산해(李山海)의 시문집 『아계유고(鵝溪遺稿)』에는 "신선로로 술을 데우고 차를 끓인다[置神仙爐煮酒茶]."고 기록하고 있다. 그렇다면 15~16세기 신선로

조선시대 신선로
(공공누리 제1유형 국립민속박물관 공공저작물)

는 술이나 차를 데우는 그릇의 하나였을 가능성이 높다.

그릇 신선로는 언제부터인가 음식이 되었다. 궁중에서는 신선로를 열구자탕(熱口子湯; 熱灸子湯; 悅口子湯; 悅口資湯)으로 불렀다고 한다. 열구자탕은 말 그대로 입을 즐겁게 하는 탕이다. 열구자탕은 청에서 인기 있던 훠꿔즈(火鍋子)가 연행사(燕行使)를 통해 조선에 전래된 것으로 여겨지고 있다. 그렇다면 조선 전기의 그릇 신선로와 조선 후기 음식 신선로는 어떤 관계가 있는 것일까?

『동국세시기(東國歲時記)』에는 열구자탕을 신선로라 부른다고 했다. 『소문사설』에서는 신선로 그릇을 중국에서 사오기도 한다고 소개하고 있다. 열구자탕은 새로 만든 화로를 사용했기에 신설로(新說爐)로 불렀다는 이야기도 전한다. 그렇다면 열구자탕이 대중화되면서 기존 사용하던 것과 다른 용기를 신설로로 불렀고, 신설로가 신선로가 되면서 술이나 차를 데우던 신선로는 사라지거나, 그릇이 아닌 음식을 가리키는 말로 바뀐 것 같다.

정희량 관련 설화는 어떻게 된 것일까? 열구자탕이 중국에서 전래되기 이전 조선에도 비슷한 음식 내지는 그릇이 있었을 것이다. 그런데 열구자탕이 신선로가 되면서, 산에 은둔하던 정희량이 먹었던 음식과 관련된 설화가 탄생했을 것이다. 실제로 신선이라는 명칭 때문인지 일제강점기 우스다 잔운은 신선로를 조선의 음식 중 으뜸인데, 먹으면 신선과 수명이 같아진다고 설명했다.

평양의 신선로 내지는 열구자탕이라 할 수 있는 것이 어복쟁반이다. 어복쟁반의 기원에 대해서는 여러 이야기가 전해지고 있다. 소와 관련된 이야기로는 평양의 상인들이 시장에서 일하다 놋 쟁반에 소의 뱃살을 비롯하여 각종 고기와 야채를 넣고 끓여 먹던 것에서 비롯되었다고 한다. 소의 뱃살이 한자로 우복(牛腹)이다. 평안도에서는 우복을 어복이라고 했는데, 소의 배 부위를 주재료로 사용했기에 어복쟁반으로 부르게 되었다는 것이다. 때문에 어복쟁반을 뱃살쟁반으로도 부른다고 한다. 또 소의 배가 물고기 배 모양과

어복쟁반

같이 둥글다 하여 어복(魚腹)이라는 이름이 붙여졌다는 이야기도 있다.

어복쟁반의 기원을 소와 관계없는 곳에서 찾기도 한다. 즉 물고기 내장으로 만들었기 때문에 어복쟁반이라는 이름이 붙여졌다는 것이다. 또 쟁반의 가운데 부분이 움푹 들어갔는데, 뒤집어 보면 임금의 배꼽을 닮았다고 해서 어복(御腹)으로 불렀다고도 한다.

북한에서는 소의 갈비 밑 배 부분에 있는 연한 살을 어북살로 부른다고 한다. 그렇다면 소의 부위에서 어복쟁반이라는 이름이 나왔을 가능성이 높다. 이름이야 어찌되었건, 평양에서 어복쟁반을 먹을 수 있는 그날이 빨리 왔으면 하는 바람이다.

스키야키

얇게 썬 소고기를 두부·배추·쑥갓·다시마 등과 함께 냄비에 넣고 끓이면서 먹는 음식이 스키야키이다. 스키야키의 유래에 대해서는 다음과 같은 이야기가 전해지고 있다. 도쿠가와 이에야스(德川家康)가 사냥을 하고 돌아오는 길에 농가에 들러 사냥에서 잡은 기러기와 오리를 내놓으며 음식을 만들어 오라고 했다. 마땅한 그릇이 없어 고민하던 농부는 농사지을 때 쓰는 가래를 깨끗이 닦아 그 위에 고기를 구워 바쳤다. 때문에 가래[鋤]를 뜻하는 스키(すき)와 구이를 뜻하는 야키(やき)가 합해져 스키야키라는 이름이 탄생했다고 한다.

가래가 아닌 삼나무를 이용했기에 스키야키가 되었다는 이야기도 전해진

다. 일본인들은 물고기와 채소를 삼나무 상자에 넣어 조려 먹었다. 삼(杉)은 일본어로 스기(すぎ)인데 구이라는 뜻의 야키와 합해져 스기야키가 되었다가 스키야키로 발음이 바뀌었다는 것이다.

스키야키가 널리 알려지기 시작한 것은 1980년대부터 인 것 같다. 때문에 스키야키의 전래를 얼마 전의 일로 알고 있는 이들도 있지만, 조선시대인들은 이미 스키야키를 접하고 있었다.

1763년 통신사 제술관(製述官)으로 일본을 다녀 온 신유한(申維翰)은 『해유록(海遊錄)』에서 스키야기를 "어육과 채소 백 가지 물건을 섞어서 술과 장을 타서 오래 달인 것인데, 우리나라의 잡탕과 같은 것[雜用魚肉菜蔬百物 和酒醬爛煮 如我國雜湯之類]."으로 소개했다.

조선에서도 일본의 스키야키를 먹을 수 있었다. 일본인의 집단 거류지인 왜관에서는 어육과 야채 등의 재료를 삼나무 상자나 판에 담아 불에 올렸다가 상자 째 내놓는 음식을 조선인에게 접대하곤 했다. 1748년 통신사 자제군관(子弟軍官)으로 일본을 다녀온 홍경해(洪景海)도 『수사일록(隨槎日錄)』에서 "화로와 남비를 가지고, 3층 칠함에 물고기·전복·계란·무·토란·파·두부 등을 담아, 바로 앞에서 삶아 익혀 주는데, 그 맛이 열구자탕에 미치지 못하지만, 소담함은 더 낫다[三層漆函盛魚鰒鷄卵菁芋蔥泡之屬 煮熱於面前以納 其味不及於熱口子湯 而疎淡則勝之]."고 하고, 이 음식을 승각기(勝却妓) 또는 승기야지(勝其也只)라고 했다. 홍경해가 설명하고 있는 음식은 나무찜통에 음식을 넣고 수증기로 찐 세이로무시(蒸籠蒸し)에 가깝다. 그렇다면 세이로무시를 스키야키로 부르기도 했던 것 같다.

『규합총서』에는 스키야키를 기생이나 음악보다 낫다고 해서 승기악탕(勝妓樂湯)으로 부른다고 설명했다. 승기악탕은 노래와 기생을 능가하는 탕이라고 해서 승가기탕(勝歌妓湯), 기생을 능가하는 절묘한 탕이라고 해서 승가기탕(勝佳妓湯)으로도 표기했다. 이로 보아 스키야키의 맛이 매우 좋았던 것은 분명한 사실인 듯 하다.

신유한은『해유록』에서 스키야키를 승기야기(勝技冶岐), 조엄은『해사일기』에서 승기악(勝妓樂), 이덕무는『청장관전서』에서 승기악이(勝其岳伊)로 표기했다. 이러한 사실들은 스키야키를 한자로 옮기는 과정에서 여러 표현이 사용되다가, 맛이 뛰어남을 상징하는 승기악탕이 되었음을 보여준다.

스키야키는 일본 음식이다. 그런데 최남선은『조선상식』에서 우리의 승기악탕이 일본으로 건너가 발전했다가 다시 조선에 전해졌을 가능성이 높다고 설명했다. 1925년 최영년(崔永年)이 쓴『해동죽지(海東竹枝)』에도 승기악탕은 원래 황해도 해주의 명물 음식인데, 조선에서 일본으로 전해졌다가 다시 일본과 가까운 부산 지방으로 역수입된 것이라고 했다. 조명채(曺命采)는『봉사일본시문견록(奉使日本時聞見錄)』에서 일본이 제공한 스키야키에 대해 "열구자잡탕과 같은 것이며, 빛이 희고 탁하며 장맛이 몹시 달지만, 그리 별미인지 모르겠다[若我國所謂悅口資雜湯之類 而其色白而濁 醬味甘甚 殊未知爲異味也]."고 평했다. 이는 열구자탕의 맛이 스키야키보다 뛰어나다는 설명이지만, 다른 한편으로는 조선의 승기악탕이 스키야키와 별개로 존재했을 가능성을 보여준다.

15세기에 활약했던 문신 허종(許琮)은 음악과 여자를 좋아했는데, 음식의 맛이 풍악과 기생보다 낫다고 해서 요리의 이름을 승기악탕으로 붙였다는 이야기가 전한다. 허종이 승기악탕이라고 명명한 음식은 숭어·잉어·조기·도미 등의 물고기를 채소와 국수 등과 함께 끓인 음식이다. 일본의 스키야키는 육류나 어류를 채소 등과 함께 끓인 음식인 반면, 조선의 승기악탕은 물고기가 주재료인 것이다.

1711년 통신사행의 압물통사(押物通事)로 일본을 다녀 온 김현문(金顯門)은 "삼자는 물고기와 채소의 잡탕으로 별미[杉煮魚菜湯別味也]."라고 설명했다. 이덕무도 "도미나 복어를 손질해 다듬고 달걀·미나리·파 등을 익혀서 잡탕을 만든다[以鯛魚 熟鰒鷄卵芹蔥 煮爲襍羹]."라고 기록했다. 일본은 메이지이싱(明治維新) 이전 육식을 삼갔던 만큼, 물고기를 넣는 경우가 많았던 것 같다. 그렇다

면 조선의 승기악탕이 일본으로 건너가 스키야키
가 되었다가 다시 우리에게 전래되었을 가능성도
있는 것이다.

성협의 야연
(공공누리 제1유형 국립중앙박물관 공공저작물)

승기악탕 내지 스키야키는 우리의 육식문화에도
일정한 영향을 미친 것 같다. 조선시대에는 난로회
(煖爐會)가 크게 성행했다. 난로회는 난난회(煖暖會)
또는 전립위(氈笠圍)라고도 했는데, 화로에 번철(燔
鐵)을 올린 후 쇠고기를 기름·간장·달걀·파·마늘·
후춧가루 등으로 양념하여 구워 먹는 것이다.

성협(成夾)의 '야연(野宴)'은 성인의식이라 할 수 있는 관례(冠禮)를 마친 후
야외에서 고기를 구워 먹는 모습을 그린 것이다. 고기를 구워 먹는 불판은
전립인데, 전립과(氈笠鍋)·전립투(氈笠套)라고도 했다. 또 민간에서는 벙거지
를 젖혀놓은 것과 같다고 해서 벙거짓골 또는 감투골이라고도 했다. 『경도잡
지(京都雜誌)』에는 이 불판에 대해 "움푹하게 들어간 부분에 물을 넣어 채소를
데치고 그 둘레로 고기를 얹어 굽는다[瀹蔬於中 燒肉於沿]."고 설명했는데, 일본
의 스키야키와 비슷한 모습이다. 실제 난로회가 크게 유행한 것은 18세기
무렵이다.

전립은 군사들의 철모와 관련 있다. 그런데 『임원경제지』 정조지에서는
전립 만드는 법이 일본에서 유래되었다고 설명했다. 그렇다면 우리의 전통
전립은 전골의 형태, 일본에서 전해진 전립과 유사한 형태의 용기는 스키야
키와 유사한 형태의 난로회에서 활용되었을 가능성도 있다.

감자탕

감자탕은 돼지등뼈와 시래기·감자 등의 야채를 넣고 끓인 음식이다. 감자탕은 대개 끓이면서 먹는 만큼 최근에 등장한 전골이라 할 수 있을 것 같다. 예전에는 감자탕을 감자국으로 불렀다고 한다. 그렇다면 감자국으로 불리던 시절에는 끓이면서 먹는 음식이 아닌 끓인 상태에서 국처럼 나왔을 가능성도 있다.

감자탕을 먹기 시작한 것은 언제부터일까? 조선시대 동래에 사는 백정이 돼지 뼈를 우거지 등과 함께 넣고 삶아 먹었는데, 맛이 달아 달 감(甘)에 돼지 저(猪)를 붙여 감저국이라 불렀고, 후에 감자가 들어가면서 감자국이 되었다는 이야기가 전한다. 그 외 전라도 지역에서 돼지의 골수를 감자로 불러 감자탕이 생겼다는 이야기, 전라도에서 소 대신 돼지로 국물을 내어 채소를 넣고 환자들에게 먹였던 음식이라는 이야기 등이 있다. 순천에 살던 한의사의 아들 한동길이 1894년 농민전쟁에 휘말려 인천으로 이주했는데, 경인철도공사장에서 일하는 노동자를 위해 시래기·김치·감자·돼지뼈 등으로 탕국을 만들었다는 이야기도 전한다. 또 한동길이 1900년 한강철도교공사 현장인 노량진에서 함바집을 열어 감자탕이 시작되었다고도 한다. 이런 이야기들은 문헌적으로는 증명되지 않지만, 전라도와 관련된 경우가 많다. 그렇다면 처음 감자탕은 전라도 지역에서 시작되었을 가능성이 높다.

감자탕

감자탕에 감자는 많아야 한두 개밖에 들어가지 않는다. 돼지등뼈의 원래 이름이 감자이고, 돼지등뼈가 들어가기 때문에 감자탕으로 부른다는 이야기가 있다. 실제로 정육점

중에는 감자뼈를 파는 곳도 있다. 그러나 감자탕용으로 판매되던 돼지등뼈를 감자탕뼈 또는 감자뼈라 부른 것이지, 원래 돼지등뼈를 감자뼈로 부르지는 않았던 것 같다.

감자탕이 처음 건설현장에서 시작된 음식인지는 분명하지 않지만, 지금과 마찬가지로 서민들에게 친근한 음식이었음은 확실하다. 감자탕에 들어가는 돼지등뼈는 살을 발라먹기 쉽지 않다. 때문에 비교적 저렴하게 구할 수 있는 식재료이다. 감자탕에 들어가는 시래기 역시 비교적 쉽게 구할 수 있다. 즉 싼 가격에 고기와 고깃국을 모두 맛볼 수 있는 음식이 감자탕인 것이다.

감자탕과 뼈다귀해장국은 1960년대 서울의 영등포·천호동·돈암동 등에서 유행했다. 1960년대 말 돼지고기의 일본 수출이 본격화되면서 수출하지 않는 돼지등뼈는 싼 가격에 유통되었는데, 이 역시 감자탕의 대중화에 일정한 영향을 준 것 같다. 1980년대 외식문화가 발달하면서부터 서울에서 감자탕의 인기는 급격히 하락했고, 부천과 고양 등에서 감자탕이 유행하기 시작했다.

감자탕에서 감자만 빼고 혼자 먹을 수 있는 음식이 뼈다귀해장국이다. 뼈다귀해장국은 돼지등뼈우거지탕·뼈다귀국·뼈다귀탕으로도 불리는데, 감자탕을 만드는 식당에서 함께 판매하는 경우가 많다. 서울 주변 위성도시에서 감자탕이 유행했다는 사실은 서울에서 밀려난 사람들이 감자탕을 찾았음을 의미한다. 저녁에는 감자탕과 소주로 피로를 풀고, 다음날 아침 뼈다귀해장국으로 쓰린 속을 달랜 것이다. 감자탕은 여러 가지 면에서 전골을 닮았다. 이런 점에서 조선시대 고급 음식을 대표하던 전골이 이제는 서민음식으로 탈바꿈한 모습을 감자탕에서 찾아 볼 수 있는 것 같다.

뼈다귀해장국

PART 5

계절과 음식

떡국과 만둣국

떡국은 떡을 넣고 끓였기에 탕병(湯餠)·병탕(餠湯)·병갱(餠羹), 색이 희기에 백탕(白湯), 나이를 한 살 더 먹는 새해 첫날 먹어서 첨세병(添歲餠)으로 불렀다. 또 겨울에 먹는 만두라는 의미에서 동혼돈(冬餛飩), 새해에 먹는 수제비라는 의미에서 연박탁(年餺飥)이라고도 했다.

추운 겨울 떡이 굳어 먹기 힘들게 되자 떡을 끓여 먹기 시작한 것이 떡국의 시작일 가능성이 높다. 그런데 새해 첫날 떡국을 먹는 것은 중국에서 전래된 풍속이다. 중국인들은 새해 첫날을 밝음으로 여겼고, 때문에 흰 색 떡을 사용한 음식을 먹었다. 떡국에 사용되는 가래떡이 둥근 이유 역시 태양을 상징하는 것이다.

떡국에 들어가는 떡은 흰떡이기에 백병(白餠)이라고 했지만, 흔히 가래떡으로 부른다. 그 이유는 떡이나 엿같이 둥글고 길게 늘여 만든 토막을 가래라 불렀기 때문이다. 이런 이유로 가래떡은 한자로 기다란 가락의 떡이라고 해서 장고병(長股瓶)이라고 쓴다. 지금은 가래떡을 기계로 뽑지만, 예전에는 떡메로 내리치면서 손으로 길게 늘여 만들거나, 떡을 조금씩 떼어 손으로 비벼 늘렸기에 권모(拳模)라고도 했다. 그 외 권모의 음을 따서 계략떡[權謀餠]으로도 불렀다.

떡을 길게 늘인 이유는 국수의 긴 면발과 마찬가지로 장수나 재물이 늘어나라는 의미를 담고 있는 것 같다. 떡국에 떡을 넣을 때에는 떡을 엽전처럼 썰어 넣는데, 이 역시 부자가 되라는 의미를 가진 것이다. 현실적으로는 딱딱하게 굳은 떡을 국물에 익히기 위해서는 얇아야 하기에 떡을 썰었을 것이다.

우리가 언제부터 떡국을 먹었는지는 명확하지 않다. 그런데 김안국(金安國)의 『모재집(慕齋集)』에는 "새벽에 떡국을 바치고 설을 맞이한다[晨羞湯餠笞元辰]."는 구절이 있다. 김안국은 1478년 태어나 1543년 세상을 떠났다. 한편 1543년 태어난 한호(韓濩)와 관련하여 어머니는 떡을 썰고 한호는 글을 써서 겨루는 이야기가 전해지고 있다. 아마도 한호의 어머니가 가지런히 썬 떡은 가래떡일 가능성이 크다. 그렇다면 16세기에는 새해 첫날 떡국을 먹었음이 분명하다.

『동국세시기』에는 떡국을 떡을 국에 넣어 끓이기 때문에 습면(濕麵)으로도 불렀고, 번초(番椒)가루를 쳐서 먹는다고 설명하고 있다. 번초가 후추인지, 초피(椒皮)인지, 산초인지, 고추인지 명확하지 않다. 그런데 유득공(柳得恭)이 지은 『경도잡지』에는 떡국에 후춧가루[胡椒屑]를 쳐서 먹는다고 했다. 그렇다면 기호에 따라 떡국에 후춧가루를 넣었던 것 같다. 또 떡국에는 흰 떡과 쇠고기나 꿩고기 등이 쓰였으나, 꿩을 구하기 힘들면 대신 닭을 사용하는 경우가 있었다. 암탉은 계란을 낳기 때문에 야생으로 잡은 꿩으로 국물을 냈다. 그러나 꿩을 구하지 못하면 닭고기로 국물을 냈던 것이다. 여기에서 비롯된 속담이 '꿩 대신 닭'이다.

떡국은 지역에 따라 조금 다른 모습을 보이기도 한다. 개성에서는 조랭이 떡국을 먹는다. 조랭이떡은 흰떡을 대나무 칼로 밀어 누에고치처럼 만든 것이다. 나무칼을 사용한 이유가 고려 고종이 칼로 썬 떡에서 쇠 냄새가 난다고 했기 때문이라고 한다. 누에 모양으로 만든 이유는 누에가 길함을 표시하기 때문이다. 또 한 해 동안 나쁜 액을 막아 주기를 기원하는 의미로 아이들의 옷 끝에 나무조롱을 달아 주었는데, 떡을 나무조롱 모양으로 만들어 먹음으로써 나쁜 액을 막았다는 이야기도 전한다. 그 외 개성의 상인들이 엽전꾸러미처럼 생긴 떡국을 먹음으로써 재물이 넘쳐 나기를 기원했다는 이야기도 있다. 반면 개성의 부녀자들이 떡국을 만들면서 가래떡을 고려를 멸망시킨 이성계의 목으로 여겨 조여서 잘록한 모양을 지니게 되었으며, 그 이름도 조롱떡국으로 불렀다는 이야기도 전한다. 충청도 지역에서는 쌀가루와 찹쌀가루를 썩어 반죽하여 길게 늘인 후 썰어 떡국을 만들어 먹었는데, 이것이 생떡국이다. 생떡국은 날떡국이라고도 부른다. 충북 지역은 미역이나 다슬기, 충남 지역은 구기자나 닭을 넣어 떡국을 끓인다. 거제 지역에서는 멸치국물에 굴을 넣고 끓인 굴떡국을 먹었고, 제주도에서는 모자반을 넣어 떡국을 만들었다. 호남 지역에서는 두부를 넣은 두부떡국이나 간장에 닭을 조려 국물로 사용하는 닭장떡국을 먹었다.

새해 첫날 떡국 외에 만둣국을 먹기도 하는데, 이 역시 중국 산둥(山東)지역에서 유래된 것이다. 국을 끓이는 만두는 아무것도 넣지 않은 만터우(饅頭)가 아닌 자오쯔(餃子)이다. 자오쯔는 중국의 화폐 원바오(元寶)를 닮았기 때문에 자오쯔를 먹으면 돈을 많이 벌고 복을 받는다고 믿었다. 또 자오쯔는 자손이 번성한다는 交子와 발음이 같고, 밤 11시~새벽 1시가 되었다는 짜오쯔이시(交在子時)와 발음이 비슷해 묵은해를 보내고 새해를 맞이하는 뜻도 담고 있다.

설날 만둣국을 먹는 중국의 풍습은 함경도·평안도·황해도 등지에 영향을 주었다. 북쪽은 쌀농사 짓기가 어려웠던 만큼 쌀로 가래떡을 만들기보다는, 밀가루나 메밀가루로 만두를 만드는 것이 일상적이었을 것이다. 그 결과 남쪽에서는 떡국, 북쪽지역에서는 만둣국을 먹었다. 광해군~인조대 활약했던 이식은 "새해 첫날 위패마다 떡국과 만둣국을 올린다[正朝每位餅湯曼頭湯各一器]."고 기록했다. 점차 남쪽에서도 새해 첫날 만둣국을 먹기도 했던 것이다. 그러던 것이 한국전쟁 중 남쪽으로 내려온 실향민들에 의해 떡국과 만둣국이 합쳐져 떡만둣국이 되었다.

오곡밥과 부럼

오곡밥은 찹쌀·조·수수·콩·팥 등 다섯 가지 곡식으로 지은 밥인데, 오곡밥에 들어가는 곡식의 종류는 지역마다 서로 다르다. 오곡밥은 정월대보름에 먹기 때문에 보름밥, 농사가 잘되기를 기원하는 뜻이 담겨 있어 농사밥으로도 부른다.

정월 대보름은 해가 바뀐 후 첫 번째로 맞는 보름인 상원(上元)으로, 7월 보름인 중원(中元), 10월 보름인 하원(下元) 등과 함께 의미 있는 날이었다. 새해의 첫 보름날 한해의 농사를 준비하며 오곡을 전해준 농사의 신에게 풍년을 빌면서 바치는 음식이 오곡밥이다. 오곡밥은 음양오행설을 따른 것이지만, 쌀에 부족한 영양을 다른 곡식으로 보충하는 효과도 있다.

정월대보름날 오곡밥을 먹는 이유에 대해서는 두 가지 이야기가 전한다. 중국의 신농씨(神農氏)는 인간이 먹을 수 있는 다섯 가지 작물을 골라 전해주며 농사짓는 법을 가르쳐 주었다. 때문에 해가 바뀐 후 처음 맞이하는 보름날 신농씨가 전해 준 다섯 가지 곡식으로 밥을 지어, 오곡이 풍성하게 해 달라고 기원한 데에서 유래했다는 것이다.

오곡밥의 기원을 우리 역사에서 찾기도 한다. 신라인들은 정월대보름날 약밥을 지어 먹었는데, 약밥에는 꿀이나 참기름 등 민이 쉽게 구할 수 없는 식재료가 들어간다. 때문에 민들은 붉은 팥을 넣고 귀한 견과류 대신 콩·수수·조 등을 넣어 약밥과 비슷하게 밥을 만들어 먹었는데, 이것이 오곡밥이 되었다는 것이다. 그렇다면 약밥을 보편적인 형태로 변화시킨 것이 오곡밥이라고 할 수 있다.

『동국세시기』에서는 오곡밥을 영남 지역의 풍속으로 소개하고, 토지의 신께 제사 드리는 밥[社飯]을 나누어 먹는다고 했다. 즉 풍년을 기원하는 의미에서 오곡밥을 먹었던 것이다. 다른 한편으로는 정월대보름에 먹었던 음식인 만큼 부럼을 깨무는 것과 마찬가지로 질병을 예방하려는 의미도 있었을 것이다.

오곡밥은 성이 다른 세 사람이 나눠 먹어야 하는데, 이는 화합의 의미를 가진 것이다. 또 나물과 함께 김을 싸서 먹었는데, 이를 복을 싸서 먹는다고 해서 복쌈이라 불렸다. 복이 이어지기를 기원해서 복리(福裏), 백 집에 나누어 먹어야 좋다고 해서 백가반(百家飯)으로 부르기도 했다.

정월대보름날에는 오곡밥 외에 팥죽도 먹었고, 밤·호도·은행 등의 견과류도 먹었다. 『동국세시기』에는 정월대보름날 아침 호두·밤·잣·은행 등을 깨물며 1년 열두 달 아무 탈 없이 평안하고 부스럼이 나지 않게 해 달라고 기원하는데, 이것을 부럼깨물기라고 설명했다. 부스럼[癤]을 깨물어[嚼] 터뜨린다는 뜻에서 부럼깨물기는 작절로 표기했다. 부스럼은 피부병이지만 과거에는 역귀가 퍼트리는 병으로 생각했기 때문에 미리 부스럼을 터트린다는 뜻에서, 또 다른 한편으로는 부럼 깨는 소리에 역귀가 놀라 도망가라는 뜻에서 견과류를 깨물었던 것이다. 현실적으로는 겨울에 과일이 나지 않았던 만큼, 추운 겨울 동안 약해진 체력회복을 위해 견과류를 먹었을 것이다.

개장국

개고기를 먹는 우리의 음식문화를 비판하는 이들도 있다. 우리가 개를 식용으로 삼았다고 해서 모든 개를 먹었던 것은 아니다. 키우는 개는 견(犬), 큰 사냥개는 오(獒), 삽살개는 방(尨)으로 표기했다. 반면 식용으로 활용할 개는 구(狗)·술(戌)로 표기하여, 먹는 개와 그렇지 않은 개를 구분하였다. 유목민족이나 수렵민족에게 개는 목축과 사냥에 필수적인 동물로 인간을 돕는 존재였다. 때문에 개를 먹지 않았다. 하지만 농경민족에게 개는 효용가치가 없었다. 개를 집에서 키우는 노루인 가장(家獐)으로 표현했는데, 말 그대로 먹거리에 불과했던 것이다.

중국의 가장 오래된 자전인 『설문해자(說文解字)』에는 바치다는 뜻의 글자 헌(獻)을 가마솥[鬲]에 개[犬]를 넣고 삶은 것으로 풀이하고 있다. 『예기』 연례(燕禮)에서는 "희생은 개고기이다[牲狗也]."고 설명했다. 중국에서는 개를 제사나 의례에 사용했던 것이다. 그러나 우리는 개를 제물이나 의례에서 활용하지는 않은 것 같다.

배부르다는 뜻의 염(猒)은 입[口]에 개[犬] 등의 고기[月]를 넣은 것으로 풀이

할 수 있다. 『예기』 내칙에도 개의 간으로 요리한 간료(肝膋)를 여덟 가지 진미 중 하나로 꼽고 있다. 『예기』 소의(少儀)에서는 집을 지키는 개[狩犬], 사냥하는 개[田犬], 식재료로 사용하는 개[食犬]를 구분했다. '토사구팽(兎死狗烹)'이라는 고사성어 역시 개를 삶아 먹었음을 알려준다. 그런데 중국에서 개고기는 사라졌다. 이는 남북조시대·원·청 등 유목민족의 지배 때문인 것으로 이해되고 있다.

일본은 현재 오키나와(沖繩)에서만 개를 먹지만, 도쿠가와바쿠후(德川幕府) 시대에는 개고기를 먹었던 것으로 여겨지고 있다. 그 외 아시아의 베트남·라오스·미얀마·인도·필리핀·파키스탄·방글라데시·태국, 아프리카의 모로코·알제리·튀니지·남아프리카공화국·르완다·나이지리아, 유럽의 스페인·스위스·독일·프랑스·벨기에 등의 일부 지역에서는 지금도 개고기를 먹는다.

인간은 구석기시대부터 개를 사육했다. 개의 사냥 능력을 알게 되어 길렀다고도 하고, 고기를 먹기 위해 사육했다는 주장도 있다. 우리의 경우 신석기 유적지인 창녕 비봉리 조개무지에서 개의 두개골이 발견된 것으로 보아, 어떤 이유에서든 개고기를 먹었음을 알 수 있다.

부여의 지방행정체제인 사출도(四出道)에 구가(狗加)라는 부족장이 존재했고, 전통놀이인 윷놀이에 개를 나타내는 '개'가 존재하는 것으로 보아, 우리 역사는 개와 밀접한 관계가 있었음이 분명하다. 고구려 고분벽화에는 사람이 개와 함께 사냥하는 모습이 그려져 있다. 그렇다면 고구려에서는 개고기를 먹지 않았을 가능성이 높다. 특히 불교가 수용되면서부터는 개고기 먹는 일이 금기시되었다. 윤회(輪回)의 논리에 따라 개가 전생에는 부모나 형제일 수도 있다고 생각했기 때문이다.

개와 함께 사냥하는 모습이 그려져 있는 무용총 수렵도

고려시대에는 몽골의 영향을 받아 육식을

했지만, 개고기를 먹는 것이 몽골의 영향이었다고 보기는 힘들다. 그 이유는 몽골인들은 개를 신성시하여 식용으로 삼지 않았기 때문이다. 충렬왕의 총애를 받아 고위직에 오른 이정(李貞)이 원래 비천한 출신으로 개를 도살하는 것이 생업이었다는 『고려사』의 기록은 민들이 개를 일상적으로 먹었을 가능성을 보여준다. 경상도 지역에서는 고기를 괴기라고 부른다. 단순한 방언으로 여길 수도 있지만, 민에게 있어 일상적인 고기는 개고기였고, 개의 고기가 줄어 괴기가 되었을 가능성도 있다.

전근대시대 소는 농사에 필요했고, 닭은 달걀을 공급해 주었다. 돼지는 꺼려서 잘 먹지 않았다. 때문에 가장 구하기 쉬운 단백질원은 개고기였을 것이다. 개고기는 사시사철 먹는 음식이었지만, 아무래도 가장 인기 있었던 것은 무더운 여름 복날이었다. 복(伏)은 사람[人]과 개[犬]가 붙어 이루어진 글자이다. 때문에 복날 엎드린 개를 먹는다는 말도 있다. 중국에서는 복의 의미를 가을의 기운이 땅에 내려오다가 여름의 기운에 밀려 엎드려 굴복한 것으로 해석한다. 『지봉유설』에서는 "복은 음기가 일어나고자 하나 양기에 압박되어 상승하지 못한다[伏者 陰氣將起 迫於殘陽而未得升]."고 설명했다. 즉 복날은 음기가 엎드려 있는 날인 만큼, 이 날 개장국 등을 먹으면 더위로 잃은 기력을 회복할 수 있다고 여겼던 것이다.

음양오행에서 개는 가을을 상징한다. 개장국을 먹음으로써 가을을 불러 여름의 더위를 물리치려 했던 것이다. 또 개는 불의 성질, 복날은 쇠의 성질을 가진다. '불이 쇠를 이긴다[火克金]'는 원리에 따라 개고기를 먹으면 더위를 이길 수 있다고 여겼던 것이다. 여기에는 개는 몸을 따뜻하게 하는 음식 개고기를 먹음으로써 열로 더위를 다스린다는 이열치열(以熱治熱)의 원리도 포함되어 있다.

조선시대에는 식용으로 누런개가 최고이고, 그 다음이 검은개라고 여겼다. 『식료찬요(食療纂要)』에도 "남성의 생식능력을 일으키려면 누런 개를 찌거나 삶아서 자주 먹으면 좋다[起陽道 正黃狗肉 隨意蒸煮 頻食之佳]."고 기록하고 있다.

개고기는 복날 먹는 별식일 뿐 아니라, 정력에도 좋은 음식이었던 것이다.

성균관(成均館)에서는 초복날 유생들에게 개고기를 지급했다. 개고기를 먹고 더운 여름을 이겨내며 공부할 것을 기원했던 것이다. 『중종실록』에는 이팽수(李彭壽)가 김안로(金安老)에게 개고기를 바치고 벼슬에 올라 가장주서(家獐注書)로 불렸다는 기사가 수록되어 있다. 앞에서도 언급했듯이 가장은 개고기를 가리킨다. 개고기가 뇌물로 쓰이고 성균관 유생들에게 나누어 준 것으로 보아, 이 시기 개고기는 귀한 음식이었을 것이다.

귀한 음식 개고기는 점차 대중화되어 갔다. 이순신의 『난중일기』에는 1593년 5월 26일, 27일, 6월 9일 등에 개고기를 먹는 모습이 기록되어 있다. 청에서 척화신(斥和臣) 처벌을 요구하여 백마산성에서 유배생활을 하던 조경(趙絅)은 개고기를 안주 삼아 술을 마셨고, 일상식으로 먹었다. 또 선물로 개고기를 주고받기도 했다. 『음식디미방』에 수록된 음식 중 개고기가 전체의 30% 이상을 차지하고 있는 것은 개의 식용이 일반적이었음을 보여준다.

조선시대 개고기를 즐겨 먹었던 이유는 어디에 있는 것일까? 『동의보감』에는 개고기가 오장을 편안하게 하고 혈맥을 조절하며 장과 위를 튼튼히 하여 기력을 증진시키며 양기를 돕는다고 하였다. 정약용(丁若鏞)은 흑산도에 귀양가 있는 형 정약전(丁若銓)에게 개고기를 먹어 단백질을 보충하라는 편지를 보냈다. 이러한 사실들은 지금과 마찬가지로 조선시대인들이 개고기를 몸에 좋은 보양식으로 생각했음을 알려주고 있다.

『정조실록』에는 반란을 모의한 전홍문(田興文)이 궁궐 근처에서 개장국을 사 먹고 대궐에 들어왔다는 기사가 수록되어 있다. 이로 보아 당시 한성 내에 개장국을 전문으로 파는 식당이 있었음을 알 수 있다. 『동국세시기』에도 개장국을 저잣거리에서 많이 판다고 한 것을 보면, 복날 외에도 개장국을 많이 먹었던 것 같다.

개장국은 개탕이라고도 불렸고, 술갱(戌羹)·구갱(狗羹)·구학(狗臛)·구장(狗醬)·구육갱(狗肉羹)·지양탕(地羊湯) 등으로 표기했다. 개고기로 국만 끓여 먹은 것은 아니었다. 조선시대에는 파의 밑동을 시루에 깔고 개고기를 올려 쪄서 먹는 것이 주였고, 찜을 먹고 난 후 국을 끓여 먹었다. 지금 회를 먹은 후 남은 뼈로 매운탕을 끓여 먹듯이, 개장국은 개찜을 먹고 난 후 먹었던 음식인 것이다. 『음식디미방』에는 개장꼬지누르미와 개장국누르미 등의 조리법이 소개되어 있다. 그 외 개고기로 만든 순대인 개장[犬腸]과 개찜 등의 조리법도 수록되어 있다. 『오주연문장전산고』에는 개구이[狗炙]·개고기포[犬脯]뿐 아니라 개의 발을 볶은 구족초(狗足炒), 개의 꼬리를 볶은 구미초(狗尾炒), 개의 코와 입술을 볶은 구비순초(狗鼻脣炒) 등도 수록하고 있다. 『산림경제』에는 개고기로 담근 술인 무술주(戊戌酒)를 기록하고 있다. 그 외 개고기 즙에 엿을 가하여 당과로 만든 무술당(戊戌糖)과 개고기 편육도 있었다.

혼마 큐스케는 『조선잡기』에서 조선인이 개를 키우는 이유를 잡아먹기 위한 것으로 설명했다. 1884년 조선에 입국하여 활약했던 알렌(Horace Newton Allen)은 『조선견문기(Things Korean)』에서 조선인들이 강장제로 개머리를 끓인 국을 먹는다는 사실을 기록했다. 1894년부터 1897년까지 한국을 여행한 비숍은 봄에 개고기 판매가 흔하며 여름에는 보신탕을 먹는다고 하였다. 그리피스 역시 "개고기를 푸줏간에서 판다."고 한 것으로 보아 개고기는 쉽게 구할 수 있었던 것 같다. 개항기에도 개고기의 인기는 여전했던 것이다.

해방 후 개고기는 시련을 겪기 시작했다. 이승만(李承晩)정부는 개장국이 비위생적이라며 판매를 금지시켰고, 식당들은 단속을 피하기 위해 보신탕으로 이름을 바꾸었다. 물론 보신탕이라는 이름은 일제강점기 등장하기 시작했지만, 개장국과 함께 사용되던 것이 보신탕으로 정착된 것이다.

1988년 서울올림픽 개최 직전 프랑스의 여배우 브리지트 바르도(Brigitte Bardot) 등은 한국인들이 개고기를 먹는 것을 이유로 올림픽 보이콧과 함께 한국제품 불매운동을 벌였다. 전두환(全斗煥)정권은 보신탕 판매를 금지시켰고, 개고기를 판매하던 식당들은 보양탕·영양탕·사철탕 등으로 이름을 바꾸고, 골목에 숨어 장사를 해야만 했다. 2002년 한일월드컵 당시 국제축구연맹

(FIFA)은 한국의 개고기 식용을 거론하며 비난했다. 2018년 평창 동계올림픽의 마스코트를 진돗개로 정하려 하자, 국제올림픽위원회(IOC)가 우리의 개고기 식용 문화를 문제 삼아 무산시키기도 했다. 누가 어떤 음식을 먹는가 하는 문제는 개인의 기호이며, 음식문화는 그 민족이 살아온 환경과 문화 그리고 역사의 결과이다. 그런 점에서 개고기를 먹는 이들에 대한 비판적 시각은 문화제국주의적 자세에서 비롯된 편견이다.

우리나라에 존재하는 개고기 음식은 탕, 전골, 수육, 두루치기(무침), 옻나무를 넣어 끓인 옻개고기[漆狗], 마늘·대추·각종 한약재를 개와 함께 넣고 중탕(重湯)하여 짠 개소주 등이다. 북한에서는 우리의 보신탕에 해당하는 단고기장뿐 아니라 단고기장밥, 단고기갈비찜, 등뼈찜, 척수를 찐 척골찜, 뒷다리토막찜, 내장볶음에 해당하는 내포볶음 등을 먹는다. 감기에 걸리면 개고기를 푹 삶아 엿에다 개어 만든 개엿으로 치료한다고 한다.

북한에서는 개고기를 즐겨 먹는다. 그것도 부와 신분이 있는 사람들이 즐겨 먹는 음식이라고 한다. 김일성(金日成) 주석이 개고기를 단고기로 부르자고 제안한 이후 개고기는 단고기가 되었다. 단고기라고 한 이유는 좋은 맛을 '달다'로 표현했기 때문일 가능성이 크다. 또 개소주처럼 오래 달여 먹었기 때문에 '단'으로 표현했을 가능성도 있다. 개고기에 단맛이 난다고 표현할 정도인 만큼 적어도 북한에서는 우리나라보다 개고기에 대한 편견은 없을 것 같다.

육개장

육개장은 사시사철 먹는 음식이며, 애주가들은 해장국으로도 많이 찾는다. 하지만 원래 육개장은 개장국을 먹지 못하는 사람을 위해 소고기[肉]로 끓인 개장[狗醬]으로, 더운 복날 먹던 음식이었다. 육개장을 개고기처럼 결에 따라

찢어지는 부위인 양지머리로 끓인 것에서도 육개장이 개장국과 관련 있음을 알 수 있다.

사골육개장

육개장은 소고기를 삶은 후 찢고, 토란 줄기와 고사리 등을 넣고 얼큰하게 끓인 국이다. 하지만 처음부터 고춧가루와 고추씨기름 등이 들어간 매운 음식은 아니었다. 『조선요리제법』에 소개된 육개장은 고추씨기름이 들어가지 않은 하얀 국물이다. 최근 사골육개장이라는 이름으로 맵지 않은 육개장을 판매하기도 하는데, 어쩌면 이것이 육개장의 처음 모습이었을 수도 있다. 『조선무쌍신식요리제법』에서는 육개장에 고추장을 넣어 끓여 먹는 것도 좋다고 설명하고 있다. 그렇다면 일제강점기까지만 해도 맵지 않은 육개장이 주였지만, 기호에 따라 매운 육개장을 먹기도 했던 것이다.

육개장을 닭고기로 끓이는 경우도 있다. 이럴 경우 육계장으로 표기하기도 한다. 하지만 육계장은 옳은 표현이 아니다. 소고기로 끓인 개장국이 육개장이라면, 닭으로 끓인 개장국은 닭개장 또는 닭육개장이 맞는 것 같다.

육개장이 유명한 곳이 대구 지역이다. 때문에 육개장을 대구탕으로 부르기도 한다. 대구의 육개장이기 때문에 '大邱湯'으로 알고 있는 이들이 많지만, 사실은 개장국을 대신한다는 뜻의 '代狗湯'이다. 대구 지역의 육개장은 고기를 잘게 찢지 않고 고깃덩어리를 고기의 결이 풀리도록 푹 삶는다. 무엇보다 고춧가루를 듬뿍 넣는다는 점이 특징이다.

대구탕을 더운 지역인 대구에서 먹던 큰개탕[大狗湯]이란 이야기도 전한다. 이럴 경우 대구탕은 개장국이다. 하지만 대구탕은 대개가 육개장 형태이며, 우거지 선짓국 또는 선지육개장식이다.

대구의 육개장은 따로국밥으로도 부른다. 따로국밥은 말 그대로 밥과 국이 따로 나오는 음식이다. 요즘 국밥은 대개 국과 밥을 따로 차리지만, 원래 국밥은 찬밥 위에 따뜻한 국물을 부었다 따랐다 하며 데우는 토렴이라는 과정을 거친다. 퇴염(退染)에서 유래된 토렴을 통해 국물의 온도를 낮추어 편하게 먹을 수 있게 하는 것이다. 그런데 대구의 육개장은 밥과 국이 따로 나오니까 특별히 따로국밥이라는 이름이 붙여진 것이다.

대구의 육개장이 따로국밥이 된 것은 한국전쟁과 관련 있다. 한국전쟁 당시 정부가 대전에서 대구로 이전하면서 피난민들이 대구로 몰려들었다. 대구로 피난 와 국밥을 먹는 여성 중에는 국에 밥이 말아져 나온 것을 상스럽게 여기는 이들도 있었다. 그래서 밥과 국을 따로 주문해 먹은 데서 따로국밥이 시작되었다고 한다.

무더운 여름 더위를 이기기 위해 먹었던 육개장은 상갓집에서 쉽게 볼 수 있는 음식 중 하나이다. 상갓집에서 문상객들에게 육개장을 대접하는 것은 육개장의 붉은 색이 나쁜 기운과 귀신의 침범을 막는다는 의미에서 유래된 것으로 여겨진다. 그러나 상을 당한 이들이 이러한 의미를 알고 육개장을 준비하는 것 같지는 않다. 장례식장에는 육개장 외에 몇 가지 국이 더 있고, 이 중에서 선택할 수 있다. 문상객은 대개 식사를 하고, 술을 마시는 이들도 있다. 밥에도 어울리고, 안주 또는 해장국으로 적절한 음식중 하나가 육개장이다. 때문에 상갓집에서는 육개장으로 문상객을 접대하는 것 같다.

육개장은 잔칫집에서도 쉽게 만나볼 수 있다. 그 이유는 한국인들의 입맛에 맞기 때문일 것이다. 실제로 육개장 맛을 강조한 라면이 많으며, 즉석국 역시 육개장이 가장 먼저 생산되었다.

삼계탕과 초계탕

복날 먹는 대표 음식 중 하나인 삼계탕은 닭을 주요 식재료로 사용하는 만큼 오래전부터 먹었던 음식으로 아는 이들이 많다. 하지만 삼계탕의 역사는 그리 오래되지 않았다. 1849년 쓰여진 것으로 여겨지는 『동국세시기』에는 복날 먹는 음식으로 개장국·육개장·팥죽·영계백숙 등을 소개하고 있지만, 삼계탕은 보이지 않는다. 삼계탕에는 닭과 함께 인삼이 들어간다. 그런데 조선시대 인삼은 워낙 비싸 쉽게 식재료로 이용할 수 없었다.

인삼의 우리말은 '심'이다. 우리의 '심'을 중국에서 한자로 표현하면서 '삼(蔘)'이 된 것으로 여겨지고 있다. 인삼은 모양이 사람과 비슷해서 붙여진 이름인데, 신비의 약이라는 뜻에서 신초(神草) 또는 지정(地精)이라고도 하였다.

미국·캐나다·독일·프랑스·스위스·터키·뉴질랜드·오스트레일리아 등에도 인삼이 있다. 중국과 일본에도 인삼이 생산된다. 그러나 고려인삼으로 불리는 우리 인삼의 효능이 가장 우수하다. 2018년 국제식량농업기구(FAO)는 금산전통인삼농업을 세계중요농업유산에 등재시켰다. 이는 우리 인삼의 우수성과 보전의 가치를 국제적으로 인정받고 있음을 보여준다.

우리의 인삼은 6세기부터 중국 내에서 유통되기 시작했고, 이후 인삼은 중국과의 외교에서 필수품이었다. 특히 조선시대에는 명에 대한 진헌품과 명에서 온 사신에 대한 답례품으로 가장 중요했던 것이 인삼이었다. 때문에 인삼의 안정적 확보를 위해 재배 및 관리에 각별히 주의를 기울였다. 또 인삼을 거래하기 위해서는 호조 등으로부터 첩문(帖文)을 받아야 했고, 거래에도 일정한 한도를 두는 등 철저한 통제와 엄격한 규제를 두었다.

일본은 739년 발해의 문왕이 인삼 30근을 보낸 후 인삼에 주목하기 시작했다. 조선시대의 경우 일본에 보내는 인삼은 조선 정부가 쓰시마에 하사하는 단삼(丹蔘)과 수출하는 피집삼(被執蔘)의 두 종류가 있었다. 1674년 쓰시마는 에도(江戶)에 조선의 인삼을 판매하는 가게를 설치했고, 1710년에는 조선 인삼 수입을 위해 인삼대왕고은(人蔘代王高銀)이라는 순도 80%의 특별 은화를 제조했다. 이처럼 일본에서 인삼을 중요시 여겼기에, 통신사가 일본에 가져 간 예물 중 가장 중요하게 여긴 것이 인삼이었다.

17세기 이전 인삼은 지금의 산삼이다. 인삼은 왕실 등 상류층에서 소비되 었고, 외교에 따른 의례물로 기능하였다. 그런데 인삼이 중국 및 일본과의 사무역과 밀무역으로 거래되면서 수요가 크게 늘어났다. 반면 연속된 냉해로 인삼의 수확은 급격히 감소했다. 그 결과 인삼의 수요를 충당할 수 없게 되자 밭에서 재배하는 방법이 모색되기 시작했다.

인삼의 인공재배가 언제 어디서 시작되었는지는 확실하지 않다. 풍기군수 주세붕(周世鵬)이 인삼재배법을 연구하여 보급했다는 이야기도 전하고, 전라 도 동복현의 한 여성이 인공재배법을 개발했다고도 한다. 아마도 17세기 후 반부터 산삼의 종자를 산에 뿌려 재배하는 산양삼(山養蔘)의 재배법이 은밀히 전해지다가, 18세기 산삼을 재배한 인삼이 보편화된 것 같다. 조선 헌종대 개성의 보부상 최문(崔文)은 여러 지역의 인삼재배법을 참고하여 개성의 풍토 에 맞는 재배법을 고안했다고 한다. 이러한 이야기들은 19세기에는 전국적으 로 인삼이 재배되고 있었음을 말해준다. 재배된 인삼은 집에서 기른다고 해 서 가삼(家蔘), 또는 가짜 인삼이라고 해서 가삼(假蔘)이라고도 했다.

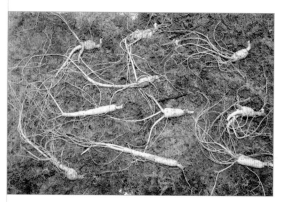

자연 상태에서 재배된 산삼인 산양삼

땅에서 캔 인삼이 수삼(水蔘)이다. 수삼은 건조하지 않아 생삼(生蔘)이 라고도 하는데, 수분 함량이 75% 이 상이기 때문에 오랫동안 보관할 수 없다. 때문에 수삼의 껍질을 벗겨 햇 볕에 말렸는데, 이것이 백삼(白蔘) 또는 건삼(乾蔘)이다. 18세기 후반에 는 인삼을 수증기로 찐 후 말려서, 보관과 운반이 쉽고 약효를 증진시킨 홍삼(紅蔘)이 개발되었다. 1797년에는 홍삼제조장인 증포소(蒸包所)가 한강변에 설치되었다. 그러나 인삼은 여전히 귀한 약재의 하나였다.

우리는 인삼을 끓인 삼차(蔘茶)를 마셨다. 그러나 인삼을 먹기만 했던 것이 아니다. 불상을 만들 때 가슴 안쪽에 넣는 유물을 복장유물(腹藏遺物)이라고 한다. 복장유물은 대개 불경이나 금은보화 등인데, 인삼을 넣는 경우도 있다. 2010년 부산의 원광사(元光寺)에 봉안되어 있던 목조보살좌상에서 복장유물로 인삼이 발견되었다. 방사성탄소 연대 측정 결과 이 인삼은 980~1140년경에 재배된 것으로 밝혀졌다. 인삼은 불상에 넣을 정도로 소중하게 여겨졌던 것이다.

일제강점기 인삼이 재배되어 쉽게 구할 수 있게 되면서 등장한 것이 삼계탕이다. 지금은 인삼을 넣고 끓이지만, 예전에는 인삼가루를 넣고 끓여 삼계탕을 만들었다. 일제강점기 출간된 『조선요리제법』에도 닭국을 끓일 때 인삼가루를 넣는다고 소개하고 있다.

무더운 복날 삼계탕을 먹는 이유는 개장국과 유사하다. 닭은 개와 함께 가을을 상징한다. 즉 닭을 먹음으로써 가을을 불러 여름의 더위를 이기고자 한 것이다. 앞에서도 언급했듯이 복날은 쇠의 기운을 가지고 있다. 닭은 흙[土]의 기운을 가지고 있어 쇠의 기운을 물리칠 수 없다. 때문에 따뜻한 성질[火]을 가진 인삼을 함께 넣고 끓였고, 이를 먹음으로써 쇠의 기운을 물리치고자 한 것이다. 즉 '불이 쇠를 이긴다'는 음양오행의 원리가 반영된 것이다.

복날 삼계탕을 먹는 데에는 다른 이유도 있다. 닭은 울음으로 새벽을 알린다. 닭이 울면 어둠 속에 활동하던 귀신들이 사라진다. 즉 닭은 귀신을 쫓는 능력이 있는 영물인 것이다. 따라서 닭을 먹음으로써 여름철의 사악한 기운을 쫓아내려 했던 것이다.

더운 여름에 삼계탕을 먹었던 것은 추운 겨울 냉면을 먹는 원리와 같다. 겨울에는 몸 밖이 차가운 반면 몸 안으로는 열이 몰린다. 따라서 찬 음식인 냉면을 먹어 속을 식혀주는 것이다. 마찬가지로 더운 여름에는 열이 몸 밖으

삼계탕

로 몰리면서 뱃속은 차갑고 허해지기 때문에 뜨거운 음식을 먹어 열을 보충해 주는 것이다.

삼계탕에는 주로 연계(軟鷄)를 사용한다. 『일성록(日省錄)』에는 여러 해 자란 닭을 진계(陳鷄), 부화된 지 얼마 안 되는 것을 연계, 진계도 아니고 연계도 아닌 것을 활계(活鷄)로 분류한 기록이 있다. 『증보산림경제』는 연계찜[軟鷄蒸]의 조리법을 설명하면서 "병아리가 알에서 깨어 50~60일이면 찬에 올릴 수 있다[鷄雛出卵 五六十日可以供膳]."고 했다. 조선시대에는 50~60일 정도 된 닭을 연계로 불렀던 것이다.

최근에는 연계보다는 영계라는 말을 많이 사용한다. 많은 사람들이 영계를 영어의 'Young'과 한자의 '계(鷄)'가 합쳐진 것으로 알고 있다. 또 영계의 영을 한자로 갓난아이를 뜻하는 '영(嬰)'으로 이해하기도 한다. 그러나 조선시대에도 영계(英鷄)라는 용어가 있었다. 『오주연문장전산고』에는 석영(石英)가루를 먹여 키운 닭을 영계로 설명하고 있다. 또 석영가루를 먹고 자란 닭이 낳은 계란을 먹으면 양기가 되살아나고 허약해진 기운을 보충할 수 있다고 했다. 뿐만 아니라 건강해지는 것은 물론이고 피부에 탄력이 생기며, 겨울에 먹으면 추운 줄 모른다고 설명하고 있다. 계란에 이 정도의 효능이 있으니, 영계를 먹으면 회춘할 수 있을 정도로 좋다는 것이다.

삼계탕의 주재료는 닭과 인삼이다. 최근에는 인삼뿐 아니라 동충하초·감초·황기·녹각 등의 한약재가 들어간 한방삼계탕이 등장했다. 삼계탕에 여러 한약재가 들어가는 것은 생후 한 달이 채 되지 않는 어린 닭으로 요리하기 때문일 수도 있다. 뚝배기에 닭 한 마리가 통째 들어갈 정도로 어린 닭으로 삼계탕을 만들다 보니 닭의 깊은 맛이 나지 않는다. 때문에 맛을 내기 위해 한약재를 넣는 것은 아닐까? 물론 낙지나 전복 등이 들어간 해물삼계탕도 있다. 이 역시 닭뿐 아니라 다른 보양식을 함께 섭취한다는 느낌을 주는 것이지 특별한 맛이 있는 것 같지는 않다.

삼계탕은 일본인들과 중국인들도 무척 좋아하는 음식이다. 당연히 그들의 입맛에 맞기 때문이겠지만, 다른 이유도 있을 것이다. 닭 한 마리를 통째로 다 먹는다는 만족감과 몸에 좋은 인삼을 함께 먹는다는 심리적인 이유도 작용하는 것 같다. 어찌되었건 외국인들뿐 아니라 마트에서 즉석요리로까지 삼계탕이 판매되고 있는 것을 보면, 이제 삼계탕은 복날 먹는 특별식만은 아닌 것 같다.

복날 삼계탕을 먹는 이유 중 하나가 이열치열과 관계있음을 앞에서 살펴보았다. 그런데 이 원리와 반대로 복날 닭으로 만든 차가운 음식을 먹기도 했다. 그것이 임자수탕(荏子水湯)이다. 임자는 깨를 가리키는 만큼 임자수탕은 깨국탕이라고도 불렸다. 임자수탕은 닭을 삶아 살을 바른 후 양념을 하고, 닭을 삶은 물은 깨를 넣어 갈아 깻국물을 만든 후 식혀 살을 넣어 먹는 음식이다. 삼계탕과 달리 냉국으로 먹는 것이 특징이다.

무더운 여름 뜨거운 음식이 싫은 사람들은 초계탕을 찾기도 한다. 초계탕은 원래 고려시대 궁중에서 먹던 음식이라고 한다. 『증보산림경제』에 살찐 암탉과 파의 흰 부분을 솥에 넣고 초·청장(淸醬)·참기름 등을 부은 후 푹 고아 달걀을 국물에 풀어먹는 음식으로 총계탕방(蔥鷄湯方)을 소개하고 있다. 지금의 초계탕과 달리 뜨거운 음식이지만 초계탕의 원래 모습일 가능성이 높다. 『원행을묘정리의궤』에는 초계탕이 혜경궁 홍씨(惠慶宮洪氏)와 정조의 수라상에 올랐음

초계탕

이 기록되어 있다. 이후에도 초계탕은 궁중의 각종 행사 음식으로 자주 등장한다. 그렇다면 궁중음식 초계탕이 민가에 전해졌을 가능성이 높다.

흔히 닭 육수에 식초[醋]를 넣고 닭고기[鷄]를 찢었기 때문에 초계탕으로 부른다고 한다. 하지만 식초[醋]와 겨자[芥]를 넣어 초개탕이었는데, 평안도 지역 발음으로 인해 초계로 알려진 것이라는 이야기도 전한다. 또 총계탕이 쵸케탕을 거쳐 초계탕이 되었다고도 한다.

조선시대 초계탕은 궁중에서 맛 볼 수 있는 귀한 음식이었다. 하지만 함경도와 평안도 지방에서는 냉면과 마찬가지로 추운 겨울에 먹는 별미의 하나였다. 그러던 것이 냉장고의 등장과 함께 이제 초계탕은 무더운 여름에 먹는 음식으로 완전히 정착한 것 같다.

민어

조선시대에는 민어(民魚; 鱉魚)를 여름 보양식 중 최고로 여겼다. '양반은 민어 먹고, 상놈은 보신탕 먹는다', '복달임에 민어탕이 으뜸이요, 도미탕은 이품이고, 보신탕은 삼품이다'는 말이 전할 정도이다.

민어는 탕으로 끓여 먹기만 한 것이 아니다. 회로도 먹고, 알은 말려서 어란(魚卵)을 만들어 먹었다. 또 소금에 절여 포로 만들기도 했는데 암컷을 말린 것은 암치, 수컷을 말린 것은 수치이다. 민어의 부레를 잘게 썰어 볶으면 구슬같이 된다는 뜻에서 아교주(阿膠珠)라고 했는데, 보약의 재료로 사용했다. 부레에 소를 넣고 쪄서 어교(魚膠)순대를 만들었다. 껍질은 전을 부치거나 데쳐서 먹었고, 살로 어만두(魚饅頭)를 만들었다. 지느러미뼈와 가장자리 살로는 뼈다짐을 만들어 먹는다. 비늘과 쓸개를 빼고 모두 먹을 수 있는 물고기가 민어인 것이다.

민어는 민의 숫자만큼 많다고 해서 붙여진 이름이라고 한다. 허균(許筠)도

『성소부부고(惺所覆瓿藁)』에서 가장 흔한 물고기 중 하나로 민어를 꼽고 있다. 그렇다면 흔한 물고기가 양반이 먹는 고급 음식일리 없다. 어쩌면 민들이 민어를 먹으면서 스스로를 자위하면서 나온 말이 '양반은 민어 먹고'가 아닌가 싶다. 실제로 일제강점기 편찬된 『조선무쌍신식요리제법』에서도 민어에 대해 "흔하며",

민어회

"보통 맛이며", "일부로 돈 주고 사먹을 것은 없고"라고 소개하고 있다. 그러면서도 "온갖 잔치에 쓰이기에 소중히 여긴다"고 설명했다.

민어는 지역에 따라 개우치·홍치·어스래기·볼등거리·민애 등으로 불렸고, 한자로는 회어(鮰魚)·표어(鰾魚)·면어(鮸魚)로 표기했다. 『자산어보』에서 이청(李晴)은 "면은 음이 민과 가까우니, 민어는 곧 면어다[鮸音免 東音免民相近 民魚則鮸魚也]."라고 설명했다. 그렇다면 한자어 면어에서 민어로 이름이 변했을 가능성이 높다.

민어는 크기가 1m가 넘는다. 때문에 민어는 여러 명이 함께 먹을 수 있는 민들의 물고기였을 것이다. 바닷가에서 민어는 민들이 먹는 물고기였을지 몰라도 교통이 불편하고 냉장시설이 없던 도성의 경우 민어는 귀한 음식이었을 것이다. 또 민어는 클수록 맛이 있기 때문에 가격도 만만치 않다. 역사에서 가진 자는 항상 못 가진 자와 차별화를 꾀하기 마련이다. 이는 음식에서도 마찬가지이다. 도성에서 민어는 희소성 있는 물고기였던 만큼 양반들은 민들이 먹지 못하는 민어를 먹으면서 존재감을 확인했을 것이다. 그러면서 민어는 양반들의 복달임으로 자리 잡았을 것이라고 생각한다.

장어

여름 보양식으로 많이 먹는 음식 중 하나가 장어다. 일본에서는 우리의 복날에 해당하는 도요노우시노히(土用の丑の日)에 가바야키(蒲燒き)를 먹는다. 가바야키는 장어의 뼈를 제거한 후 간장·설탕·술 등으로 만든 소스를 발라 구운 음식이다. 이는 우리의 장어 간장구이에 해당한다. 소스를 바르지 않고 굽는 시라야키(白燒き)는 우리의 소금구이라고 생각하면 될 것 같다.

일본에서 복날 장어를 먹기 때문에 이를 일본 문화로 알고 있는 사람들이 많지만, 사실 우리는 여름을 상징하는 물고기로 장어를 꼽았다. 고려시대에는 왕실에서 장어를 즐겨 먹었는데, 임진강 장어가 특히 유명했다. 그러나 조선시대에는 왕은 용과 동일시되었고, 용을 상징하는 뱀이 장어와 비슷하게 생겼기 때문에 왕실에서는 장어를 먹지 않았다고 한다.

이덕형(李德泂)이 쓴 야화집 『송도기이(松都記異)』에는 다음과 같은 이야기가 기록되어 있다. 선조 때 차식(車軾)이라는 사람이 정종의 무덤인 후릉(厚陵)의 관리를 맡았는데, 그는 정성껏 능을 돌봤다. 하루는 차식이 잠을 자는데, 꿈에 정종이 나타나 네 어미가 지금 대하병(帶下病)을 앓는다니 내가 좋은 약을 주겠다고 했다. 꿈에서 깨니 매 한 마리가 날아가다가 물고기 한 마리를 하늘에서 떨어뜨렸는데, 그것이 장어였다. 차식이 장어를 집으로 가져와 어머니께 드렸더니 병이 씻은 듯이 나았다고 한다.

『산림경제』에는 장어를 먹으면 부스럼이 낫고 부인병이 치료된다고 기록하고 있다. 『동의보감』에도 장어는 오장이 상한 것을 보완하며 여러 균을 죽이는데, 특히 여성의 질병에 좋다고 했다. 조선시대인들은 장어를 건강에 도움을 주는 음식으로 인식했던 것이다.

장어는 몸이 뱀처럼 길다고 해서 붙여진 이름인데, 뱀장어·붕장어·먹장어·갯장어 등 다양한 종류가 있다. 민물과 바다를 오가는 뱀장어[蛇長魚]는 만여어(鰻鱺魚)·만리어(鰻鱺魚)·자만리(慈鰻鱺)·해만리(海鰻鱺)라고도 했다. 배가 흰

색이어서 백선(白鱔), 살모사와 비슷하게 생겨 사어(蛇魚)로도 불렀다. 뱀장어는 민물에서 1~5년 살다가 산란철이 되면 필리핀 부근으로 가서 알을 낳고 죽는다. 알에서 태어난 새끼들은 어미가 살았던 고향으로 돌아와 생활하는 것이다.

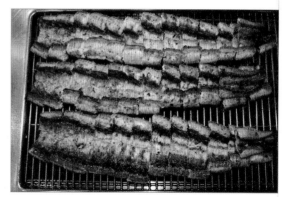

풍천장어구이

우리가 가장 많이 찾는 장어는 풍천(風川)장어이다. 고창군 선운사(禪雲寺) 부근, 익산의 목천포, 나주의 구진포 등지의 장어를 풍천장어라고 한다. 이곳들은 장어가 바다에서 강으로 오는 길목이다. 즉 바닷물과 강물이 만나는 지점이 풍천인 것이다. 바다에서 육지로 물이 들어올 때 바람을 몰고 오기 때문에 풍천이라는 이름이 붙었다는 이야기도 전한다.

붕장어와 갯장어는 잡히면 먹이를 먹지 않기 때문에 양식이 불가능하다. 반면 뱀장어는 어린 실장어를 잡은 뒤 양식으로 키울 수 있다. 이렇게 양식으로 키운 뱀장어를 출하하기 전 갯벌에 놓아 기른 장어가 개펄장어이다. 갯벌에서 키우기 때문에 노지(路地)장어라고도 부른다. 갯벌에서 움직이다 보니 기름끼가 빠져 맛이 좋다고 하지만, 사실은 잘 먹이지 않은 탓에 쫄깃한 식감이 나는 것이다.

뱀장어는 민물과 바다를 왕래하면서 살지만, 붕장어(彌長魚)는 바다에서만 생활한다. 붕장어는 자신의 이름보다 아나고로 더 잘 알려져 있다. 일본에서는 붕장어가 모래 바닥을 뚫고 들어가는 습성 때문에 '아나고(あなご)'라고 했다. 반면 우리는 몸 옆에 작은 구멍이 있어 구멍장어라고 불렀다. 『자산어보』에서는 붕장어를 해대리(海大鱺)로 설명했다. 아마도 뱀장어에 비해 크게 자라기 때문에 큰 뱀장어라는 뜻에서 해대리라고 한 것 같다.

바다장어인 갯장어는 한자로는 해만(海鰻)이며, 『자산어보』에서는 개 이빨

갯장어회

을 가진 장어라고 해서 견아려(犬牙鱧)라고 했다. 지역에 따라 개장어(介長魚)·뱀장어·해장어·놋장어·이장어·참장어·갯붕장어 등 다양한 이름으로 불린다.

조선시대까지만 해도 잔뼈가 많은 갯장어를 먹지 않았다. 반면 일본인들은 갯장어를 무척 좋아한다. 때문에 일제강점기 갯장어는 수산통제어종으로 지정되었고, 우리 어민들은 갯장어를 잡을 수 없었다. 해방 이후에도 갯장어는 전량 일본에 수출했다. 일본인들은 갯장어가 아무거나 잘 물어댄다고 해서 '물다'의 일본어 '하무(ハム)'에서 따서 하모(はも)라고 불렀다. 때문에 갯장어는 자신의 이름보다 하모로 더 많이 알려지게 되었다. 갯장어는 민물장어나 먹장어와는 달리 구이보다 회로 먹는 것이 더 맛있다고 한다.

먹장어는 눈이 퇴화되어 피부에 흔적만 남아 '눈이 먼 장어[盲長魚]'라 해서 붙여진 이름이다. 먹장어는 모습이 징그럽고, 죽은 바다동물의 살과 내장을 섭취하기 때문에 다른 나라에서는 먹지 않는다. 장어라는 이름을 붙였지만, 다른 장어류와 달리 턱이 없고 동그란 입만 있어 원구류(圓口類)로 불린다.

먹장어는 푸장어·꾀장어·흑장어(墨長魚)로 부르기도 하는데, 부산지역에서는 곰장어 또는 꼼장어라고 부른다. 꼼장어라는 이름의 유래에 대해서는 꼼수에 잘 꼬여드는 장어와 비슷한 것, 가죽을 벗겨 내도 한참 동안 '꼼지락 꼼지락' 거리기 때문, 죽은 듯이 가만히 있다가 손으로 잡으면 '꼼짝 꼼짝'한다고 해서 등 여러 이야기가 전해지고 있다. 꼼장어를 정력에 좋다고 생각하는 이들이 많다. 아마도 꼼장어의 꼼지락 거리는 모습을 힘이 좋다고 여기기 때문인 것 같다.

꼼장어를 먹기 시작한 것에 대해서는 여러 이야기가 전하고 있다. 왜구의 수탈로 먹을 것이 없자, 그전에는 먹지 않던 꼼장어를 짚불에 구워 먹으면서 꼼장어를 먹기 시작했다고 한다. 반면 일제강점기 꼼장어 껍질로 나막신 끈을 만들고 남은 고기를 식용으로 활용하면서부터라고도 하고, 해방 이후 일본에서 귀국한 이들이 바닷가에 좌판을 차려 꼼장어를 팔면서부터라는 이야기도 전한다.

꼼장어구이

또 한국전쟁으로 먹을 것이 부족해서 꼼장어를 먹기 시작했는데, 부산에 온 피난민들에 의해 전국적으로 알려지게 되었다는 이야기도 전한다.

'경상남도 수산시험장 쇼와 11년도 수산시험 보고'에는 꼼장어에 대해 "최근 부산부 또는 울산군 부근에서 먹기 시작해서 하급 음식점에서는 어디에서나 이것을 제공한다."는 내용이 수록되어 있다. 쇼와(昭和) 11년은 1936년이며, 하급 음식점은 아마도 저렴한 식당이었을 것이다. 그렇다면 꼼장어는 1930년대 중반 부산과 울산을 중심으로 어민과 노동자에게 싼 가격에 판매되던 음식이었던 것 같다. 이후 해방, 한국전쟁 등을 거치면서 부산을 대표하는 음식의 하나가 된 것이다.

냉국수

무더운 여름에는 차가운 국물에 면을 말아먹는 냉국수를 많이 찾는다. 냉국수하면 가장 먼저 생각나는 것이 냉면이다. 평양냉면은 메밀에 녹말을 섞어 뽑은 면을 동치미국물에 말아 먹는 것이다. 그렇다면 엄밀한 의미에서 평양냉면은 김치말이 국수에 해당하는 것이라 할 수 있다.

김치말이국수는 따뜻한 육수에 면을 말아 먹기도 하지만, 대개는 냉국수의 형태로 많이 먹는다. 묵은김치의 국물에 식초·설탕·간장 등으로 간을 하고, 면을 넣고 김치를 썰어 넣은 음식이 김치말이국수이다. 그렇다면 김치말이국수는 평양냉면의 변형된 형태로 배추김치가 등장한 18세기 이후부터 먹기 시작했을 가능성이 높다. 멸치와 다시마, 또는 소고기나 닭고기 등으로 만든 육수에 여름을 대표하는 김치인 열무김치와 함께 면을 말아 먹는 열무국수도 김치말이국수의 하나라 할 수 있다.

콩국수 역시 여름에 즐겨 먹는 음식 중 하나이다. 냉면이 북쪽에서 많이 먹던 음식이라면, 콩국수는 남쪽지역의 여름 별미였다. 콩국에 면을 말아먹는 콩국수를 언제부터 먹기 시작했는지는 분명하지 않다. 그런데 콩국은 두부를 만들 때 만들어진다. 우리에게 두부가 전래된 시기는 통일신라 또는 고려시대로 보고 있다. 그렇다면 늦어도 고려시대에는 콩국수를 먹었을 가능성이 높다.

지금은 콩의 가격이 비싸졌지만, 감옥에서 콩밥을 먹는다는 표현을 할 정도로 과거에는 흔한 것이 콩이었다. 그러나 민이 콩국수를 먹는 것은 쉽지 않았을 것이다. 19세기 후반 간행된 것으로 여겨지는 『주식방문』에 등장하는 콩국수는 밀가루로 반죽하여 칼로 썬 면을 콩국에 말아먹는 것이다. 밀이 귀했던 만큼 콩국수는 양반들이 여름에 먹었던 별식일 가능성이 높다. 콩국수를 먹을 때 경상도 지역에서는 소금, 전라도 지역에서는 설탕을 넣어서 먹었다.

초계국수

앞에서 함경도와 평안도에서는 삶은 닭고기를 삶은 육수에 식초와 겨자를 넣은 초계탕을 먹는다는 사실을 확인했다. 초계탕을 먹을 때 고기를 어느 정도 먹은 후 메밀국수를 말아 먹는다. 그런데 최근에는 초계탕에 밀가루로 뽑은 면을 만 초계국수가 인기를 끌고 있다.

물회국수

초계탕은 궁중에서 먹던 고급음식이었던 만큼, 가격이 만만치 않다. 또 비싼 초계탕을 혼자 먹는 것도 쉬운 일이 아니다. 때문에 좀 더 저렴하게, 그리고 혼자서도 즐길 수 있도록 초계탕의 개량된 음식이 초계국수인 것 같다.

물회에 국수를 만 물회국수도 여름철 별미 중 하나이다. 물회는 어부들이 상품가치가 떨어지는 물고기를 썰어 고추장을 풀어먹던 해장음식이었는데, 물회에 밥을 말아 먹기도 했다. 그런데 차가운 물회에 따뜻한 밥을 말면 아무래도 시원함이 떨어진다. 이를 해결하기 위해 삶은 면을 차가운 물에 헹군 후 물회에 말아 먹는 물회국수가 등장한 것 같다.

추어탕

봄을 대표하는 물고기는 삼치이다. 때문에 삼치를 춘(鰆)으로 표기한다. 장어는 여름을 대표한다. 그렇다면 가을을 대표하는 물고기는 무엇일까? 바로 미꾸라지이다. 미꾸라지를 나타내는 한자 추(鰍; 鰌)가 물고기[魚]와 가을[秋]로 이루어진 것에서도 이를 알 수 있다. 미꾸라지는 봄에 산란기를 맞는데, 겨울잠을 자기 전인 가을에 살이 올라 영양이 풍부하고 맛도 가장 좋다.

미꾸라지는 피부 전체에 점액이 분비되어 미끄러워 잡으면 손가락 사이로 빠져나가기 때문에 붙여진 이름인데, 미꾸리로도 불린다. 하지만 엄밀히 말하면 미꾸라지와 미꾸리는 서로 다른 민물고기이다. 미꾸리는 몸이 전체적으로 둥그스름한 편이며, 미꾸라지는 납작하면서 더 크고 색도 진하다. 때문에 미꾸리를 둥글이, 미꾸라지를 넙죽이로 부르기도 한다. 미꾸리는 장에서 호흡한 뒤 항문으로 탄산가스와 공기를 배출한다. 때문에 종종 공중으로 뛰어오르는 경우도 있다. 이를 사람들이 방귀 뀐다고 생각하여 '밑이 구리다'고 해서 미꾸리로 부른 것이다.

미꾸라지로 끓인 국이 추탕 또는 추어탕이다. 그런데 추어탕을 언제부터 먹었는지는 확실하지 않다. 『선화봉사고려도경』에 "미꾸라지 등을 귀천 없이 잘 먹는다[故有鰌鰒蚌珠母蝦王文蛤紫蟹蠣房龜脚 以至海藻昆布貴賤通嗜]."라고 기록한 것으로 보아, 늦어도 고려시대에는 추어탕을 먹기 시작했을 것이다.

서울 등 수도권에서는 미꾸라지를 끓인 음식을 추탕으로 불렀는데, 한국전쟁 이후 남쪽에서 올라온 추어탕에 밀려 지금은 추탕이란 표현은 잘 사용하지 않는다. 사실 추탕은 미꾸라지를 통째로 넣고 끓이는 반면, 추어탕은 미꾸라지를 갈아서 끓인다는 점에서 차이가 있었다.

미꾸라지는 진흙 속에서 산다. 때문에 한자로 이추(泥鰍)로 표기하기도 했다. 진흙이 있는 논두렁에서 미꾸라지는 흔하게 잡혔던 만큼, 어느 곳에서나 추어탕을 끓여 먹었다. 쉽게 먹을 수 있는 음식이었기에 양반들은 드러내고 먹지는 않은 듯 하며, 주로 민들이 즐겨 찾는 음식이었다. 개울과 논이 있는 곳이면 어디서나 먹을 수 있는 보양식이었던 만큼 지역마다 추어탕을 끓이는 방식은 조금씩 달랐다.

중부지방은 미꾸라지를 가시가 흐물흐물할 정도로 푹 삶았다. 서울식 추어탕은 미꾸라지를 통째로 넣는다. 서울추어탕은 거지들이 만든 음식으로 '꼭지딴[丐師]추탕'으로 불리었다. 꼭지는 포도청(捕盜廳)에서 인가한 한양의 거지 집단이며, 그 우두머리가 꼭지딴이다. 꼭지의 거지들은 밥은 구걸해도 반찬은 구걸하지 않는 것이 원칙이었다. 이들은 밥을 얻으면 청계천에서 미꾸라지를 잡아 탕을 끓여 먹었고, 이것이 추탕의 유래가 된 것이다. 꼭지딴추탕은 '꼭지딴해장국'으로도 불린 한양의 명물이었다.

남원에서는 미꾸라지를 따로 삶아 체에 놓고 걸러 살을 따로 발라 국물에 양념과 채소를 넣고 끓인다. 먹을 때에는 미꾸라지의 비릿한 맛과 냄새를 없애기 위해 초피가루를 곁들여 먹는다. 살을 발라 끓인 추어탕은 가시가 없어 먹기 좋다. 때문에 남원추어탕이 추어탕을 대표하게 된 것이다. 원주추어탕은 미꾸라지를 통째로 넣고 고추장을 사용한다. 북한의 경우 개성의 추어탕이 유명하다. 개성추어탕은 시래기 대신 두부와 고추 등을 넣고 끓인다.

미꾸라지로 추어탕 외에 추어숙회와 미꾸라지튀김을 만들기도 한다. 특히 북부 지역과 전라도 일부 지역에서는 미꾸라지두부숙회를 먹었다. 차가운 두부와 미꾸라지를 솥에 넣고 불을 때면 미꾸라지가 뜨거워진 물을 피하기 위해 두부 속으로 들어가 익게 되는데, 이것이 미꾸라지두부숙회이다. 미꾸라지두부숙회는 종묘에 천신(薦新)하는 음식이기도 했다. 또 이 두부를 썰어서 끓인 것이 두부추탕이다. 일제강점기에는 황해도 연안의 두부추탕이 유명했다고 한다.

지금은 미꾸라지를 양식으로 키우고 수입도 하는 만큼 사시사철 추어탕을 먹을 수 있다. 하지만 예전에는 가을에 먹는 별미가 추어탕이었다. 또 추어탕으로 '갚음턱'을 했다. 벼를 베기 위해 논물을 빼는 작업을 하면서 미꾸라지를 잡아 잔치를 벌였던 것이다. 어른들의 덕을 갚기 위한 이 잔치는 노인을 숭상한다는 의미에서 상치(尚齒)마당이라고 불렸다. 추어탕은 계절의 별미이자 효도 음식이었던 것이다.

전어

전어를 가리키는 한자 동(鮗)은 물고기[魚]와 겨울[冬]이 합쳐진 것이다. 즉 찬바람이 불 때가 전어철인 것이다. 실제로 봄에 산란하는 전어는 가을이 되면 지방질이 많아지며 뼈가 부드러워지고 고소한 맛이 강하다.

바닷가는 몰라도 서울 등에서는 전어가 그리 유명하지 않았다. 전어의 대중화는 1990년대부터 시작된 것 같다. 난류성 어종인 전어는 남해안에서 주로 잡혔다. 그런데 기후온난화 때문인지 동해와 서해에서도 전어가 잡히고 있다. 전어는 잡히면 바로 죽었는데, 수조에서 살리는 기술도 보급되었다. 기후변화와 과학의 발전이 전어를 전국구 물고기로 만든 것이다.

전어는 회·무침·구이 등 다양한 형태로 먹는 물고기이다. 일반적인 회와 달리 묵은지에 전어회를 싸 먹는 것이 떡전어회이다. 전어의 내장으로 담근 젓갈이 전어창젓인데, 돔베젓 또는 전어밤젓이라고도 한다.

살이 통통하게 오른 전어는 맛이 좋아 돈 생각하지 않고 사게 된다고 해서 전어(錢魚)라는 이름이 붙었다고 한다. 또 대나무에 10마리씩 끼워 팔았기 때문에 또는 화살[箭]과 같이 빠른 물고기[魚]라고 해서 전어라는 이름이 붙었다는 말도 전한다. 그 외 全魚·剪魚 등으로 표기하기도 했다. 강릉에서는 새갈

전어구이

치, 전라도에서는 되미·뒤애미·엽삭, 경상도에서는 전애 등으로 부른다. 또 크기에 따라 큰 것은 대전어, 중간은 엿사리, 작은 것은 버들잎전어 등으로 구분하기도 한다.

돈 생각하지 않고 사먹는다는 전어는 여러 속담의 주인공이기도 하다. '전어 한마리가 햅쌀밥 열 그릇 죽인다', '가을 전어는 깨가 서말',

'가을 전어는 썩어도 전어' 등은 가을 전어의 맛을 말해 준다. 그러나 전어를 접할 때면 아쉬운 점도 있다. '전어 굽는 냄새에 집 나간 며느리도 돌아온다'는 말은 전어 구울 때 나는 고소한 냄새가 식욕을 자극함을 나타내는 것이지만, 다른 한편으로는 며느리의 존재를 낮춰 평가하는 것이 아닌가 싶다. 더나아가 '가을 전어는 며느리 친정 간 사이에 문 걸어 잠그고 먹는다'는 말은 우리 사회에서 시어머니와 며느리의 관계를 나타내는 것 같아 씁쓸하기도 하다.

과메기

겨울철 별미 중 하나가 과메기이다. 두 눈이 마주 뚫려 있는 물고기의 눈을 꿰었다는 뜻의 관목어(貫目漁)가 발음이 변해 과메기가 되었다. 과메기는 청어(靑魚; 鯖魚)로 만들었는데, 청어는 진짜 푸르다는 의미에서 진청(眞靑) 또는 벽어(碧魚)로 부르기도 했다.

『임하필기』에서는 청어를 비우어(肥愚魚)로 설명하고, 구우면 흘러나온 기름이 불을 끌 정도이며 맛이 보통이 아니라고 했다. 또 청어를 비유어(肥儒魚)라고도 했는데, 이는 가난한 선비들도 쉽게 먹을 수 있을 만큼 비싸지 않으면서도 맛이 좋고 영양가가 높아 공부하는 유생들을 살찌우는 물고기라는 뜻이 담겨져 있다. 실제로 청어는 서원에 공급되어 유생들의 단백질 공급원이 되었고, 청어를 팔아 서원 운영을 돕기도 했다. 반면 청어의 냄새가 역하기 때문에 비웃으로 불렸다는 이야기도 있다. 청어는 동해에서는 동어(東魚), 지역에 따라서는 고심청어·푸주치·눈검쟁이·갈청어로 부르기도 한다.

『성소부부고』에 고려시대 쌀 한 되[升]로 청어 40마리를 살 수 있다고 기록한 것으로 보아, 청어는 비싼 물고기는 아니었던 것 같다. 이순신의 『난중일기』에는 1595년 12월 청어 7천여 두름[級]으로 곡식 값을 치른 사실이 기록되어 있다. 또 1596년 1월에는 4,459두름의 청어를 잡은 사실도 기록하고 있다. 1두름이 20마리이니, 두 달 동안 조선 수군이 잡은 청어는 229,180 마리에 달한다. 어민들은 청어죽으로 식사를 대신하기도 했고, 경상도 해안 지역 여성들은 청어 알을 먹으면서 청어 알 만큼 풍성한 다산을 기원했다. 심지어 절인 청어를 거름으로 사용할 정도로 어획량이 풍부했다.

청어는 지방이 많아 쉽게 상한다. 특히 바닷가는 습기가 많아 더욱 쉽게 부패되기 때문에 수분과 기름기를 제거해야 오래 먹을 수 있다. 때문에 겨울에 잡은 청어는 바닷물로 씻어 나무로 눈을 꿰어 부엌 봉창이나 처마 아래에 걸어서 말렸다. 부엌 아궁이에서 올라오는 연기는 청어를 훈제시키는 효과가 있었다. 즉 청어는 건조와 동시에 훈제되었던 것이다. 요즘에는 건조만 시키지만, 『음식디미방』이나 『오주연문장전산고』 등에는 청어를 연기에 그을렸던 사실이 기록되어 있다. 1454년 조선은 쓰시마에 말린 청어 1천 마리를 주었고, 1461년에도 쓰시마 도주 소 시게요시(宗成職)의 어머니 장례식에 말린 청어 2천 마리를 주었다. 이러한 기록들로 미루어 조선시대에는 청어를 말려 먹는 것이 일반적인 모습이었던 것 같다.

일제강점기 포항에 등푸른생선을 가공하는 공장이 들어서면서 청어로 만든 과메기가 포항의 향토음식으로 자리잡게 된 것 같다. 그런데 1960년대 이후 해류의 변화로 청어의 어획량이 줄어들었다. 반면 꽁치가 많이 잡히기 시작했고, 1980년대 원양어업으로 냉동 꽁치도 대량으로 들어왔다. 그러면서 청어가 아닌 꽁치로 과메기를 만들기 시작했다.

1990년대 이후 과메기가 유행했다. 갑자기 과메기가 대중화된 이유는 명확하지 않은데, 아마도 해돋이 문화와 관련이 있는 것 같다. 호미곶이 해돋이의 명소가 되면서 많은 사람들이 포항에 몰려들었다. 해돋이를 보기 위해 몰려든 사람들이 과메기를 먹으면서 과메기가 전국적으로 알려지게 되었을 것이다.

과메기의 대중화는 먹는 방법의 변화와도 관련 있다. 예전에는 과메기를 배추김치에 말아 먹었다. 김치로 싸 먹는 과메기는 비려서 먹기 쉽지 않았다. 때문에 야채에 초고추장을 찍고, 생미역·다시마·김 등에 싸 먹는 방법이 탄생했다. 이처럼 비린 맛을 잡아주고 고소한 맛을 극대화했기에 과메기가 대중화된 것이다.

과메기

과메기에는 근해산 꽁치를 통째로 말린 통마리와 알래스카에서 잡은 냉동 꽁치의 배를 갈라 말린 배지기가 있다. 통마리는 통과메기 또는 엮걸이라고도 하는데, 내장이 들어 있는 상태에서 말리기 때문에 고소하다. 그러나 오래 말려야 하며, 금방 딱딱해지는 만큼 먹을 시기를 놓치면 맛이 떨어진다. 먹을 때 머리를 떼고 내장과 껍질을 제거해야 해서 먹기도 쉽지 않다. 배지기는 편과메기·짜배기·짜가리로도 부르는데, 머리와 내장을 빼고 배를 갈라 말리기 때문에 통마리보다 빨리 마른다. 최근에는 배지기를 발에 널어 말린 발과메기도 등장했다.

과메기를 만드는 데 쓰이는 꽁치는 가을에 많이 나며, 모양이 칼과 같아서 추도어(秋刀魚)라고 했다. 그 외 추광어(秋光魚)·공어(公魚; 貢魚)·공적어(貢赤魚)·공침어(貢侵魚)·청갈치[靑刀魚]·홍시(虹鰣) 등으로도 표기했다. 아가미 근처에 구멍[孔]이 있다고 해서 공치라고 했는데, 그것이 변해 꽁치가 된 것 같다. 『자산어보』에는 꽁치를 관목청(貫目鯖)으로 표기하고, 청어보다 맛이 좋은데, 말리면 더욱 맛있다고 했다. 또 말린 청어를 관목으로 부르지만, 이는 잘못된 것이라고 설명했다. 그렇다면 꽁치로 만들던 과메기가 청어로 바뀌었다가, 다시 꽁치로 되돌아온 것일 수도 있다.

포항 앞바다에 다시 청어가 몰려들기 시작했다. 하지만 사람들은 이미 꽁치로 만든 과메기에 익숙해져 버렸기에 청어과메기를 잘 찾지 않는다. 사실

꽁치는 청어보다 비린내가 적고 값도 싸다. 그런 면에서 굳이 청어과메기를 먹지 않는 것을 탓할 필요는 없을 것 같다.

굴과 꼬막

선사시대 조개무지 대부분은 굴로 이루어져 있다. 이는 선사시대인들이 즐겨 먹었던 조개류가 굴임을 말해준다. 굴은 추워질수록 맛있다. 날씨가 추워지면 굴은 독성 물질이 사라지고 살이 붙기 때문이다.

『선화봉사고려도경』에는 "굴은 조수가 빠져도 나가지 못하므로, 사람이 줍되 힘을 다하여 주워도 없어지지 않는다[唯蠣蛤之屬 潮落不能去 人掇拾盡力取之不竭也]."고 기록했다. 또 고려가요 '청산별곡((靑山別曲)'에는 "살어리 살어리랏다. 바르래 살어리랏다. ᄂᆞᄆᆞ자기 구조개랑 먹고 바르래 살어리랏다."라는 구절이 나온다. 구조개에서 구는 굴이다. 이로 보아 고려시대 역시 굴은 풍부하게 생산되고, 많은 사람들이 찾는 음식이었음을 알 수 있다. 굴은 양식으로도 재배된다. 굴 양식이 언제 시작되었는지는 확실하지 않지만, 단종대 공물용으로 굴을 양식했다고 한다. 그렇다면 늦어도 15세기에는 굴 양식이 시작되었을 것이다.

굴은 고분(古賁)·호(蠔)·호려(蠔蠣) 등으로 표기했다. 『자산어보』에서는 모려(牡蠣)로 소개하고, 속명을 굴(掘)이라고 했다. 그 외 돌이 서로 연결되어 마치 방의 모양과 같다고 해서 여합(蠣蛤)·여방(蠣房), 바위에 붙어 있는 꽃과 같다고 해서 석화(石花), 돌로 새긴 화려한 꽃무늬라고 해서 석화(石華)라고도 했다. 서유구가 『임원경제지』에서 "민간에서 석결명이라 부르는 것은 석화이다[東俗呼石決明 爲石花]."라고 한 것으로 보아, 민은 굴을 석결명으로도 불렀음을 알 수 있다.

굴을 석화라고 한 것과 관련해서는 재미있는 이야기가 전한다. 조선 명종대 활약했던 진묵대사(震默大師)는 망해사(望海寺)에 있을 때 곡식이 떨어지면 해산물들을 채취해서 허기를 채우곤 했다. 하루는 배가 고파 바위에 붙은 굴을 따서 먹는데 지나가던 사람이 "왜 중이 육식을 하느냐"며 시비를 걸었다. 그러자 스님은 "이것은 굴이 아니라 석화"라고 대답했다고 한다. 그래서 굴을 석화로 부르게 되었다는 것이다.

바위에 붙어사는 석화는 조수간만의 차로 바닷물에 잠겼다가 노출되는 것이 반복되면서 맛이 깊어진다. 굴은 바위에 붙어 있는 것만이 아니다. 바위에 붙어 있는 굴을 석화로 부르듯이, 갯벌에 사는 굴은 토화(土花)라고 부른다. 요즘에는 껍질이 없는 알맹이는 굴, 껍질이 붙어 있으면 석화로 부르거나, 큰 굴은 석화, 작은 것은 굴로 분류하기도 한다. 반면 『물명고(物名攷)』에서는 굴의 살이 큰 것을 륜화(輪花), 작은 것을 석화로 구분했다.

조선시대에는 굴을 채취할 때 관에서 석화막(石花幕)을 설치해 주고 세금을 거두었다. 또 경기도와 황해도에서는 굴을 왕실에 진상했는데, 유통과정에서 변질된 것이 진상되어 민이 해를 입는 경우도 많았다. 때문에 명종대에는 황해도의 굴 진상 양을 줄여주기도 했다.

우리는 생굴을 그대로 먹기도 하지만, 젓갈이나 굴구이 등의 별미를 즐기곤 한다. 굴로 담은 젓갈에는 장굴젓[醬石花]·물굴젓[水石花]·어리굴젓[淡石花醢] 등이 있다. 가장 많이 찾는 것이 어리굴젓인데, 명칭에 대해서는 서로 다른 이야기가 전하고 있다. 즉 어리는 '어리다'와 같이 덜된·모자람을 뜻하며, 짜지 않게 간을 한 것을 얼간이라고 하는 만큼 짜지 않게 간을 한 굴젓이라고 해서 붙여진 이름이라는 것이다. 반대로 맵다는 뜻의 '얼얼하다'·'어리하다'가 들어가

생굴회

서 어리굴젓이 되었다고도 한다.

『임원경제지』에 수록된 굴로 만든 젓갈 석화해(石花醢)에는 소금은 들어가지만 고추는 들어가지 않는다. 그러나 고추가 전래되기 이전 어리굴젓이 존재했을 가능성도 있다. 간월암(看月庵)에서 수도하던 무학대사가 이성계에게 어리굴젓을 진상했다는 이야기가 전한다. 아마도 이때의 어리굴젓은 고추가 들어가지 않은 젓갈이었을 것이다. 원래 흰색이었던 어리굴젓이 고추가 전래된 후 지금의 빨간색의 매운 맛을 가진 어리굴젓의 형태가 되었을 가능성이 높다.

굴구이는 보령시 천북면 굴단지에서 일을 하던 아낙네들이 추위를 피하기 위해 피워놓은 군불에 굴을 구워 먹은 데에서 유래된 것이라고 한다. 때문에 대개 굴구이는 최근에 등장한 음식으로 알고 있다. 하지만 1460년에 편찬된 『식료찬요』에는 굴을 불 위에 놓고 구워 먹으면 피부가 부드러워지고 피부색이 좋아진다고 설명하고 있다. 조선시대 이미 굴구이를 먹었던 것이다.

굴은 영양소가 많아 바다에서 나는 우유라고도 한다. 살아있는 해산물을 먹지 않는 유럽인들도 굴은 날것 그대로 먹었고, 최고의 정력제로도 여겼다. 122명의 여성과 잠자리를 가졌다는 카사노바(Giovanni Giacomo Casanova)는 굴을 정력의 원천으로 여겨 매일 50개의 생굴을 먹었다고 한다. 서양에서는 흔히 굴을 레몬과 함께 먹는데, 그 이유는 레몬이 비린내를 없애고 식중독균의 번식을 억제하기 때문이다. 또 굴에 들어 있는 철분의 흡수를 돕고 비타민 C가 거의 없는 굴의 영양을 보완하기 위해서이다. 조선시대인들도 굴이 건강에 좋다는 사실을 알았던 것 같다. 때문에 겨울철 국왕의 건강을 위해 빠지지 않았던 음식이 굴이었다.

'고뿔 석 달에 입맛이 소태 같아도 꼬막 맛은 변치 않는다'는 말이 있다. 또 꼬막은 강에서 나는 아름다운 구슬이란 뜻의 강요주(江瑤珠)로 부를 정도로 맛이 좋다. 꼬막은 1월부터 3월까지가 제철이다.

꼬막은 널배를 타고 갯벌에서 채취한다. 얕은 갯벌에서 자라는 것이 참꼬막인데, 가장 맛이 좋다고 한다. 전남 남해안에서는 제사상에 빠지지 않고 오르기 때문에 참꼬막을 제사꼬막으로도 부른다. 갯벌에 조개종자[種貝]를 뿌려 양식하는 것이 새꼬막인데, 개꼬막 또는 똥꼬막이라고도 한다. 호흡을 위해 혈액 속에 철분을 함유한 헤모글로빈을 가지고 있어 붉은 피가 흐르는 것이 피조개 또는 피꼬막이다.

꼬막
(김동찬 제공)

꼬막의 정식 이름은 고막이며, 한자로는 감(蚶) 또는 감합(甘蛤)이다. 『자산어보』에는 꼬막의 다른 이름으로 괴륙(魁陸)·괴합(魁蛤) 등을 소개했고, 천련(天臠)·밀정(蜜丁)·공자자(空慈子) 등으로 부르기도 했다. 또 와롱자(瓦壟子)·와옥자(瓦屋子)·복로(伏老)라고도 했는데, 이는 꼬막의 껍데기가 기와지붕을 닮았기 때문이라고 설명하였다. 꼬막이라는 이름은 작은 조개를 뜻하는 것이다. 즉 '고맹이'·'꼬맹이'처럼 작은 사물을 지칭하는 접두어와 '오두막'이나 '움막' 같은 작은 공간을 나타내는 말이 합쳐진 것이다.

예전 꼬막은 지금과 달리 건어물 상태로 유통되었다. 고려시대에는 원에 조공으로 바쳤기 때문에 민은 먹을 수 없는 음식이었고, 조선시대에는 꼬막을 선물로 주는 경우가 많았다. 이로보아 꼬막은 귀한 음식 중 하나였던 것 같다.

꼬막의 껍질인 감각(蚶殼)은 한약재로 사용되기도 했지만, 꼬막은 전라도에 국한된 음식이었다. 그런데 조정래(趙廷來)의 소설 『태백산맥』에 등장하는 꼬막은 많은 사람들에게 강한 인상을 주었고, 그 결과 꼬막은 전국구 음식이 되었다.

팥죽

팥은 콩보다 작아 소두(小豆), 붉은 색이어서 적두(赤豆)·적소두(赤小豆)·홍두(紅豆)라고 하는데, 답(荅)으로도 표기한다. 함경북도 회령군 오동의 청동기유적에서 팥이 발견된 만큼, 선사시대부터 먹었던 곡물이라 할 수 있다. 지금 팥은 각종 빵이나 떡에 빠질 수 없는 내용물인데, 우리는 이를 일본어 앙코(あんこ)로 부르고 있다.

우리는 밤이 가장 길고 낮이 가장 짧은 동지가 되면 팥죽[豆湯]을 쑤어 먹었다. 중국의 『형초세시기(荊楚歲時記)』에는 공공씨(共工氏)의 아들이 동짓날 죽어 역귀가 되었는데, 붉은 팥을 두려워하기 때문에 동짓날 팥죽을 쑤어 역귀를 쫓는다고 하였다. 즉 중국에서 동짓날 팥죽을 먹는 풍속이 우리에게 전해진 것이다. 『지봉유설』에는 동짓날 팥죽을 먹는 이유에 대해 『형초세시기』의 내용을 소개하면서, 지금은 중국인들이 동짓날 팥죽을 먹지 않는다고 설명했다. 즉 팥죽이 중국에서 유래되었지만, 동지팥죽을 우리 고유의 음식문화로 인식했던 것이다. 동지팥죽을 우리 역사와 관련하여 설명하기도 한다. 선덕여왕을 사모하던 지귀(志鬼)가 죽은 후 귀신이 되어 사람들을 괴롭히자, 팥죽을 뿌려 귀신을 달래어 사라지게 했다는 이야기가 그것이다.

『세종실록』에는 1434년 6월 전염병에 대한 예방책으로 베로 만든 자루에 붉은 팥 한 되를 담아 3일 동안 우물에 넣은 후 27알씩 복용케 한다는 기사가 있다. 팥에 사악한 기운과 병마를 물리치는 신성함이 있다고 여겼던 것이다. 이처럼 팥이 귀신을 쫓는다고 여겼기에 벽이나 문에 팥죽을 뿌리곤 했다. 그러자 영조는 1770년 10월 팥죽을 뿌리는 잘못된 풍속을 바로 잡을 것을 명하였다.

동지팥죽을 쑤면 사당에 올려 조상께 천신했다. 그리고 방·헛간·장독대 등에 두어 귀신을 쫓았다. 그리고 식은 팥죽을 가족들이 모여 함께 먹었다. 그러나 동지가 음력 11월 10일 안에 들게 되면 애동지라고 하여 아이들에게 나쁘다고 해서 팥죽을 쑤지 않았다. 또 괴질로 죽은 이가 있는 집에서도 팥죽을 먹지 않았다.

동짓날을 기점으로 낮이 길어지기 때문에 우리는 동짓날부터 해가 다시 살아나는 것으로 여겼다. 때문에 동지를 설날과 버금간다고 해서 아세(亞歲)라고 하여 '작은 설'로 삼았다. 그래서 동짓날 팥죽을 먹으면 나이를 더한다는 동지첨치(冬至添齒)의 풍속이 생겨났고, 팥죽에는 자신의 나이만큼 새알심을 넣어 먹었다. 새알심은 옹심이 또는 옹실내미라고도 하는데, 말 그대로 새의 알을 의미하며 자손의 번창을 기원하는 의미가 있다.

이순신의 『난중일기』에는 1594년 11월 11일 동짓날 군사들에게 팥죽을 먹인 기사가 수록되어 있다. 1763년 파견된 통신사 일행은 일본에서 동지를 맞아 팥죽을 끓여 먹었다. 팥죽은 전쟁 중에도, 외국에 나가서도 반드시 챙겨 먹는 음식이었던 것이다.

조선시대에는 복날 왕비가 액운을 막기 위해 처소 앞에 놓아둔 부간주에 팥죽을 쑤어 신하들에게 나눠주었다는 이야기도 전한다. 즉 동짓날뿐 아니라 삼복에도 팥죽을 먹었던 것이다. 이 역시 복날은 음기가 숨는 날인 만큼, 팥죽을 먹음으로써 역귀를 쫓으려는 의미를 가진다. 이사를 가도 팥죽을 쑤어 먹었는데, 역시 마찬가지 의미인 것 같다.

지금은 1년 중 어느 때나 팥죽을 먹을 수 있다. 심지어 편의점이나 마트에는 즉석 식품으로 팥죽을 판매하고 있다. 그러나 1년 중 팥죽을 한 번도 먹지 않고 지나갈 때도 있다. 빵과 과자, 각종 인스턴트 음식이 우리의 전통 음식을 대신하고 있는데, 팥죽 역시 마찬가지인 것 같다.

창덕궁의 왕비 처소 대조전(大造殿) 앞 솥처럼 생긴 부간주

PART 6

임신·출산과 음식

임신과 음식

고려시대에는 제사의 윤회봉사(輪回奉祀), 재산의 남녀균분상속이 이루어졌다. 여성이 호주가 될 수 있었고, 족보에는 남녀 구분 없이 출생 순서대로 기록되는 등 남녀의 지위에 차이가 없었다. 혼례를 치르면 남성은 여성집에 머물렀다[婿留婦家婚; 男歸女家婚]. 때문에 남아선호사상은 존재하지 않았다. 그러나 16세기 후반 지주제 경영이 보편화되고 『소학(小學)』의 보급과 함께 종법(宗法)에 대한 이해가 깊어지면서, 가족제도와 상속제도가 남계(男系) 중심으로 바뀌었다. 그러면서 남아선호사상이 유행하게 되었고, 아들을 낳는 것은 여성의 당연한 의무인 것처럼 여겨졌다.

남아선호사상은 음식에도 반영되었다. 여성 집에서는 딸을 시집보낼 때 가리비 껍질을 보냈다. 그 이유는 생명의 탄생을 기원하는 의미에서였다. 또 아이를 가지지 못할 경우 여우고기를 먹으면 좋다고 여겼다. 여기에서 생명의 탄생은 당연히 아들을 뜻하는 것이다. 여성은 혼인 후 아들을 낳기 위해 수평아리가 될 달걀을 매월 달수대로 삶아 먹기도 했고, 아들 낳은 집 삼신상에 올렸던 쌀로 밥을 지어 먹었다. 특이하게는 수탉이나 황소의 생식기를 삶아 먹기도 했다. 반면 임신을 위해 음식을 삼가기도 했는데, 노새·말·개·토끼·비늘이 없는 물고기·게 등은 먹지 않았다.

조선시대 아들을 낳지 못한 여성들이 간절히 의지했던 것은 원추리였다. 원추리는 식재료라기보다는 약초에 가까운 풀로 훤초(萱草) 또는 망우초(忘憂草)라고 불렀다. 원추리의 꽃봉우리는 사내아이의 고추처럼 생겼다. 때문에 아들을 낳지 못한 여성들이 몸에 지니고 다녀 의남초(宜男草)라고도 불렀다.

아이를 가지게 되면 임신부는 말과 행동을 조심하고 마음가짐을 바르게 하는 등 태교에 각별히 신경썼다. 뿐만 아니라 음식에도 주의를 기울였다. 입덧이 심하면 물에 꿀을 넣은 모과차를 끓여 먹었고, 몸이 붓고 유산할 기미가 보이면 잉어탕을 먹었다. 이처럼 음식이 임신부와 태아에게 일정한 영향을 미친다고 생각했기에, 빛깔이나 냄새가 좋지 않은 음식은 피했다.

임신부는 상가(喪家)의 음식은 절대 먹지 않았다. 초상집 음식은 부정할 뿐 아니라, 그 음식을 먹으면 태아를 해친다고 여겼기 때문이다. 또 임신부가 있는 집에서는 닭이나 돼지 등 동물도 잡지 않았다.

임신부의 음식에 대한 금기는 지금보다 훨씬 많았다. 육고기와 관련해서는 개고기를 먹으면 아이가 말을 못하며, 양고기를 먹으면 아이가 열이 많으며, 양의 간을 먹으면 아이가 병치레를 많이 한다고 여겼다. 당나귀고기와 말고기를 먹으면 달을 넘겨 난산하고, 사슴고기를 먹으면 아이가 눈병이 걸린다고 생각했다. 토끼고기를 먹으면 언청이를 낳거나 아이의 눈이 빨갛게 된다고 여겼다. 오리고기나 오리알, 비둘기고기를 먹으면 아이의 손가락이나 발가락이 붙은 채로 태어난다고 생각했다. 꿩고기를 먹으면 아이가 단명하며, 참새고기를 먹고 술을 마시면 아이가 음란해지며, 까마귀고기를 먹으면 아이의 피부가 까맣게 된다고 여겼다. 닭고기를 먹으면 아이에게 닭살이 돋으며 촌백충(寸白蟲)이 생기고, 달걀을 먹으면 아기가 말을 늦게 하거나 말을 더듬는다고 믿었다. 제주도에서는 까마귀고기를 먹으면 아이의 기억력이 좋지 않다고 여겼다.

육류에 대한 금기가 많았던 것은 냉장고가 없던 시절 육고기가 쉽게 상했기 때문인 것 같다. 재미있는 것은 소고기에 대한 금기가 없다는 것인데, 이는 우리가 소고기를 즐겨 먹었기 때문인 것 같다.

물고기에 대한 금기도 많았다. 가물치를 먹으면 아이의 살결이 얼룩지고, 뱀장어를 먹으면 태아가 병에 걸리며, 자라를 먹으면 아이의 목이 짧아진다고 생각했다. 상어를 먹으면 아이의 피부가 상어 살결처럼 거칠어지며, 붕어를 먹으면 아이의 눈이 튀어 나오고, 숭어를 먹으면 아이의 눈이 멀고, 가자미를 먹으면 아이가 납작하거나 낙태할 수 있다고 여겼다. 북어대가리를 먹으면 아기의 손가락에 흠집이 난다고 여겼고, 북어 가시를 먹으면 아기의 팔다리에 혹이 난다고 생각했다. 메기를 먹으면 아이에게 부스럼병이 생긴다고 여겼다. 비늘 없는 고기를 먹으면 난산하고, 방게를 먹으면 아이를 거꾸로 낳는다고 생각했다. 문어를 먹으면 순산하지 못하고, 아이를 낳아도 머리가 이상하게 커지며, 오징어와 낙지 등을 먹으면 아이의 뼈가 튼튼해 지지 않는 다고 여겼다. 제주도에서는 임신 중 게를 먹으면 꼬집는 아기를 낳는다고 해서 게를 먹지 않았다.

채소와 과일과 관련된 금기는 상대적으로 적은 편이다. 과일은 모양이 바르지 않거나 제대로 익지 않은 경우, 벌레 먹은 것, 썩어서 떨어진 것 등은 먹지 않았다. 특히 상한 과일을 먹으면 언청이를 낳는다고 여겼다. 수박·참외·오이 등은 성질이 차고 기를 내린다고 여겨 먹지 않았다.

상추는 성질이 차고 약간의 독이 있어서, 배추는 많이 먹으면 냉병을 일으킨다고 해서 임신부는 먹지 않았다. 임신 중 가장 피해야 할 채소는 생강이었다. 생강을 먹으면 손가락이 여섯 개인 육손이를 낳는다고 여겼다. 『청장관전서』에도 임신부가 생강을 먹으면 아이가 태 안에서 녹는다고 설명했다. 고추를 많이 먹으면 아이가 떨어진다고 여겼고, 몸에 좋은 버섯이지만 임신부가 먹으면 자식이 잘 놀라 경풍(驚風)을 일으켜 요절한다고 생각했다. 쌍율(雙栗)을 먹으면 쌍둥이를 낳고, 굽은 오이나 무를 먹으면 아이가 감기에 잘 걸린다고 해서 먹지 않았다. 참비름이나 메밀·율무를 먹으면 낙태하기 쉽다고 생각했고, 도라지를 먹으면 아이의 눈이 삐뚤어진다고 여겼다.

임신부가 엿기름이나 후추를 먹으면 태가 삭는다고 여겼다. 또 두부를 먹으면 골격이 솟은 아이를 낳고, 메밀묵이나 도토리묵을 먹으면 유산 한다고 생각했다. 제사음식 역시 임신부가 먹으면 안 되는 것으로 여겼다.

음식의 궁합도 임신부에게 영향을 준다고 생각했다. 아이를 가진 상태에서 엿기름과 마늘을 함께 먹으면 태가 삭게 되며, 마와 복숭아를 먹으면 아이에게 이롭지 않다고 여겼다. 닭고기와 달걀을 찹쌀과 같이 먹으면 아이에게 촌백충이 생기고, 오리고기를 오디와 함께 먹으면 순산하지 못한다고 생각했다. 달걀과 잉어를 함께 먹으면 아이에게 부스럼이 난다고 해서 꺼렸다. 참새고기와 함께 술을 마시면 아이가 음란해지며, 참새고기를 간장이나 된장과 함께 먹으면 아이의 얼굴색이 검어진다고 생각했다.

임신 중 금하는 음식이 많았던 반면 권장하는 음식은 그리 많지 않다. 아마도 금하는 음식 외에는 다양한 음식을 골고루 섭취하는 것이 바람직하다고 여겼기 때문일 것이다. 임신부에게 가장 권장되는 음식은 잉어였다. 잉어를 용왕의 아들로 여겼고, 다른 한편으로는 잉어가 입신출세의 상징이었기 때문이다. 그러나 마른 잉어를 먹거나, 잉어를 계란과 함께 먹으면 아이에게 부스럼이 생긴다고 여겼다. 소의 콩팥과 보리를 먹으면 아이가 슬기롭고 기운이 좋으며, 해삼을 먹으면 총명한 아이가 태어난다고 믿었다. 그 외 새우와 미역 등도 아이를 가진 여성에게 도움이 되는 음식으로 여겼다.

출산과 음식

우리 여성들은 산달이 되면 대개 돼지고기를 먹었다. 돼지고기를 구하지 못하면 참기름을 먹기도 했다. 여기에는 아기를 미끄럽게 잘 낳으라는 의미가 담겨 있다. 해산할 때면 미역·쌀·정화수 등을 떠서 삼신상을 차렸다. 삼신은 삼신할매·삼승할망·세존할머니·지앙할매 등으로도 불렸는데, 아기 낳는 일을 총괄하는 신이다.

아이를 낳으면 삼신상에 놓았던 미역과 쌀로 국과 밥을 지어 삼신께 바친 후 산모가 미역국[藿湯]에 밥을 말아 먹었다. 이것이 '첫국밥'이다. 미역국은 산모의 산후조리를 돕고 육아를 지켜준 삼신께 바치는 제물이었기에, 우리는 생일날 미역국을 먹는 것이다.

출산 후 산모가 미역국을 먹은 이유는 어디에 있는 것일까? 미역은 요오드와 칼슘 함량이 높다. 때문에 산후 자궁 수축과 지혈의 역할을 한다. 산모는 변비가 생기기 쉬운데, 미역에 들어 있는 알긴산이 장벽을 자극하여 장의 운동을 촉진하여 배변을 쉽게 해준 다고 한다. 그러나 오스트레일리아 뉴사우스웨일즈주 보건부는 미역국 에 무기질과 요오드가 지나치게 많 이 포함되어 있어 산모와 신생아에 게 해롭다고 경고하기도 했다. 산후 미역국을 먹는 것에 대해서는 보다 정밀한 연구가 필요할 것 같다.

아기를 점지해 준 것을 감사하며 올렸던 삼신상
(온양민속박물관)

우리는 미역이 산후조리에 좋다 는 사실을 어떻게 알게 된 것일까? 『오주연문장전산고』에서는 산모가 미역을 먹게 된 이유를

물가에서 사람이 해엄을 치다가, 새끼를 낳은 고래가 삼켜 뱃속에 들어갔는데, 고래 배 속에서 보니 미역이 가득 있었다. 오장육부에 나쁜 피가 가득 몰려 있었지 만, 모두 물로 정화되어 배 밖으로 배출되었다. 미역이 산후의 보약임을 알게 되었 고, 세상 사람들에게 전해졌고, 미역의 좋은 효험이 알려져, 이후 아이를 낳고 미역을 먹는 것이 풍속이 되었다. [海澨人泅水 爲新産鯨所嗿呑 入鯨腹 見鯨之腹中 海滯葉滿付 臟腑惡血 盡化爲水 僅得出腹 始知海帶爲産後補治之物 傳於世人 始知 良驗 以此以後 仍以爲俗]

라고 설명했다. 즉 새끼를 낳은 고래가 미역을 먹는 것을 보고 미역국을 먹게 되었다는 것이다. 고래는 사람과 같은 포유류이다. 포유류의 가장 큰 특징은 새끼를 낳아 젖을 먹여 기른다는 점이다. 그렇다면 고래를 통해 산후 미역 먹는 것을 알게 되었다는 이야기는 설득력이 있는 것 같다.

산모가 있는 집은 아이를 낳기 전 쌀과 미역을 준비한다. 미리 준비한 좋은 쌀을 산미(産米), 산모를 위한 미역을 해산미역이라고 불렀다. 해산미역은 넓

고 길게 붙은 것을 고르며 값을 깎지 않고 사는 것이 관례였다. 또 미역을 꺾지 않고 새끼줄로 묶어서 팔았다. 이렇게 미리 미역을 준비했지만, 아이가 태어나면 이웃들은 그 집에 쌀과 미역을 가져다주고, 아기를 낳은 집에서 쌀과 미역을 받아 와 그것으로 밥과 국을 지어 먹었다. 이는 산모의 집에 있는 출생의 기운을 얻기 위한 것이다.

산모가 처음 먹는 미역국은 다른 것을 넣지 않고 미역만 넣고 맑게 끓인 소(素)미역국이었다. 꺾거나 자르지 않고 말린 미역을 장미역이라고 하는데, 장미역으로 국을 끓여 아기와 산모의 장수를 기원했다. 또 살생을 피해 고기가 아닌 말린 홍합과 간장·참기름 등으로 끓였다. 제주도에서는 메밀가루나 옥돔을 넣어 미역국을 끓이기도 했다. 이러한 미역국을 산모는 해산부터 삼칠일, 길게는 2~3개월까지 먹었다.

우리는 미역이 풍부할 뿐 아니라 품질이 뛰어나 중국에도 알려질 정도였다. 특히 유명한 것이 기장미역이다. 미역은 10~13도가 성장 적정 온도이고, 조류의 상하운동이 심하고 플랑크톤이 풍부한 곳에서 잘 자라는데, 이러한 조건을 갖춘 곳이 바로 기장지역이다.

미역은 해채(海菜)·해채이(海菜耳)·해대(海帶)·해곽(海藿)·해채(海菜)·분곽(粉藿)·곽이(藿耳)·사곽(絲藿)·감곽(甘藿)·부곽자(夫藿者)·진곽(陳藿)이라고도 했다. 봄에 일찍 생산되는 미역을 조곽(早藿), 제철인 여름에 생산되는 미역을 감곽(甘藿)이라고 불렀다.

『세종실록』에는 고려시대 미역을 채취할 수 있는 곽전(藿田)을 하사한 사실이 기록되어 있다. 그렇다면 고려시대 이미 미역의 양식이 이루어졌음과 미역이 일상적으로 먹는 음식이었음을 알 수 있다. 조선시대 미역은 구황식품으로도 이용되었다.『경국대전(經國大典)』에는 수군으로 하여금 소금을 굽고 미역을 따서 흉년에 대비토록 한다고 규정하고 있다. 조일전쟁 중 이순신은 수군으로 하여금 미역을 채취토록 하기도 했다.

이덕형은 "미역으로 인한 이익이 물고기와 소금에 못지않다[若採藿之利 則

不蕾如魚鹽而已].”고 설명했다. 조선시대에는 미역을 따는 곽전(藿田)이 있었고, 미역을 따는 사람에게 곽세(藿稅)를 징수했다. 1754년 영남이정사(嶺南釐正使) 민백상(閔百祥)은 균역청(均役廳)에 곽전세(藿田稅)가 있는데, 수령이 균역청에 곽전(藿錢)을 미리 바치고 민들에게 미역을 채취케 하여 이익을 얻고 있음을 아뢰었다. 그러자 영조는 미역에도 세금이 있느냐며 한탄하고 폐단을 고칠 것을 지시했다. 조선시대 미역으로 인한 이익은 컸고, 미역양식장에는 세금이 부과되었던 것이다.

산모들이 일상적으로 먹는 미역국이지만 지역에 따라서는 미역국을 먹지 않는 곳도 있다. 제주도에서는 산모가 아기를 낳으면 갈칫국을 끓여 주기도 했다. 그러나 갈치나 미역은 산간지역에서는 쉽게 구할 수 없었다. 때문에 아욱국[葵湯]을 먹기도 했다.

아욱은 규(葵)·로규(露葵)·규채(葵菜) 등으로 표기하는데, 정월에 심은 것은 춘규(春葵), 6~7월에 심은 것은 추규(秋葵), 8~9월에 심은 것은 동규(冬葵)이다. 가을에 심은 아욱이 봄에 씨를 맺은 아욱의 씨가 동규자(冬葵子)인데, 약재로도 활용되었다.

『동의보감』에서는 아욱을 채소 중 으뜸으로 설명했다. ‘아욱으로 국을 끓여 삼 년을 먹으면 외짝 문으로 들어가지 못한다’, ‘아욱국을 먹으면 살이 올라 작은 문으로 들어가지 못한다’ 등의 말은 아욱의 영양이 풍부한 사실을 말해주고 있다. 때문에 산모들은 아욱국을 먹으면서 산후조리를 했던 것이다.

아욱은 산모에게만 좋은 것이 아니었다. ‘가을 아욱국은 문 닫아 걸고 먹는다’, ‘가을 아욱국은 자기 계집도 쫓아내고 먹는다’, ‘가을 아욱국은 막내 사위에게만 준다’ 등의 말은 가을 아욱의 맛과 영양이 어느 정도인지를 짐작케 한다.

아욱은 정자를 허물고 심는 풀이라고 해서 파루초(罷樓草)로 부르기도 했다. 서방님이 아욱을 좋아해서 아씨가 종에게 아욱을 심으라고 했는데, 심을 밭이 없다고 하자 누각을 허물고 아욱을 심으라고 해서 파루초라 했다는 것이다. 그렇다면 왜 아씨는 서방님을 위해 아욱을 심으라고 한 것일까? 그 이유는 바로 아욱이 남성의 양기를 북돋아 주는 효과가 있기 때문이었다. 반면 산모가 있는 집에서는 아욱을 더 많이 심기 위해 정자를 헐고 그 자리에 아욱을 심었다고 해서 아욱을 파루초로 불렀다는 이야기도 전한다. 아욱은 남성이나 여성 모두에게 좋은 음식이었던 것이다.

서유구는 "고구마잎을 말려 국을 끓이면 맛이 산에서 나는 미역과 같다[若乾曝作羹 味與産藿同]."며, 남쪽에서는 고구마잎으로 임산부가 몸조리를 한다고 설명했다. 서유구가 말한 남쪽이 어느 지역인지는 명확하지 않지만, 고구마가 전래된 후 고구마잎으로 국을 끓여 산후조리를 하는 경우도 있었던 것이다.

산모는 아이를 낳기 위해 모든 힘을 소진한 만큼 건강이 좋지 않은 경우가 많다. 때문에 음식에 각별히 주의를 기울였다. 무나 호박 등을 먹으면 치아가 상하며, 냉수를 마시면 부종(浮腫)이 생긴다고 여겼다. 떡을 먹으면 소화가 안 되며, 매운 음식은 위를 상하게 하고, 물고기를 먹으면 회복이 늦고, 닭고기를 먹으면 젖이 나빠진다고 여겨 먹지 않았다. 반면 허리와 배가 아플 때는 꿩만두, 배가 아프고 차가울 때는 홍합을 익혀 먹었다. 산후 변비가 있으면 잣의 씨앗과 복숭아씨·오얏씨를 넣고 끓인 삼인죽(三引粥)을 먹었다. 젖이 나오지 않으면 돼지의 발을 삶아 죽을 만들어 먹으면 젖이 잘 나온다고 여겼다.

요즘도 마찬가지지만 산모들이 산후회복을 위해 많이 찾았던 물고기가 가물치이다. 가물치의 한자는 예(鱧)인데, 가물치의 쓸개가 달기 때문에 단술이라는 뜻의 예(醴)가 들어갔다고 한다. 또 색깔이 검어 현례(玄鱧)·오례(烏鱧), 몸에 꽃무늬가 있어 문어(文魚), 생김새가 뱀장어와 비슷해서 여어(鱺魚; 蠡魚)라고도 불렀다.

여러 이름을 가진 가물치지만, 우리는 임산부에게 좋다고 하여 가모치(加母致)라고 불렀다. 산후 젖이 부족하거나 빈혈이 있을 때, 냉기가 있거나 대하증에 가물치를 고아 먹으면 효과가 있다고 여겼다. 뿐만 아니라 가물치는 산모의 백 가지 병을 고친다고 여길 정도로 출산과는 매우 밀접한 물고기였다.

PART 7
술과 음식

신과 인간의 매개체, 그리고 약

술이라는 명칭은 수불에서 유래된 것으로 여겨지고 있다. 알코올은 발효과정에서 불을 지핀 듯 거품이 일어난다. 이것을 물에서 불이 난다고 해서 수불이라고 했는데, 수불이 술로 되었다는 것이다. 한자로는 주(酒)로 표기하는데, 주는 1번 걸러낸 술을 말한다. 주를 한 번 더 덧술한 술은 두(酘), 두를 다시 덧술한 술은 주(酎)라고 했다.

중국에서는 하나라 때 의적(儀狄)과 두강(杜康)이 곡물로 술을 빚은 것이 술의 시초라는 전설이 전해지고 있다. 하지만 이수광이 『지봉유설』에서 근거가 없다고 평한 것으로 보아, 조선시대인들은 이를 사실로 받아들이지 않았던 것 같다. 그리스신화에서는 술의 신 디오니소스(Dionysos)가 포도 재배법과 포도주 제조법을 전파시켰다고 하고, 이집트신화에서는 농업의 신이며 사후세계의 왕인 오시리스(Osiris)가 보리로 술을 빚는 법을 가르쳤다고 한다. 『성경』에는 노아(Noah)가 포도나무를 심고 포도주를 마신 사실을 기록하고 있다. 이처럼 술과 관련된 신화 내지는 설화가 여러 곳에서 전하는 것은, 술 빚는 문화가 세계 여러 곳에서 다발적으로 이루어졌기 때문일 것이다.

최초의 술은 나무에서 자연적으로 떨어지거나 저장해 둔 과일이 발효되면서 만들어졌으며, 원숭이가 과실주를 마시는 것을 보고 인간도 술을 만들게 되었다고 한다. 알코올이 만들어지는 성분이 당인 만큼 과일주가 술의 시작이었음은 분명한 것 같다. 재미있는 것은 자연적으로 만들어진 술을 마셔본 후 인간은 그 맛을 잊지 못했고, 이후 지속적으로 술을 만들었다는 사실이다.

사람은 음식을 먹지 않으면 살 수 없지만, 술은 마시지 않는다고 해서 생명을 잃지는 않는다. 그럼에도 불구하고 술에 애착을 가졌다. 술은 마시면 취하는 신비한 능력을 가졌다. 술에 취함으로써 일상에서 탈출하려 했고, 술을 함께 마심으로써 연대감을 강화시켰다. 때문에 지속적으로 술을 찾았던 것이다.

과일주 다음으로 등장한 술이 가축의 젖으로 만든 유주(乳酒)이다. 인간은 유목을 시작하면서 말이나 양의 젖으로 술을 만들어 먹었다. 또 농경이 시작되면서 곡식으로 빚은 양조주가 탄생했다. 그렇다면 우리는 언제부터 술을 마셨을까? 고구려 건국신화에는 해모수(解慕漱)가 유화(柳花)에게 술을 먹여 취하게 한 후 주몽(朱蒙)을 잉태케 한 사실이 기록되어 있다. 『제왕운기(帝王韻紀)』에도 해모수가 하백(河伯)의 딸 유화·훤화(萱花)·위화(葦花) 등을 초대하여 술을 대접했다고 기록하고 있다. 우리의 역사는 술의 역사와 함께 하는 것이다.

『삼국지』 위지동이전에는 부여의 영고(迎鼓)나 고구려의 동맹(東盟) 등 제천행사 때 밤새워 음주가무가 행해졌음을 기록하고 있다. 우리가 술을 좋아하는 것은 역사적으로도 증명되는 것이다. 술을 좋아했던 만큼 술도 잘 만들었던 것 같다. 위지동이전에서는 고구려인에 대해 "술을 잘 빚는다[善藏釀]."고 평가했다. 일본의 『고지키(古事記)』에는 백제에서 온 수수보리가 술빚는 법을 일본에 전해준 사실[知釀酒人 名仁番 亦名須須許利等 參渡來也 故是須須許利 釀大御酒以獻]이 기록되어 있다. 백제인이 일본에 술 빚는 법을 전해주었다는 것은, 백제의 양조술이 뛰어났음을 보여주는 것이다.

술을 좋아했던 것은 신라인들도 마찬가지였다. 경주 포석정(鮑石亭) 터는 신라에서 술잔을 물에 띄워 두고 술잔이 돌아오기 전에 시를 짓던 유상곡수(流觴曲水)가 행해졌음을 보여준다. 술을 마실 때 서로 술잔을 권하고, 받은 잔을 비운 다음 술잔을 돌려주고 술을 따라주는 것을 수작(酬酌)이라고 한다. 수작의 전통에 의하면 술잔이 한 바퀴 도는 것을 1순배라고 하는데, 수작에서는 7순배 이상은 돌

포석정 터

리지 않았다. 아마도 신라의 왕과 귀족들은 포석정에서 시를 지으며 수작을 했을 것이다.

술을 즐기는 DNA는 고려시대에도 그대로 전해졌다. 서긍은 『선화봉사고려도경』에서 "고려인들은 밤에 술 마시기를 즐긴다[麗俗尙夜飮]."고 기록했다. 또 "왕은 맑은 법주[王之所飮曰良醞 左庫淸法酒]", "민들은 맛이 박하고 빛깔이 진한 술[民庶之家所飮 味薄而色濃]"을 마신다고 했다. 지배층은 청주, 피지배층은 탁주를 마셨던 것이다. 또 "술 마시는 법도에 절도가 없고, 여러 번 주고받는 것에만 힘 쓸 뿐이다[酒行亦無節 以多爲勤]."라고 기록한 것을 보면, 고려인들의 음주량이 매우 많았음을 알 수 있다.

고려 문종대에는 양온서(良醞署)를 두어 국가에서 필요한 의식용 술을 빚게 했다. 양온서는 후에 장예서(掌禮署), 사온서(司醞署)로 명칭이 바뀌었다. 이규보가 『국선생전(麴先生傳)』, 임춘(林椿)이 『국순전(麴醇傳)』 등 술을 주제로 한 가전체(假傳體) 소설을 지은 사실은, 고려인들에게 술은 생활의 일부였음을 알려 준다.

조선시대 법전인 『경국대전』에는 "당상관으로 벼슬을 그만둔 자, 공신의 부모와 아내, 당상관의 처로 70세 이상인 사람들에게는 매달 술과 고기를 준다[堂上官致仕者及功臣父母妻堂上官妻年七十以上者 本曹本邑月致酒肉]."고 규정하고 있다. 조선시대 술은 귀한 음식의 하나였던 것이다. 귀한 음식 술을 즐기는 것은 당연한 일이었다. 이문건(李文楗)이 자신의 손자를 키우며 쓴 『양아록(養兒錄)』에는 손자가 13세부터 술을 마셨음을 기록하고 있다. 조선시대인들이 우리보다 조숙했다고 해도 상당히 어린 나이부터 술을 마셨음을 알 수 있다. 아이들만 술을 즐긴 것이 아니었다. 『지봉유설』에는 승은 법계를 피하기 위해 술을 은어로 반야탕[般若湯]으로 부른다고 했다. 수행하는 승도 술을 즐겼던 것이다. 일본에 파견된 통신사를 접대하기 위해 쓰시마에서는 조선인이 좋아하는 음식 목록을 파악했는데, 술 종류는 모두 좋아한다고 적혀 있다. 조선시대인들의 술에 대한 사랑은 국제적으로도 인정받았던 것이다.

조선시대에는 집집마다 술을 빚었다. 그 이유는 조상을 받들어 효를 실천하고 손님을 접대[奉祭祀接賓客]하기 위해서였다. 때문에 조선시대 조리서에는 술 빚는 법이 빠지지 않고 등장하는 것이며, 여성들의 중요한 일 중 하나가 술 빚는 것이었다.

요즘에는 건강 때문에 술을 멀리하는 사람들이 많다. 선조~인조대 활약했던 정경세(鄭經世)도 "술은 사람을 죽이는 독약이다[酒乃殺人之耽毒]."라고 했다. 그러나 술을 모든 약의 우두머리[百藥之長]로 여기기도 했다. 술이 몸을 덥혀 주고 몸 안을 두루 돌면서 약 기운이 구석구석에 미치게 해주는 음식이라고 생각했던 것이다. 반주(飯酒)를 마시는 이유 역시 소화와 혈액순환이 잘되어 건강하게 오래 장수하기를 바랐기 때문이다.

술은 건강을 위해 반드시 필요했던 음식인 만큼 조선시대에는 건강을 위해 술을 권하기도 했다. 원경왕후(元敬王后)가 세상을 떠나자 태종은 상중에 세종이 건강을 잃을까 염려하여 병조참판 이명덕(李明德)을 보내 술을 권했다. 태종이 세상을 떠났을 때도 신하들은 세종에게 술을 권하였다. 『중종실록』에는 1532년 김여성(金礪成)이 아침·저녁으로 술과 안주로 부모님을 봉양하여 포상한 사실을 기록하고 있다. 금주령이 내려진 상태에서도 약으로 쓰는 술은 마셔도 되었고, 신하들이 아프면 왕이 술을 하사한 것에서도 조선시대에는 술이 약으로 쓰였음을 확인할 수 있다.

술은 세시풍속과도 밀접한 관련이 있다. 새해 첫날 차례상에 올리는 술을 세주(歲酒) 또는 도소주(屠蘇酒)라고 했다. 도소주에서 '도'는 잡는다는 뜻이며 '소'는 악귀인 소회(蘇魄)를 가리킨다. 도소주를 마심으로써 악귀를 쫓는다고 여겼던 것이다.

도소주에 유래에 대해서는 다른 이야기도 전해진다. 예전에는 풀로 지은 암자를 도소라고 했는데, 도소에 살던 노인이 매년 섣달 그믐날이 되면 아랫마을에 한약재를 보냈다. 그러면 그 약을 주머니에 넣어 우물물에 담가 두었다가, 새해 첫날 우물물을 길어 술병에 담아 가족들이 나누어 마시면 질병

없이 건강하게 지냈다는 것이다. 즉 도소에 사는 노인이 준 약으로 우려낸 물을 술병에 담아 마신다고 해서 도소주로 부르게 되었다는 것이다.

도소주는 우리의 전통 주례(酒禮)와 달리 젊은 사람이 마신 후 어른이 마셨다. 그 이유는 어린 사람은 한 살을 얻는다는 뜻에서 먼저 마시고, 나이 드신 분은 한 살을 잃는다는 뜻에서 나중에 마시는 것이다. 어찌되었건 새해 첫날 도소주를 마시면서 정신을 맑게 하고 나쁜 기운을 물리치기를 염원했던 것이다.

정월 대보름에는 한 해 동안 좋은 소식만 듣기를 염원하여 귀밝이술을 마셨다. 귀밝이술은 귀가 잘 들리게 하는 술이라고 하여 이명주(耳明酒) 또는 명이주(命耳酒), 귀머거리를 고쳐주는 술이라고 하여 치롱주(治聾酒), 술을 마시면 귀 밑이 빨갛게 된다고 해서 귀붉이술 등으로도 불렀다. 어른들이 부르면 빨리 대답하라는 뜻에서 도소주와 마찬가지로 아이들부터 마셨다.

9월 9일 중양절(重陽節)에는 국화주를 마셨다. 이런 사실이『동국이상국집』에 수록된 것으로 보아 늦어도 고려시대에는 이미 중양절에 국화주를 마셨음을 알 수 있다. 국화주를 마시면 무병장수한다고 여겼는데, 궁궐에서는 국화주를 축하주로 사용했다.

앞에서도 언급했듯이 고대국가의 제천의식에 빠지지 않고 등장하는 것이 술이다. 축제에 술이 반드시 필요했던 것은 술을 통해 구성원 간 결속을 다졌음을 보여준다. 향음주례(鄕飮酒禮) 역시 마찬가지였다. 고려시대부터 시작된 향음주례는 조선시대에는 매년 10월 서원에서 실시되었다. 덕행이 뛰어나고 지위가 높은 분을 주빈으로 모시고 유생을 내빈으로 모셔 손님과 주인이 술을 권하는 문화로 정착된 것이다. 즉 술을 함께 마시며 일체감을 가지고, 함께 술 마시는 문화가 일상생활의 예절 안에 있음을 깨우치도록 했던 것이다.

관혼상제에도 술은 빠지지 않는다. 성년의식인 관례에서는 술 마시는 법을 가르치는 초례(醮禮)를 행했다. 관례에서 술을 마시는 것은 성인이 되었음과 새로운 지위와 관계가 형성됨을 뜻한다. 혼례 중 합근례(合巹禮)를 행할 때 신랑과 신부는 합환주(合歡酒)를 마셨다. 이는 음양이 교접하는 것을 실천하겠다는 뜻이 담겨 있다. 혼례를 마친 후 신부 쪽은 신랑이 남긴 술과 음식, 신랑 쪽은 신부가 남긴 술과 음식을 마시고 먹음으로써 두 집안이 하나가 되기를 기원했다. 제사를 지낼 때 신에게 술을 올리는 것은 신성한 음식임을 뜻하며, 조상에게 술을 올리는 것은 공경의 의미를 지닌다. 제사를 지낸 후에는 조상에게 올린 술을 함께 나누어 마시는 음복(飮福)을 통해 가족 간 결속을 다졌다.

조선시대 관청에는 특별한 술잔이 있었다. 그 잔의 이름이 사헌부(司憲府)는 아란배(鵝卵杯), 교서관(校書館)은 홍도배(紅桃杯), 예문관(藝文館)은 장미배(薔薇杯), 성균관은 벽송배(碧松杯)였다. 관청마다 특정한 날을 정해 모두 함께 잔을 돌려 마시면서 일심동체의식을 가지는 음례(飮禮)를 행했다.

조선을 방문했던 서양인들은 조선인들의 음주량에 크게 놀랐다. 19세기 후반 조선을 방문했던 비숍은 조선인들은 거의 매일 술을 많이 마시는데, 과음은 조선의 독특한 모습이라고 기록했다. 그녀는 조선인들이 차를 거의 마시지 않고 청량음료가 없기 때문에 술을 많이 마신다고 분석했다. 현재 우리는 다양한 음료를 마시지만, 음주량은 세계 어느 국가와 비교해도 뒤지지 않는다. 어쩌면 우리 민족에게는 술을 좋아하는 DNA가 있는 것인지도 모르겠다.

술을 많이 마시는 사람을 술고래로 부르는데, 조선시대에도 비슷한 표현이 있었다. 『필원잡기(筆苑雜記)』에서는 술을 많이 마시는 사람을 고래가 물을 마시듯이 술을 마신다는 뜻에서 '경음(鯨飮)'이라는 표현을 사용했다. 『청장관전서』에서는 '주룡(酒龍)'이라고 하였다. 즉 조선시대에는 술을 많이 마시는 사람을 고래와 용에 비유했던 것이다.

우리에게 술은 신과 인간을 연결해주는 매개체였고, 공동체 구성원간의 결속력을 돈독히 하는 음식이었다. 뿐만 아니라 건강을 지켜주는 음식이었으며, 세시풍속과도 밀접한 관련이 있다. 술은 우리에게는 음식 그 이상의 의미를 가졌다. 이런 점에서 술의 역사는 곧 우리 역사의 중요한 부분의 하나라고 해도 지나친 말이 아닌 것 같다.

술 마시는 집

술을 빚는 이유는 마시기 위해서이다. 그렇다면 술의 탄생과 동시에 술을 마시는 공간이 있었을 것이다. 물론 원시시대의 경우 특정한 장소에서 술을 판매하지는 않았겠지만, 시간이 지나면서 술을 판매하는 곳이 생겼음은 분명한 사실이다.

우리 역사에서 술을 판매하는 곳은 고대국가 단계에 이미 존재했을 가능성이 높다. 『주서(周書)』에는 고구려에 "유녀가 있는데, 일정한 남편이 없다[有遊女自 夫無常人]."고 기록했다. 여기에서 등장하는 유녀는 아마도 매매춘을 하는 여성일 것이며, 이곳에서 술이 판매되었을 가능성이 높다. 김유신이 기녀 천관녀(天官女)의 단골손님이었다는 설화는 신라에 기녀와 함께 술을 마실 수 있는 술집이 있었음을 보여준다. 그렇다면 백제나 가야 등에도 술을 판매하는 곳이 있었을 것이다.

고려시대에는 국가에서 공식적으로 주점(酒店)을 설치했다. 『고려사』에는 983년 10월 성종이 6개의 주점을 설치한 사실이 기록되어 있다. 주점의 이름은 예를 이루는 근본이 술이라는 의미에서 성례(成禮), 잔치를 베풀어 손님을 기쁘게 한다는 뜻에서 낙빈(樂賓)·희빈(喜賓), 수명을 늘리는 약이라는 의미에서 연령(延齡), 신선이 마시는 액체라는 의미의 영액(靈液), 옥이 녹은 물이라는 뜻의 옥장(玉漿) 등이었다. 1104년 숙종은 지방에 술과 음식을 파는 가게[酒食店]를 열도록 했다. 이는 화폐유통을 위해 관에서 주점을 운영했던 것이다. 그러나 『동사강목(東史綱目)』에서 "민에게 경영을 맡겨 규모가 끝내 제대로

예천의 삼강주막(三江酒幕)

이루어지지 않았다[任民聚散 刷規模 終末成矣]."고 지적한 것으로 보아, 주점은 국가의 관리를 벗어나 방만하게 운영되었던 것 같다. 즉 고려시대 이미 국가의 규제를 받지 않는 술집이 다수 등장했던 것이다.

고려시대 술집은 문밖 장대에 푸른 기를 달아 술을 판매하는 곳임을 알렸다. 이러한 모습은 조선시대 역시 마찬가지였다. 술집의 기를 뜻하는 한자 염(帘)이 존재하는 것이 이를 증명해 준다. 또 『영조실록』에 "주등켜는 것을 금할 수 없었다[又禁酒燈 然竟莫能禁也]."고 한 것으로 보아, 조선시대 술집 문간에는 지등롱(紙燈籠)을 설치했음도 알 수 있다.

조선시대에는 보다 다양한 형태의 술집이 등장했다. 주막·선술집·내외주점·색주가·기방 등이 그것이다. 고려시대 화폐 유통을 위해 설치하면서 생겨난 주막은 술막·숯막[炭幕]·주가(酒家)·주사(酒肆)·주포(酒鋪)·주점(酒店)·여점(旅店)·여사(旅舍)·야점(夜店)·점막(店幕)·노렴(壚帘)·노저(壚邸)라고도 했는데, 시장부근이나 교통 요충지에 위치했다. 이곳은 밥과 술을 함께 판매했고, 술이나 음식을 먹을 경우 봉놋방에서 무료로 숙박을 할 수 있었다.

주막이 대거 등장하는 것은 조선 후기의 일이다. 1728년 경기감사 이정제(李廷濟)가 영조에게 올린 장계(狀啓)에는 "지금의 주막은 곧 옛날의 관정이었다[今之所謂酒幕 卽古之關亭也]."고 밝힌 것으로 보아, 역(驛)이나 원(院) 등이 상품화폐경제의 발달의 결과 주막으로 변해 갔음을 알 수 있다. 19세기에는 촌락마다 주막이 설치될 정도로 주막은 크게 번성했다.

선술집은 서서 술을 마시는 곳으로, 술 한 잔에 안주 한 접시가 제공되었다. 좁고 긴 상인 목로(木壚) 위에 술과 안주를 놓고 판다고 해서 목로주점 또는

신윤복의 주사거배

목로술집으로도 불렀다. 신윤복의 풍속화 '주사거배(酒肆擧盃)'를 보면 서서 술을 마시는 모습을 볼 수 있다. 이런 술집이 선술집이다.

내외주점은 앉침술집이라고도 하는데, 주로 몰락한 양반가의 여성이 생계를 위해 술을 파는 곳이다. 때문에 외관은 가정집의 형태를 지니지만, 대문 옆에 '내외주가(內外酒家)'라고 써서 술을 판매하는 곳임을 알렸다. 내외주점은 갑자기 손님이 찾아왔는데 접대가 곤란하고, 목로주점에 가기에는 실례가 될 경우 찾는 술집이었다. 이곳에서는 술과 함께 안주가 제공되는데, 술을 추가할 경우 새로운 안주가 제공되었다. 서로 얼굴을 보지 못한 체 팔뚝만 뻗쳐 상을 내밀고 받기 때문에 팔뚝집으로도 불렀다.

색주가는 여성과 함께 술을 마시는 곳이다. 조선 세종대 명으로 향하는 사신의 수행원을 위로하기 위해 홍제원(弘濟院)에 색주가가 생긴 것이 시초가

유숙의 대쾌도
(공공누리 제1유형 국립중앙박물관 공공저작물)

되어, 여러 곳에 색주가가 나타났다고 한다. 색주가와 유사한 것이 기방(妓房)이다. 기방에서는 기녀 한 명에 여러 명의 술꾼이 동석하여 술을 마셨다. 양반의 경우 기방 출입이 자유롭지 못했다. 사극에서 양반이나 고위관료가 기방에서 술 마시는 모습은 지금의 음주문화를 반영한 것이지, 조선시대의 모습은 아니다.

그 외 들병장수와 바침술집 등이 있다. 들병장수는 사람이 많이 모이는 곳에서 술을 파는 사람을 일컫는 말이었다. 유숙(劉淑)이 그린 것으로 추정되는 '대쾌도(大快圖)'의 아래 부분에 많은 사람들이 모인 곳에서 술을 파는 사람이 바로 들병장수이다. 바침술집은 병술집 또는 병주가(瓶酒家)라고도 하는데 보통 한 마을에 한 집씩 있었다. 바침술집은 1년 동안 그 마을에 술을 제공하고, 추수 후 곡식을 받아 경비를 충당하였다.

1887년 한성에 술과 음식이 함께 제공되는 일본의 료리야 '정문(井門)'이 개업했고, 이후 료리야가 대거 등장했다. 일제강점기 고위층들이 찾던 술집 료리야는 흔히 요정으로도 불렸다. 해방 이후에도 요정은 크게 성업했는데, 밀실정치의 온실로 사회적 비난을 받았다. 이후 정부에서도 각종 규제를 하면서 1960년대 말부터 요정은 외국 관광객을 상대로 하는 관광요정이나 한정식집 등으로 변신했다.

요정이 고위층이 찾는 술집이라면 민에게 인기 있는 술집은 대폿집이었다. 드럼통을 세우고 가운데 연탄을 넣어 만든 식탁에 각종 안주를 구워 먹는 술집이 대폿집이다. 큰 잔이란 대포에서 유래한 대폿집은 막걸리를 주전자나 잔에 담아 안주와 함께 내주던 술집이다. 대폿집에서 마시던 막걸리는 점차 희석식 소주로 바뀌어 갔다. 쌀막걸리 제조가 금지되면서 희석식 소주가 싼 값으로 판매되었기 때문이다. 1970년대 후반부터 대폿집은 점차 사라지기 시작했다. 도시개발과 함께 사람들의 입맛이 변했기 때문이다.

1970년대에는 대학가를 중심으로 학사주점이 생겨났다. 시대의 아픔을 함께 하는 젊은이들의 해방구 학사주점은 1980년대 민속주점으로 변모했다. 지금도 많은 수는 아니지만 학사주점과 민속주점이 남아 있어 과거의 향수를 느낄 수 있다.

1980년대 중반에는 술과 노래가 결합된 형태의 술집 가라오케(カラオケ)가 인기를 끌기 시작했다. 가라오케는 1990년 10월 '범죄와의 전쟁' 이후 심야영업 단속이 이루어지면서 급속히 쇠퇴했고, 그 자리를 노래방이 대신했다. 1991년 부산에서 처음 등장한 노래방은 전국에 퍼졌다. 노래방은 원칙적으로 노래만 부를 수 있었지만, 청소년의 탈선현장이 되기도 했다. 심지어 술을 판매하고, 여성 접대부를 고용하는 곳도 있었다.

노래방에 대한 비판은 단란주점을 탄생시켰다. 단란주점은 술을 팔면서 음식물을 조리하여 판매할 수 있으며, 노래반주시설을 갖추고 노래를 부를 수 있는 곳이다. 정부도 건전한 술집을 양산하겠다며 단란주점에 대중음식점에 준하는 세금을 부과했다. 그러나 원칙적으로 여성을 고용할 수 없는 단란주점은 말 그대로 돈을 주고 여성과 단란하게 술을 마시는 곳이 되어 버렸다.

조선시대 목로주점이나 내외주점에는 술값에 안주가 포함되어 있었다. 최근에도 이러한 문화가 이어지고 있다. 전주에서는 막걸리를 주문하면 안주가 푸짐하게 차려지고, 술을 추가하면 새로운 안주가 제공된

전주 막걸리골목의 술상

다. 사천의 실비집, 마산의 통술집 역시 마찬가지이다. 실비는 싼 값에 술과 안주를 먹을 수 있어서, 통술은 통째로 상을 내오거나 통에 술을 담아내기 때문에 붙여진 이름일 것이다. 통영에서는 이런 술집을 다찌라고 부른다. 술과 안주 등이 '다 있지'에서 다찌가 되었다는 이야기가 전한다. 그러나 통영은 일제강점기 일본 어부들의 정착촌이 있을 정도로 일본인들이 많이 살던 곳이다. 그렇다면 다찌는 일본의 선술집 다찌노미(たちのみ)에서 유래되었을 가능성이 높다.

금주령

술이 건강을 해친다는 사실은 누구나 알고 있다. 때문에 애주가들도 술을 자제하려고 한다. 개인이 술을 자제하는 것은 어디까지나 자신의 의지에 달려 있다. 하지만 국가 차원에서 술 마시는 것을 금지시키는 경우도 있었다.

문헌상 최초의 금주령은 38년 백제에서 시행되었다.『삼국사기』에는 다루왕 11년에 "가을에 곡식이 잘 되지 못하여 백성이 사사로이 술 빚는 것을 금하였다[秋穀不成 禁百姓私釀酒]."고 기록했다. 그렇다면 고구려와 신라 역시 흉년이 들면 술 빚는 것을 금했을 가능성이 높다.

고려시대에도 금주령은 계속 되었다. 1010년 현종은 승려들이 술 빚는 것을 금지시켰다. 고려시대 불교는 양조업을 통해 상당한 부를 축적했는데, 이것이 사회문제가 되자 사찰에서 술을 빚지 못하게 한 것으로 여겨진다. 1016년 9월 현종은 남쪽 지역에 가뭄이 들자 반찬수를 줄이고 술 마시고 음악 듣는 일을 금했다. 고려시대에는 특정 시기 또는 특정 집단에 대해 술을 금했지, 국가 전체에 금주령을 내린 것 같지는 않다.

금주령이 가장 많이 내려진 것은 조선시대였다. 1392년 흉작을 이유로 금주령을 내리기 시작한 이후, 조선시대 내내 금주령이 행해졌다. 술을 금한

것은 흉년 때문만은 아니었다. 1433년 세종은

술의 해독은 크니, 어찌 특히 곡식을 썩히고 재물을 허비하는 일뿐이겠는가? 술은 안으로 마음과 의지를 손상시키고 겉으로는 위의를 잃게 한다. 혹은 술 때문에 부모의 봉양을 버리고, 혹은 남녀의 분별을 문란하게 하니, 해독이 크면 나라를 잃고 집을 패망하게 만들며, 해독이 적으면 성품을 파괴시키고 생명을 상실하게 한다. 그것이 강상을 더럽혀 문란하게 만들고 풍속을 퇴폐하게 하는 것은 이루 다 열거할 수 없다. [夫酒之爲禍甚大 豈特糜穀費財而已哉 內心志 外喪威儀 或廢父母之養 或亂男女之別 大則喪國敗家 小則伐性喪生 其所以瀆亂綱常 敗毀風俗者 難以枚擧]

라는 내용의 교지(敎旨)를 반포했다. 위 글을 보면 세종은 술이 경제와 재정적 폐해를 가져오며, 개인뿐 아니라 국가와 사회를 어지럽힌다고 여겼다. 때문에 성리학적 윤리를 확립하기 위한 방편으로 술 마시는 것을 금한 것이다.

금주령은 불가에도 적용되었다. 1398년 승 사근(斯近)은 술 마신 사실이 적발되어 환속하여 군에 편입되었다. 1424년에는 혜진(惠眞)·종안(宗眼) 등 승 14명이 금주령을 어기자, 태형(笞刑) 50대에 처하기도 했다.

조선시대 금주령을 가장 많이 내린 국왕은 태종이었지만, 가장 엄격히 적용한 왕은 영조였다. 영조는 전국에 암행어사를 파견하여 금주령이 지켜지는지를 살폈고, 종묘에서 제사지낼 때에도 단술[醴酒]로 술을 대신했다. 1762년 금주령을 어겼다는 이유로 함경남도 병마절도사 윤구연(尹九淵)의 목을 베어 매다는 효시형(梟示刑)에 처할 정도였다. 때문에 통신사로 파견되었던 조엄은 일본에서도 술을 입에 대지 않았다. 하지만 영조는 군사들의 사기를 북돋기 위해 술을 하사하는 호궤(犒饋)와 농민들이 마시는 농주는 금주령에서 제외했다. 술이 민의 노고를 덜어주는 긍정적 기능이 있음을 인정했던 것이다.

영조의 뒤를 이어 왕좌에 오른 정조 역시 금주령을 실시했지만, 영조와 마찬가지로 농부들이 마시는 막걸리는 제외시켰다. 농사일을 하는 사람들의 능률 향상을 위해서는 술이 필요했던 것이다. 흥선대원군(興宣大院君)도 강력한 금주령을 실시했지만, 찹쌀을 발효시켜 두 번 덧술한 삼해주(三亥酒) 등 고급술을 대상으로 삼았고, 농민들이 마시는 막걸리는 단속하지 않았다.

조선시대 지속적으로 금주령이 내려진 사실은 금주령 하에서도 많은 사람들이 술을 계속 마셨음을 뜻한다. 그렇다면 금주령이 지켜지지 않은 이유는 어디에 있는 것일까? 금주령이 내려져도 국왕이 주관하는 연회와 국가의 제사, 사신 접대 등에는 술이 등장했다. 왕실에서는 술을 마시면서, 민가에만 술을 금지하는 법령은 지켜지기 힘들었던 것이다. 때문에 1401년 태종은 금주령이 지켜지지 않은 것을 한탄하며 자신이 솔선수범하여 술을 끊겠다는 의사를 보이기도 했다.

조선시대 지배이데올로기는 성리학이었다. 향교(鄕校)나 서원 등에서 학덕과 인품이 높은 이를 모시고 술을 마시는 향음주례(鄕飮酒禮)는 중요한 행사 중 하나이다. 양반들이 행하는 향음주례를 막는 것은 쉬운 일이 아니었을 것이다. 1435년 흉년으로 곡식이 부족하다며 금주령을 내릴 것을 건의하자, 세종은 선왕 태종이 금주령을 내려도 부호(富豪)들은 지키지 않고, 빈약한 자들만 걸려든다고 한탄했는데, 자신의 뜻 역시 마찬가지라며 금주령이 무의미하다고 하였다. 금주령을 내려도 양반들에게는 법이 미치지 못했던 것이다.

국가에서만 술을 금했던 것은 아니다. 이익은 『성호사설』에서 곡식을 헛되이 소모하는 것은 술보다 더한 것이 없다고 지적했다. 또 술로 인한 병을 후(酗)라고 하는데, 이는 흉(凶)하다는 뜻이라며, 술을 금할 뿐 아니라 술 빚는 기구를 만든 자들까지 벌주자고 주장했다. 그런 한편 술은 노인을 봉양하고 제사를 받드는 데 가장 좋은 음식이라고 평가하였다. 이익 역시 술의 해로운 점을 알지만, 술 마시는 것을 금하는 것이 힘들다는 사실을 인정했던 것이다.

금주령이 내려져도 예외인 경우가 많았다. '술은 잘 먹으면 약이다'는 속담이 있듯이 술을 약으로 여기기도 했다. 금주령 하에서도 약으로 마시는 술은 허용되었다. 때문에 사람들은 약이라는 명목으로 술을 마시기도 했다. 과거 합격자의 유가(遊街)도 예외였다. 또 혼인·장례·제사·환갑 등의 행사에도 술을 마실 수 있었다. 이처럼 국가나 집안의 크고 작은 일, 여러 가지 예외규정 등이 있었던 만큼 금주령은 지켜지지 않았던 것이다.

술을 부정적으로 보아 금주령이 내려지기는 했지만, 금주령은 술 빚는 기술을 발전시키기도 했다. 금주령의 주된 목적은 곡식의 부족을 막기 위한 것이었다. 때문에 술을 담을 때 곡물 비율을 줄이고 과일·나무열매·약재 등의 부재료를 첨가하는 약용주가 발달하게 되었다. 소나무 옹이마디로 빚은 송로주(松露酒), 소나무 새순으로 만든 송순주(松筍酒), 배와 생강으로 빚은 이강주(梨薑酒), 대나무 진액을 넣은 죽력고(竹瀝膏), 오곡과 한약재로 빚은 송죽오곡주(松竹五穀酒), 능금과 솔잎 대추 인삼 등을 넣은 신선주 등이 만들어진 것은 금주령과도 관련이 있다.

일제강점기 주세령

우리는 술을 음식의 하나로 여겼다. 때문에 음식인 술을 집에서 담아 먹는 것은 당연한 일이었고, 집에서 만든 음식인 술에 세금을 부과하지도 않았다. 그러다가 19세기 후반 평안도·함경도·황해도·강화도 등에서 주세를 징수했다. 이는 급변하는 국제정세 속에서 쌀의 낭비를 막고, 주세로 군대를 양성하기 위한 방편이었다. 이때의 주세는 비정기적인 지방잡세였지 정기적인 세금은 아니었던 것이다.

1906년 일제는 대한제국의 안녕과 평화를 유지한다는 명분으로 통감부(統監府)를 설치했다. 통감부는 조선의 술 소비량이 막대한 데 비해 조세가 부과되지 않고 있다는 사실에 주목했다. 1907년 7월 통감부는 조선주세령을 공포하고, 9월부터 강제로 집행하였다. 조선주세령의 주요 내용은 주류제조자는 면허를 얻어야 하며, 다음해 제조할 주류와 양을 정하여 세무서에 신고해야 한다는 것 이었다. 당시 일제는 주세 수입보다는 앞으로의 세원 확보를 위해 주조자들을 확보하는 데 주력하였다.

1909년 2월 13일 통감부는 주세법을 공포하여 주조면허제, 주세부과, 주조장의 기업화 등 주조업 전반을 통제하면서 세원을 파악했다. 이때에는 집에서 빚는 가양주(家釀酒)를 금지하지 않고 면허를 받으면 제조를 허용했다. 그러나 가양주에 대해 양조장보다 더 높은 세액을 부과하였다.

일제는 식민통치자금의 자체조달을 위해 다양한 조세수입 법령을 만들었는데, 그 중 하나가 주세령이었다. 조선총독부는 1916년 7월 25일 주세령을 제정하고, 9월 1일 공포했다. 주세령의 핵심은 주세가 소비세적 성격을 가짐과 동시에 주세의 세율을 인상하는 것이었다. 또 술의 생산 규모를 제한했고, 술의 제조허가제를 실시하여 더 이상 민가에서는 술을 담을 수 없게 하였다.

일제는 주세령의 시행과 함께 주세 수입을 늘리기 위해 노력했다. 이를 위해서는 주조장의 경영이 안정되어야 했기 때문에, 주조업을 대규모화하는 정책을 펼쳤다. 즉 군소주조업자들로 하여금 조합을 조직하여 하나의 주조장을 설립케 하고, 주조장에서 생산되는 술의 최저양을 인상하여 규모를 확대시켰다. 신규주조면허는 억제했고, 음식점에서 술 담그는 것을 금지시켰다. 밀주의 단속도 강화했다. 1927년에는 통합적인 곡자(麯子)제조회사를 통해 일정한 누룩만을 사용토록 하였다. 때문에 집집마다 계승되어 오던 전통주가 사라졌다.

1910년 주세가 전체 조세수입 중 차지하는 비율은 2.0%였다. 1934년 주세는 조세수입의 29.5%를 차지하여 지세를 제치고 조세항목 중 1위를 차지했다. 이듬해 그 비율은 30.4%로 늘어났는데, 이는 전체 조세수입 가운데 1/3가량을 차지하는 것이다. 즉 일제는 주세령을 통해 세원을 확보하면서, 전통주를 사라지게 하는 민족문화 말살을 함께 도모했던 것이다.

해방이 되었지만 우리 정부는 일제의 주세 정책을 계승했다. 일제강점기 주세령은 술의 양을 기준으로 세금을 부과하는 종량세(從量稅)였다. 그런데 1968년 박정희(朴正熙) 정권은 가격을 기준으로 세금을 부가하는 종가세(從價稅)로 바꾸었다. 하지만 약주와 탁주, 희석식 소주의 주정(酒精)은 종가세에서 제외했다. 종가세로 바뀌면서 청주의 가격이 크게 올랐고, 사람들은 가격이 싼 희석식 소주를 찾게 되었다.

1986년 아시안게임과 1988년 서울올림픽 등을 앞두고 전통주의 재현이 현실 과제로 대두되었다. 그 결과 1982년부터 지방 고유의 술 재현 작업이 시작되었고, 1도 1민속주 정책 등을 펼쳤다. 그 결과 일부 전통주가 되살아났다. 그러나 아직 우리를 대표할 만한 술이 없는 것이 사실이다. 일제강점기는 우리 전통주에도 암흑기였던 것이다.

막걸리와 동동주

과일이 자연효모와 작용하여 알코올 성분을 가지게 된 것이 술의 시작일 가능성이 높다. 농경생활이 시작되면서는 곡식이 술의 재료로 추가되었다. 우리의 경우 기후 여건상 당도 높은 과일이 흔하지 않았던 만큼 농경의 시작 이후 술을 마시기 시작했을 것이다. 즉 우리 술의 기원은 곡주(穀酒)인 것이다.

곡식으로 빚은 술은 색깔이 탁하다. 그래서 탁주(濁酒) 또는 탁배기[濁白伊]라고 불렀다. 그런데 사실 탁주와 탁배기는 다른 술이다. 우리 조상들은 쌀누룩으로 빚은 것은 탁주, 밀누룩으로 빚은 것은 탁배기라고 했다.

탁주를 대표하는 것은 '마구 거른 술', '막되고 박한 술' 등에서 유래된 막걸리이다. 막걸리는 음가 그대로 莫乞里로 적거나 앙(醠)·료(醪)·리(醨) 등으로 표기했다. 그 외 농사일에 널리 쓰이는 술이라고 해서 농주(農酒), 일하는 이들이 마시는 술이라는 의미에서 사주(事酒), 집에서 담는 술이어서 가주(家酒), 술의 빛깔이 희다고 해서 백주(白酒), 나라의 대표 술이라고 해서 국주(國酒),

찌꺼기가 가라앉아서 재주(滓酒), 빛깔이 잿빛이어서 회주(灰酒), 술기운이 박하다고 해서 박주(薄酒), 시골의 민들이 마시는 술이라고 해서 향주(鄕酒), 시골에서 빚은 술이라고 해서 촌료(村醪)·촌주(村酒)·촌양(村釀) 등으로도 불렀다.

막걸리는 오덕삼반(五德三反)의 술이다. 다섯 가지 덕은 마시면 취하지만 정신을 잃을 정도는 아니며, 배고플 때 마시면 시장기를 면할 수 있고, 힘이 빠졌을 때 마시면 기운을 돋아주며, 마시면서 웃으면 안 되는 일도 잘 되며, 함께 마시면 앙금이 풀리는 것 등이다. 막걸리는 곡물로 만들었기에 마시면 속이 든든해지지만, 알코올 함량은 6~8%에 불과해서 마신 후에도 일을 계속할 수 있다. 막걸리를 찬양한 이유가 있었던 것이다. 또 막걸리는 근로지향의 반유한적(反有閑的), 서민지향의 반귀족적, 평등지향의 반계급적인 술이다. 막걸리의 삼반은 막걸리가 민의 술임을 나타내고 있다.

막걸리를 언제부터 마시기 시작했는지는 확실하지 않다. 『삼국유사』에는 수로왕의 17대손 갱세(賡世)가 수로왕에게 제사를 지내기 위해 요례(醪醴)를 빚은 사실을 기록하고 있다. 막걸리를 나타내는 '요'라는 글자를 사용한 것으로 보아, 요례는 막걸리일 가능성이 높다. 7세기 이전부터 막걸리를 마셨던 것인데, 앞에서 살펴보았듯이 막걸리는 농경과 밀접한 관련이 있다. 그렇다면 농경을 시작하면서부터 막걸리가 만들어졌을 가능성이 높다.

막걸리의 재료는 찹쌀·멥쌀·보리·밀·옥수수·메밀 등 다양하지만, 가장 많이 찾은 것은 쌀막걸리였다. 1966년 8월 28일 박정희 정부는 막걸리제조에 멥쌀 사용을 금지시켰다. 때문에 막걸리는 밀로 만들게 되었다. 이는 쌀의 수요를 줄이기 위한 것이었지만, 미국에서 들어온 2억 3천만 달러의 원조 밀과 밀가루 소비를 촉진하기 위한 것이기도 했다. 이는 미국의 밀 원조가 줄어들자 막걸리 제조에 밀가루 함량을 50~70%로 줄인 것을 통해서도 알 수 있다. 막걸리에 들어가는 밀의 함량이 줄어들면서 대신 보리와 옥수수가루를 넣게 되었다.

막걸리의 또 다른 이름은 대포였다. 안주 없이 큰 술잔[大匏]에 마시기 때문에 대폿술이라고 불렀던 것이다. 대포의 유래에 대해 『삼국사기』에는 신라의 파사왕이 태자와 함께 사냥을 갔다가 이찬(伊湌) 허루(許婁)로부터 술상을 받고 기분이 좋아지자 허루에게 주다(酒多)라는 벼슬을 내렸는데, 그 마을이 대포(大庖)여서 왕을 대접한 술 막걸리를 대포로 부르게 되었다고 기록하고 있다. 이에 반해 대포라는 말이 중국에서 비롯되었다는 견해도 있다. 송을 건국한 조광윤(趙匡胤)은 전쟁 분위기를 일소하고 태평성대의 기상을 보이기 위해 술과 음식을 크게[大] 베풀어[鋪] 놀게 했다고 한다. 그런데 유관(柳寬)이 이런 내용으로 상소를 올리자, 세종이 3월 3일과 9월 9일 관료들에게 경치 좋은 곳에서 술을 마시고 놀도록 했다. 이때부터 대포가 술을 뜻하게 되었다는 것이다.

대포는 술잔을 가리키는 말이지만 막걸리의 대명사였다. 그랬던 대포가 소주를 가리키는 말로 바뀌기 시작했다. 그 이유는 쌀로 만든 막걸리가 사라진 것과 관계있다. 쌀막걸리가 사라지면서 대신 소주를 찾게 되었고, 술의 대명사였던 대포가 막걸리에서 소주로 바뀌게 되었던 것이다.

대포의 자리를 소주에게 넘겨 준 막걸리는 겨우 명맥만 유지했다. 1977년 쌀이 남아돌자 정부는 쌀로 막걸리를 만들 수 있게 했다. 그러나 1979년 쌀이 부족하자 다시 밀로 막걸리를 만들게 했다가, 1990년에야 쌀막걸리 제조를 허가했다. 1991년 정부는 막걸리 보호를 위해 주세를 10%에서 5%로 낮추었다. 1995년 10월에는 살균막걸리의 전국 판매를 허용했고, 2001년 1월부터 탁주 판매의 지역 제한 해제를 단행했다.

1998년 막걸리에 식물 약재 사용이 가능해졌고, 2003년에는 과실 재료도 사용할 수 있게 되었다. 그 결과 밤막걸리·사과막걸리·옥수수막걸리·메밀막걸리·검은콩막걸리·검은깨막걸리·호박막걸리·녹차막걸리·누룽지막걸리·마늘막걸리·오미자막걸리·울금막걸리·매생이막걸리·복분자막걸리·좁쌀막걸리·인동초막걸리 등 그 지역의 특산물을 첨가한 막걸리가 탄생했다. 뿐만 아니라 캔막걸리가 등장하여 막걸리 유통에 혁신을 가져왔다. 그러면서

인동초막걸리

점차 막걸리의 인기가 되살아나기 시작했다.

막걸리 열풍은 일본에서 먼저 시작되었다. 일본에서 한국드라마가 큰 인기를 끌면서 일본인들은 한국 음식에 관심을 가지기 시작했고, 막걸리를 자신들의 방식으로 칵테일처럼 섞어 마시기 시작했다. 일본에서의 막걸리 열풍이 언론에 보도되면서 한국인들도 막걸리를 찾게 되었던 것이다.

막걸리를 파는 곳에서는 대부분 동동주도 함께 판매한다. 때문에 막걸리와 동동주를 비슷한 술로 아는 경우도 있다. 동동주에는 세 가지 형태가 있다. 단양주 제조과정에서 밥알이 가라앉는 순간 맑은 청주와 함께 떠 마시는 술이 동동주인데, 이는 청주 계열의 술이다. 또 탁주를 거르는 과정에서 밥알이 들어간 술, 단순히 밥알을 띄워 마시는 막걸리 등도 동동주로 부른다. 원래 개미가 떠 있다는 뜻의 부의주(浮蟻酒), 나방이 떠 있는 술이라고 해서 부아주(浮蛾酒)로 불렀는데, 술이 발효되면서 쌀알이 떠오르는 모습에서 동동주라는 이름이 붙여졌다.

막걸리는 농경의 시작과 함께 하지만, 동동주는 고려시대부터 만들어진 것으로 여겨지고 있다. 한국전쟁이 한창인 때 동동주는 떠 오른 쌀알을 걷어낼 겨를도 없이 판매되었다고 한다. 허기까지 달래주는 역할을 했기 때문이다. 동동주도 막걸리와 마찬가지로 여러 식용재료를 첨가해 다양한 모습으로 변하고 있다. 좁쌀동동주·찹쌀동동주·옥수수동동주·잣동동주·밤동동주·송이동동주·인삼동동주·더덕동동주·단호박동동주 등이 그것이다. 이 외에도 전국에는 다양한 동동주가 있으며, 지금 이 시간에도 동동주는 끊임없이 진화하고 있을 것이다.

청주

우리의 전통술은 청주와 탁주이다. 곡물을 누룩과 섞어 옹기에 담아 두면 발효되어 위로는 맑은 술이 고이고, 술밑 재료는 아래로 가라앉는다. 발효된 술에서 맑은 액체만 걸러 숙성시킨 것이 청주이고, 청주를 거르고 남은 탁한 술을 거르거나 물을 섞어 다시 거른 것이 탁주이다.

흔히 청주를 약주로도 부른다. 그 이유는 청주는 양이 많지 않아 약처럼 구하기 힘들었기 때문이라고 한다. 약효가 있는 술 또는 인삼·구기자·오미자 등 약재를 넣은 술이 약주인데, 금주령 하에서도 약으로 술을 마실 수 있었기에 양반들은 청주를 약주로 부르며 마셨다. 그러면서 좋은 술 내지는 양반들이 마시는 술이 약주로 불렸다. 때문에 약주는 술의 높임말로 변해 윗사람이 술을 마실 경우 '약주 드신다'고 표현했던 것이다.

약주의 유래에 대해서는 다른 이야기도 전한다. 조선 선조~인조대의 문신 서성(徐渻)은 호가 약봉(藥峯)이고, 그가 사는 곳이 약현(藥峴)이었다. 때문에 서성의 집에서 빚은 술을 약산춘(藥山春)이라고 했다. 여기에서 '춘'은 당나라 사람들이 술을 춘이라고 한 데에서 유래한 것이다. 그런데 약산춘이 유명해서 맑은 술을 약주로 부르게 되었다는 것이다. 하지만 약주뿐 아니라 약과·약포·약식 등이 모두 서성의 집에서 판매된 데에서 유래했다고 하는 만큼, 이 이야기는 역사적 사실로 보기는 힘들 것 같다. 그 외 술을 백약의 으뜸으로 여겼기 때문에 약주라는 이름이 붙여졌다는 이야기도 있다.

제사상에 오르는 청주를 법주(法酒)로 부르기도 한다. 법주라는 이름은 술을 빚는 날과 빚는 방법을 법에 따랐다고 해서 법주가 되었다는 이야기, 절에서 양조되었기 때문에 법주로 부르게 되었다는 이야기, 술의 모범이 된다는 뜻에서 얻어진 이름이라는 이야기 등이 있다. 조선시대 왕실에서는 술을 빚는 날과 법을 정해 놓고 빚었던 만큼, '법식대로 빚은 술'이어서 법주로 일컬어지게 되었을 가능성이 높다. 조선 숙종 때 궁궐의 제사와 음식을 총괄

교동법주를 전승하고 있는 경주 최씨 종가

했던 사옹원(司饔院)의 관리를 지낸 최국선(崔國璿)은 고향인 경주로 내려와 술을 빚었는데, 그 비법이 대대로 전해졌다. 최씨 가문이 살고 있는 곳이 경주 교동이어서 이 술은 경주법주 혹은 교동법주로 알려지게 되었다.

일본식 술집인 이자카야(居酒屋)가 유행하면서 니혼슈(日本酒)를 대표하는 세이슈(淸酒)를 찾는 사람들이 늘어났다. 때문인지 청주를 일본 술로 아는 이들도 있다. 또 제사상에 오르는 정종을 청주의 다른 이름으로 여기기도 한다. 정종은 일본 청주의 상표 중 하나이다. 1840년 아라마키야(荒牧屋)의 점주가 불교 경전 임제정종(臨濟正宗)을 보고, 정종의 음독 세이슈(せいしゅう)가 청주의 음독 세이슈(せいしゅ)와 비슷한 것에 착안하여 세이슈를 술 이름으로 사용하였다. 이후 정종을 세이슈가 아닌 마사무네(マサムネ)로 훈독하면서 정종은 마사무네로 불렸다.

1929년 야마무로슈조(山邑酒造)는 마산에 소화슈루이(昭和酒類)를 세워 사쿠라(櫻)정종을 생산했다. 그 외 서울 미모토(三巴)정종, 마산 다이텐(大典)정종, 부산 히시(菱)정종·벤쿄(勉强)정종, 대구 와카마즈(ワカマツ)정종, 하동 마루와(丸和)정종 등 각 지역에서 정종이 생산되었다. 그러면서 청주하면 일본 술을 떠올리게 되었고, 인기 있는 청주 정종을 제사상에 올렸던 것이다.

일본 청주는 찐쌀과 씨누룩을 썩어 만든 코지를 이용해서 밑술을 만든다. 밑술로 도수 높은 발효주를 만든 후, 술 주머니를 압착시켜 얻은 흐린 술을 2주 정도 가라앉혀서 위의 맑은 술만 걸어낸 것이 청주이다. 반면 우리의 청주는 밀이나 밀기울로 만든 누룩과 쌀로 죽이나 고두밥, 백설기 등을 만들어 물을 섞은 후 발효시켜 술에 고두밥과 물을 섞어 다시 발효시켜 만든다.

그 술을 맑게 뜨면 청주, 청주를 뜨지 않고 걸러내면 탁주, 청주를 뜨고 남은 술지게미를 거른 것이 막걸리이다. 청주는 탁주와 함께 우리의 전통술이다. 그런 만큼 청주하면 일본을 떠올리는 모습은 바뀌어야 할 것이다.

소주

보리나 밀을 발효시킨 술을 증류하면 위스키(whiskey), 수수를 발효시킨 술을 증류하면 고량주(高粱酒), 포도주를 증류하면 코냑(cognac)이 만들어진다. 마찬가지로 곡물을 발효시켜 만든 청주를 소줏고리에 넣어 증류 한 술이 소주(燒酒)이다. 소주는 이슬처럼 받아 내린다고 해서 노주(露酒), 불을 때서 술을 만들어서 화주(火酒), 술이 맑아서 백주(白酒), 땀방울처럼 술이 맺힌다고 해서 한주(汗酒), 증기를 액화한 술이어서 기주(氣酒), 약으로도 사용되어 약소주로도 부른다.

소주가 우리의 전통술인 것으로 아는 이들이 많다. 하지만 소주는 아라비아에서 향수를 개발하는 과정에서 만들어진 증류알코올이다. 신라가 서역과의 무역을 통해 증류주 제조법을 배웠다며, 이때 이미 소주가 만들어졌다는 주장도 있다. 그러나 대개는 몽골이 페르시아지역을 정복하면서 도수 높은 증류주인 아라크(araq), 즉 소주가 도입되었고, 고려시대 몽골군이 우리나라에 주둔하면서 소주 제조법이 전래된 것으로 이해하고 있다. 이런 이유로 소주를 아랄길주(阿剌吉酒)라고도 했고, 지역에 따라서는 아랭이·아랑주·아래기·아래이라고도 불렀다.

몽골은 일본을 공격하기 위해 고려에 군대를 주둔시켰다. 몽골군이 머물렀던 안동에 소주를 만드는 법이 전래되어, 안동소주가 탄생했다. 안동 외에도 몽골군이 주둔했던 평양과 제주도의 소주도 유명했다. 『고려사』에 경상도원수 김진(金鎭)이 소주를 좋아해서 그의 무리를 소주도(燒酒徒)라 불렀다는 사실이 기록된 것으로 보아, 소주를 즐겨 찾는 사람이 많았던 것 같다.

고려시대 전래된 소주는 조선시대 널리 알려졌다. 『태조실록』에는 태조의 장남 이방우(李芳雨)가 소주를 마시고 병이 나서 죽은 사실을 기록하고 있다. 태종대에도 금천현감(衿川縣監) 김문(金汶)이 소주를 마시고 죽었고, 경상도 경차관(慶尙道敬差官) 김단(金端) 역시 소주를 많이 마셔 죽었다. 세종의 형인 양녕대군(讓寧大君)은 소주를 지나치게 권해 사람을 죽게 했다는 죄로 탄핵받기도 했다. 『중종실록』에도 제주목사 성수재(成秀才)가 소주를 좋아해 병들어 죽은 일이 기록되어 있다.

소주를 마신 후 사람이 죽었다는 사실을 어떻게 받아들여야 할까? 1720년 동지사 겸 성절진하정사(冬至使兼聖節進賀正使)로 청을 다녀 온 이의현(李宜顯)은 『경자연행잡지(庚子燕行雜誌)』에서 "조선의 소주가 너무 독해 청인들은 마시지 않는다[我國燒酒 燕中人以爲峻烈而不飮]."고 기록했다. 즉 조선시대 소주는 독주였기에, 과음하면 죽음에 이를 수도 있었던 것이다. 때문에 조선 숙종대 편찬된 법령집 『전록통고(典錄通考)』에는 노인이나 환자가 약으로 사용하는 외 소주 마시는 것을 금했다[燒酒 老病服藥外 一禁].

사람이 죽을 정도로 독한 술인 소주는 몸에 좋은 술로 여겨지기도 했다. 『단종실록』에는 문종 사후 허약해진 단종이 소주를 마시고 원기를 회복했음을 기록했다. 1638년 내의원에서 인조에게 무더위를 물리치기 위해 소주를 하루걸러 봉진할 것을 건의했다. 소주가 습기를 제거하는 효과가 있다고 여겼기 때문이다. 이문건의 『묵재일기(默齋日記)』에는 집에서 부리던 노(奴) 만수(萬守)가 가슴이 답답하자 소주를 마셨다는 기록이 있다. 즉 소주는 몸에 좋은 술이며, 국왕과 양반들이 마시는 귀한 술인 소주는 노비에게는 만병통치약으로 여겨졌던 것이다.

지금 소주는 서민들이 즐겨 찾지만, 조선시대에는 사대부들이 즐겨 마시던 술이었다. 소주가 고급술로 여겨진 이유는 많은 양의 쌀이 들어가는 반면 빚어지는 양은 적기 때문이었다. 이런 이유로 1490년 조효동(趙孝同)은 성종에게 연회에서 소주를 사용하고 있어 비용이 막대하게 든다며, 소주 마시는 것을 금할 것을 건의했다. 1524년에는 소주를 많이 마셔 쌀의 소비가 늘어나고 있음과 새로 벼슬을 얻은 신래자(新來者)들이 소주를 접대하게 되어 가산을 탕진하는 일들이 지적되기도 했다.

조선시대 사대부들이 즐겨 마시던 소주는 청주와 달리 제사상에 오르지 못했다. 아마도 외국에서 전래된 술을 조상에게 바칠 수 없다는 생각에 제사상에 올리지 않았던 것 같다. 현재 우리가 제사상에 양주를 올리지 않는 것과 같은 이유일 것이다.

몽골군이 진도에 주둔하면서 만든 소주가 바로 진도홍주이다. 쌀·보리쌀·보리누룩으로 만드는 진도홍주는 지초주(芝草酒)라고도 하는데, 지초를 통과한 소주가 붉은 색이 나서 홍주라는 이름이 붙여졌다.

홍주의 유래에 대해서는 다음과 같은 이야기가 전해지고 있다. 부인이 권한 홍주를 마신 허종은 술에 취해 사직교(社稷橋)에서 말에 떨어져 입궐하지 못했다. 때문에 연산군의 생모인 폐비윤씨 사건에 관여되지 않아 갑자사화(甲子士禍)에서 화를 면하게 되었다고 한다. 허종의 5대손 허대(許岱)는 진도에서 살면서 선대부터 물려받은 소줏고리로 술을 빚어 진도의 홍주가 유명해졌다는 것이다.

우리에게 익숙한 문배주도 소주의 하나이다. 문배주는 좁쌀누룩과 수수를 이용해서 대동강 주변 주암산(酒巖山)의 샘물로 빚는데, 돌배꽃향이 난다고 해서 문배주라는 이름이 붙여졌다. 1946년 평양의 평천양조장에서 문배주를 생산했는데, 한국전쟁 당시 양조장을 운영하던 이들이 월남하면서 북한에서는 문배주가 사라졌다. 1955년 양곡관리법으로 술을 빚을 수 없게 되면서, 문배주의 명맥이 사라질 뻔 했다. 그러나 집안 내에서 비법이 전수되었다. 1986년 이경찬이 중요무형문화재 86-가호 기능보유자로 지정되었고, 1990년 주세법이 개정되면서 다시 문배주를 생산하기 시작했다.

홍주와 문배주는 증류식 소주이다. 술의 재료를 솥 안에 넣고 솥 위에 소줏고

소줏고리
(온양민속박물관)

리를 올려놓고 끓이면 그 증기가 솥 뚜껑이나 대야 밑에 서린다. 이때 소줏고리 위에 찬물을 부으면 증류되어진 소주가 대롱을 통해 흘러내리게 된다. 이것이 증류식 소주이다.

요즘 우리가 먹는 소주는 전통 증류식 소주가 아닌 희석식 소주이다. 희석식 소주는 밀·옥수수·고구마 전분 등을 당화시킨 후 효모를 이용하여 발효시킨 양조주를 증류하여 얻은 알코올에 물을 타서 만든다. 희석된 알코올은 쓴맛이 강하기 때문에 설탕·포도당·구연산·아미노산·향신료 등을 첨가한다. 1919년 평양에 소주 공장이 처음 생겼고, 1924년 10월 3일 평안남도 용강군 지운면에 있던 진천양조상회(眞泉釀造商會)에서 진로소주가 탄생했다.

일제강점기를 거치면서 소주의 표기가 燒酒에서 燒酎로 바뀌었다. 酎는 세 번 빚은 술을 가리킨다. 때문에 증류하는 과정이 3번 정도 이루어졌기 때문으로 여기는 이들도 있다. 그러나 일본이 소주를 燒酎로 표기했기 때문이지, 우리의 전통 소주에 어떤 의미를 부여했던 것은 아니다.

1965년 정부가 식량 정책으로 소주 제조에서 곡류의 사용을 금지하면서 증류식 소주는 사라지기 시작했고, 희석식 소주가 대세를 이루게 되었다. 1970년 국세청은 소주회사 통합에 나섰다. 1973년에는 소주 시장의 과다 경쟁을 막는다며, 한 도에 소주 업체 하나만을 허락했다. 1976년에는 지방 산업을 보호한다는 명목 하에 주류 도매상들에게 그 지역 소주를 50% 이상 구매토록 했다. 이후 소주는 강한 지방색을 가지게 되었다. 부산의 '대선', 경남의 '무학', 대구·경북의 '금복주', 광주·전남의 '보해', 전북의 '보배', 대전·충남의 '선양', 충북의 '충북소주', 제주도의 '한라산', 강원도의 '경월' 등이 그것이다.

하지만 1996년 이 제도가 헌법재판소에서 위헌판결이 내려지면서 하이트진로는 보배, 롯데주류는 충북소주를 인수했다. 무학의 '좋은데이', 대선주조의 '시원블루(CJ)', 제주도의 '한라산' 등은 서울에서 판매되기 시작했다. 그러나 아직까지 지방 소주가 서울로 진출하는 것이 쉽지는 않은 것 같다.

1986년 아시안게임과 1988년 서울올림픽을 앞두고 정부는 1도 1민속주 정책을 펼쳤다. 즉 한 도에 민속주 하나씩을 지정해서 우리의 전통주를 살려내겠다는 것이다. 그 결과 안동소주와 문배주 등 전통주가 다시 살아나기 시작했다. 하지만 증류식 소주는 가격이 비싼 탓에 여전히 희석식 소주를 많이 찾는 것 같다.

시간이 지나면서 희석식 소주의 소비 형태도 변하고 있다. 1924년 처음 탄생한 소주의 알코올 함량은 35도였고, 1965년에는 30도였다. 1974년 정부가 소주의 주요 원료인 주정을 생산업체에 할당하는 주정배정제도를 실시하자, 소주 회사들은 적은 주정으로 보다 많은 소주를 생산하기 위해 알코올 도수를 낮추기 시작했다. 그 결과 1993년 25도, 1998년 23도 소주가 등장했다. 이후 점차 알코올 함량이 낮아져 2019년에는 16.9도 소주가 생산되기 시작했다. 소주의 알코올 도수가 내려간 것은 정부 정책과도 관련이 있다. 주정 가격이 올랐지만 정부는 물가안정을 위해 소주 가격을 올리지 못하도록 했다. 그러자 소주 회사들은 소주의 알코올 함량을 낮출 수밖에 없었던 것이다.

소주 값을 올릴 수 없어 소주의 알코올 함량을 낮추었는데, 사람들은 낮은 알코올 도수의 소주를 선호했다. 그러면서 2015년에는 자몽이나 유자 등 단맛을 내는 소주가 인기를 얻기도 했다. 이런 소주의 알코올 함량은 14도 정도이다. 알코올 함량이 낮아지고, 단맛을 내는 소주가 인기를 끈 것은 여성의 사회참여가 증가한 것과도 관계있다. 사회생활을 하는 여성들이 술자리에서 순한 술을 찾게 되면서, 순한 소주와 단맛이 나는 소주가 인기를 끌게 된 것이다.

우리나라 사람들이 소주를 가장 많이 찾는 이유는 어디에 있는 것일까? 희석식 소주는 가격이 싸다. 또 막걸리에 비해 알코올 도수가 높아 쉽게 취할 수 있다. 가장 중요한 것은 맵고 짠맛의 우리 음식과 잘 어울린다. 우리나라 식당에서는 대개 소주를 판매한다. 이는 소주가 그 만큼 우리 음식과 궁합이 잘 맞는다는 사실을 말해주는 것이다.

맥주

'마시는 빵(Liquid Bread)'으로도 불리는 맥주(麥酒)는 기원전 4,000년 전 티그리스강과 유프라테스강 유역에서 수메르인들이 처음 만들었다. 수메르인들의 주식은 보리로 만든 빵이었다. 그런데 우연히 빵이 물에 빠졌고, 이 물을 마신 후 그 맛에 반해 맥주를 만들기 시작했다고 한다. 게르만인에게 잡혀 포로가 된 프랑스 병사가 독일에 홉(hop) 재배법을 전하면서 포도 재배가 불가능한 독일과 영국 등에서 맥주가 발달했다. 고려시대 사찰에서 술을 양조했듯이, 중세 유럽에서는 수도원에서 맥주를 주조했다.

맥주는 원래 보리에 물이나 맥아(麥芽)를 넣어 자연 발효시키는 것에 그쳤다. 10세기 들어 맥주에 홉을 넣으면서 쌉쌀한 맛이 나기 시작했다. 하지만 이 시기에는 각 지역마다 맥주를 마음대로 만들었기 때문에 맥주의 색·향·맛 등이 천차만별이었다. 1487년 11월 바이에른의 공작 알브레트4세(Albrecht IV) 가 맥주에 보리·홉·효모·물 외에 아무것도 넣을 수 없게 한 '맥주순수령 (Reinheitsgebot)'을 선포했다. 1516년 4월에는 빌헬름4세(Wilhelm IV)가 맥주순수령을 따라야 한다고 공포하면서, 이후 맥주는 지금의 형태가 되었다.

맥주를 만들 때 사용되는 보리는 식용으로 먹는 보리가 아니다. 우리가 먹는 보리는 여섯 줄보리이고, 맥주를 만들 때 사용하는 보리는 두줄보리다. 때문에 두줄보리는 맥주보리로도 부른다.

조선시대에도 보리로 술을 담았다. 『주방문(酒方文)』에는 백미와 보리로 담근 모주(牟酒)와 보리로 빚는 모소주(牟燒酒)가 소개되어 있다. 그러나 모주와 모소주는 지금의 맥주와는 다른 형태의 술이었다.

우리에게 처음 맥주가 전래된 것은 1866년 일본의 삿포로(サッポロ)맥주가 수입되면서부터이다. 일제강점기 맥주는 Beer의 일본식 발음인 '삐루'로 불리며 크게 유행했다. 이때의 맥주는 아사히(アサヒ), 기린(麒麟), 에비스(ユビス) 등 모두 일본 맥주였다. 1933년 8월 일본의 다이닛폰(大日本)맥주가 영등포에 삿포로맥주 공장을 세웠고, 12월에는 쇼와(昭和)기린맥주도 국내에 공장을 설립했다. 1934년부터는 국내에서도 맥주가 생산되기 시작했다.

해방공간기 적산관리 공장으로 미군정에 의해 관리되던 삿포로맥주는 민덕기(閔德基)가 인수하여 조선맥주가 되었다. 두산의 창업가 박승직(朴承稷)은 일제강점기 쇼와기린맥주의 조선인 주주로 참여했고, 대리점을 개설해 쇼와기린맥주를 위탁 판매했다. 해방 후 박승직은 아들 박두병(朴斗秉)을 쇼와기린맥주의 관리지배인으로 취임토록 했다. 1948년 2월 쇼와화기린맥주의 상호는 동양맥주로 바뀌었고, Oriental Brewery의 약자인 'OB'를 상표로 삼았다. 1951년 박두병은 동양맥주를 인수했다.

일제강점기부터 조선맥주는 동양맥주를 앞서고 있었다. 치열한 경쟁 끝에 1957년 9월 드디어 동양맥주는 조선맥주 '크라운'을 추월했고, 1966년 조선맥주는 대선주조에 인수되었다. 1973년 생산량 모두를 수출하는 조건으로 독일 이젠벡(Isenbeck)과 합작하여 한독맥주가 설립되었다. 하지만 수출에 차질을 빚으며 생산을 중단하자, 정부는 부도를 막기 위해 국내 시판을 허가했다. 한독맥주는 '본고장 맥주'를 내세워 큰 인기를 끌기도 했다. 그러나 고가판매 정책으로 소비자들의 외면을 받아 1976년 도산했고, 1977년 12월 조선맥주에 인수되었다.

1993년 5월 조선맥주가 지하 150m 천연 암반수로 만든 '하이트'를 개발하면서 동양맥주를 추격하기 시작했다. 1994년 6월에는 진로 쿠어스맥주가 '카스'를 선보이면서 3파전에 돌입했다. 동양맥주는 '라거'·'넥슨'·'카프리' 등을 개발했지만, 조선맥주에게 선두자리를 내주었다. 1977년 진로가 부도가 나면서 동양맥주는 카스맥주를 인수했지만, 하이트를 넘어서지는 못했다.

1998년 동양맥주는 벨기에 인터부르(Interbrew)에 지분 50%와 경영권을 넘겼다. 2009년 인터브루는 클버그 크래비스 로버츠(Kohlberg Kravis Roberts)에 동양맥주를 매각했고, 클버그 크래비스 로버츠는 다시 어피니티 에쿼터 파트너스(Affinity Equity Partners)에 지분 50%를 매각했다. 1999년부터 맥주 시장 진출을 준비했던 롯데는 2009년 OB맥주 인수에 나섰지만 실패했다. 그러자 롯데는 자체적으로 2014년 '클라우드'를 출시하였다.

1986년 아시안게임과 1988년 서울올림픽을 계기로 수입 맥주시장이 개방되었다. 2002년 월드컵을 준비하는 과정에서 '소규모 맥주 면허제도'가 시행되어, 하우스맥주집이 등장하기 시작했다. 2020년 맥주에 대한 세금이 출고가가 아닌 양으로 변하면서 대기업맥주와 수제맥주의 세금이 동일해졌다. 그 결과 수제맥주 양조장들은 다양한 맥주를 생산하고 있다. 현재 맥주 시장은 동양·조선·롯데의 3파전 양상이 펼쳐지고 있다. 여기에 자기만의 개성을 살린 수제맥주, 세계 여러 나라에서 수입된 맥주들이 경쟁을 펼치고 있다.

북한에는 금강맥주·룡성맥주·봉학맥주·대동강맥주 등이 생산되고 있는데, 우리에게 가장 잘 알려진 것은 대동강맥주이다. 2001년 김정일국방위원장은 러시아의 발티카(Baltika) 맥주공장을 돌아본 뒤 맥주공장 설립을 지시했고, 2002년 대동강맥주가 생산되기 시작했다. 대동강맥주는 보리와 쌀의 비율, 알코올 도수에 따라 7가지 종류가 있다. 2000년 남북정상회담 이후 대동강맥주가 수

북한에서 생산하고 있는 금강맥주

입되어 북한의 맥주를 맛볼 수 있었다. 그러나 2010년 3월 26일 천안함사건이 터지자, 이명박(李明博) 정부는 대북교역·대북지원사업·대북신규투자·북한 선박의 우리 해역 운항을 전면 금지했고[5·24조치], 대동강맥주 수입도 중단되었다.

맥주는 병·프라스틱병·캔 등의 용기에 담겨 판매되고 있다. 그런데 병의 색깔 대부분은 갈색이다. 그 이유는 맥주가 직사광선을 받으면 산화되어 맛과 향을 잃기 때문이다. 또 맥주에 거품이 있는 이유는 탄산가스가 밖으로 나가는 것을 막고, 맥주가 공기에 접촉되어 산화되는 것을 방지하기 위해서이다. 때문에 맥주 맛을 유지하기 위해 맥주잔에 쌀알을 한두 알 떨어트려 거품이 사라지지 않게 판매하는 곳도 있다.

병이나 캔에 담겨져 있지 않은 맥주가 생맥주이다. 생맥주는 열처리를 하지 않은 맥주로 저온열처리를 한 병맥주보다 신선한 맛이 있지만, 오래 보관할 수 없다. 그러나 요즘 유통되는 생맥주는 동일한 생산공정을 거친 후 포장단계에서 병이 아닌 생맥주통에 담은 것이 대부분이다.

쇼와기린맥주가 서울에 생맥주를 공급하면서 우리의 생맥주 역사가 시작되었다. 1970년대에는 생맥주가 크게 유행했다. 병맥주보다 저렴했기에 대학생과 직장인들이 즐겨 찾았다. 500cc와 1,000cc 단위로 팔리던 생맥주는 1990년대부터는 2,000~3,000cc의 큰 맥주잔인 피처(pitcher)에 담겨 팔리기 시작했다.

일제강점기 맥주 1병의 가격은 설렁탕 한 그릇보다 비쌌다. 때문에 서민들이 맥주를 마신다는 것은 꿈도 꿀 수 없는 일이었다. 1997년까지 맥주는 사치품으로 분류되어 다른 술보다 세금을 더 내야만 했다. 하지만 이제는 누구나 가볍게 마실 수 있는 술이 맥주이다. 아마도 우리의 경제사정이 나아진 것과 상관관계가 있을 것이다.

맥주는 여러 음식과 잘 어울린다. 소주보다 알코올 함량이 낮기 때문에 상대적으로 술을 잘 마시지 못하는 사람들도 마실 수 있다. 소주나 막걸리보다는 비싸지만, 그렇다고 가격 부담이 큰 것도 아니다. 이런 점에서 맥주도 이젠 서민의 술로 불러도 무방할 것 같다.

포도주와 양주

포도는 당분이 많고 껍질이 쉽게 파괴되어 그대로 두어도 천연 효모의 작용으로 술이 될 수 있다. 때문에 인류가 마신 최초의 술은 포도주였던 것으로 추정되고 있다. 기원전 9천년 경 신석기시대부터 포도주를 마시기 시작한 것으로 여겨지는데, 맥주와 마찬가지로 수메르인이 처음 만들었다고 한다.

포도주를 유럽에 전한 것은 로마인이다. 때문에 우리에게 포도주는 개항 이후 서양으로부터 전래된 것으로 알고 있는 이들이 많다. 그러나 중국의 경우 한대 장건(張騫)에 의해 포도주가 전해졌고, 당태종은 고창국(高昌國)을 정복한 후 포도주 빚는 법을 배워 신하들과 함께 포도주를 마셨다고 한다. 『고려사』에는 1285년 원 세조가 충렬왕에게 포도주를 보낸 사실을 기록하고 있다. 소주와 마찬가지로 포도주도 원간섭기에 전래된 술인 것이다.

조선시대인들도 포도주를 즐겨 마신듯 하다.

말굽 박은 총이말에 붉은 고삐 잡으니	鑿蹄驄馬紫游韁
옥 세운 듯 훤칠한 칠 척 남짓의 장신이라오.	玉立長身七尺強
봉화 꺼진 변방 성으로 말을 향하니	騎向邊城烽燧冷
좋은 포도주가 금 술잔에 가득하리라.	蒲萄美酒滿金觴

위 시는 1647년 조경이 종성부사(鍾城府使)로 부임하는 김원립(金元立)을 전송하며 지은 것이다. 전쟁의 염려가 없어지면 좋은 포도주를 마시며 태평세월을 누릴 것이라는 내용이다. 이에 앞서 1643년 통신부사로 일본으로 향하

던 조경은 "고향에서 포도주 마시던 작년이 생각나네[故園蒲酒憶前年]."라며 포도주 마시던 기억을 떠올리기도 했다. 이를 보면 조선시대인들이 포도주를 매우 즐긴 것처럼 느껴진다. 그러나 조선시대인들은 포도주는 쓴맛이 있어 싫어했다고 한다.

고려시대 원에서 전래된 포도주가 지금의 와인과 같은 술인지는 확실하지 않다. 그런데 조선시대인들이 마신 포도주는 와인과는 다른 술이었던 것 같다. 『음식디미방』·『산림경제』·『증보산림경제』·『동의보감』 등에서는 포도와 찹쌀밥, 흰 누룩가루를 섞어 빚은 술을 포도주로 설명하고 있다. 우리는 전통적으로 곡물로 빚은 술에 익숙했던 만큼 포도주도 곡물과 함께 빚었던 것이다.

통신사 부사로 일본에 파견된 김세렴(金世濂)은 1637년 2월 쓰시마로부터 포도주를 대접받았다. 쓰시마에서 포도주를 남만(南蠻)에서 생산된 것으로 설명한 것으로 보아, 김세렴이 마신 포도주는 서양에서 만든 와인인 것 같다. 1790년 성직자 파견 요청을 위해 윤유일(尹有一)이 베이징(北京)에 파견되었다. 구베아(Alexandre de Gouvae; 湯士選) 주교는 윤유일에게 포도나무 묘목과 함께 재배법, 그리고 포도주 제조법 등을 알려주었다. 중국에서 주문모(周文謨) 신부가 들어온 후 1795년 조선에서 첫 미사가 봉헌됐는데, 이때 윤유일이 재배해서 담근 포도주가 사용되었다고 한다.

19세기에 간행된 『임원경제지지』 정조지에는 소주에 포도를 넣어 술을 담그는 법과 함께 포도와 누룩으로 술을 빚은 후 소줏고리에 넣고 증류한 포도주 빚는 법도 소개하고 있다. 이와 함께 "포도를 오래 저장하면 스스로 술이 된다[葡萄久貯 亦自成酒]."고 설명하고 있다. 이로 보아 18세기 후반 이후 지금의 와인과 같은 포도주도 만들어졌던 것 같다.

브랜디(brandy)와 코냑도 포도주에 기원을 둔 술이다. 브랜디는 과즙을 증류시킨 술이지만, 통상적으로는 포도주를 증류시킨 술을 브랜디라고 한다. 브랜디의 일종인 코냑은 프랑스 코냐크지역에서 만든 브랜디를 가리킨다.

축배를 들 때 많이 사용되는 샴페인(champagne) 역시 프랑스 상파뉴 지방의 발포성 포도주(Sparkling wine)를 가리키는 말에서 비롯되었다.

조선시대인들은 포도주보다는 위스키나 진(gin) 등 독주를 즐겼다. 위스키는 한글로는 '우이쓰기' 한자로는 '유사길(惟斯吉)'로 적었다. 이는 위스키가 중국어로 웨이쓰지(威士忌)였는데, 이와 유사하게 발음하고 표기하다 보니 우이쓰기와 유사길이 된 것이다. 진은 노간주나무인 두송의 주니퍼(juniper)향을 곁들였기 때문에 두송자주(杜松子酒), 럼(rum)은 당주(糖酒)로 표기했다.

1907년 6월 12일 창덕궁 후원에서 열린 서양식 가든파티 원유회(園遊會)에 맥주·위스키와 함께 브랜디와 샴페인이 등장했다. 당시 브랜디는 불안다주(佛安茶酒)·박란덕(撲蘭德)·발란덕(撥蘭德), 샴페인은 삼편주(杉鞭酒)·상백륜(上伯允)으로 표기했다. 이에 앞서 운요호(雲揚號)사건 이후 일본은 1876년 조선과 강화도조약을 체결했는데, 세칙에는 위스키·진·럼·포도주 등을 무관세로 수출한다는 항목이 있다. 즉 개항과 함께 서양의 술들이 관세 없이 조선에 들어오기 시작했던 것이다. 외국에서 수입된 술에 관세가 부과되기 시작한 것은 1883년 조일통상장정(朝日通商章程)이 체결되면서부터이다.

폭탄주

서로 다른 술을 한 잔에 섞어 마시는 것이 폭탄주이다. 아마도 폭탄주라는 명칭은 한 가지 술을 마시는 것보다 빨리 취하기 때문에 붙여진 이름일 것이다. 폭탄주는 영국과 미국의 노동자들이 싼값으로 빨리 취하기 위해 맥주와 위스키를 섞어 마신 데에서 비롯되었다는 이야기가 전한다. 또 러시아의 벌목공들이 추위를 이기기 위해 맥주에 보드카(vodka)를 섞어 마신 것에서 유래했다고도 한다. 그러나 폭탄주를 뜻하는 'Bomb shot'이라는 용어가 존재하는 것으로 보아, 전 세계 여러 지역에서 다양한 방법으로 폭탄주가 시작되었을 가능성이 높다.

조선시대에도 폭탄주가 있었다. 완성된 술을 섞어 마시는 것이 아니라, 서로 다른 술을 섞어 하나의 술로 만든다는 것이 지금의 폭탄주와는 다른 점이다. 이렇게 만들어진 술이 혼양주(混釀酒)이다. 혼양주를 대표하는 술이 여름에 먹는 과하주(過夏酒)이다. 과하주는 '여름이 지나도록 변하지 않는 술', '봄에 술을 빚어 마심으로써 여름을 건강하게 지날 수 있는 술'이라는 의미가 있다. 알코올 함량이 12~19%인 청주는 여름에는 빚기도 보관하기도 어렵다. 반면 증류주인 소주는 여름에도 쉽게 상하지 않는다. 그래서 청주의 맛과 소주의 안전함을 혼합하여 과하주가 탄생한 것이다.

과하주로 유명한 곳이 김천인데, 김천의 과하주는 혼양주가 아닌 청주이다. 김천 과하주는 과하천(過夏泉)이란 우물물로 빚는데, 이 우물을 금릉주천(金陵酒泉)으로도 부른다. 조일전쟁 당시 조선에 파견되었던 명나라 장수 이여송(李如松)이 이곳 물맛을 보고 '중국 금릉에 있는 과하천의 물맛과 같다'고 하여 이 우물을 과하천, 우물물로 빚은 술은 과하주로 부르게 되었다고 한다. 그러나 이여송은 벽제관전투(碧蹄館戰鬪) 패전 이후 평양성으로 회군했다. 이후 이여송은 명으로의 철군을 주장했고, 그가 김천에 왔다는 기록도 보이지 않는다. 반면 『세종실록』의 지리지에는 "정종 원년 태를 현 서쪽 10리에 있는 황악산에 안치하고 금산군으로 승격했는데 별호는 금릉이다[本朝恭靖王元年己卯 安御胎于縣西十里黃岳山 陞爲知郡事, 別號金陵]."고 기록하고 있다. 1399년 이미 금릉이라는 지명이 등장하는 만큼, 이여송과 관련된 금릉주천설화는 훗날 만들어진 이야기일 가능성이 높다.

소주와 막걸리를 직접 섞는 경우

김천시 남산동의 과하천

도 있었다. 막걸리 한 사발과 소주 한 사발을 섞은 후 앙금이 가라앉으면 마시는 술이 혼돈주(混沌酒)이다. 자중홍(自中紅)으로도 불린 혼돈주는 지금의 폭탄주보다 훨씬 독한 술이었다.

서양에서 폭탄주는 하층민의 문화지만, 우리의 경우 1980년대 검찰·경찰·군인·공무원 등을 중심으로 양주에 맥주를 섞어 마시는 부유층의 음주문화로 자리 잡았다. 맥주에 양주를 넣은 뒤 휴지로 컵을 막고 회오리 돌리듯 돌려서 만든 회오리주, 회오리주에 얼음을 한 조각 띄운 다이아몬드주, 맥주를 따른 맥주잔에 양주잔을 띄운 뒤 양주를 조금씩 넣어 가라앉혀 마시는 타이타닉주, 캔맥주에 구멍을 낸 뒤 맥주를 조금 따른 후 맥주 캔에 양주를 가득 채워 마신 후 빈 캔을 던지는 수류탄주, 맥주잔에 맥주를 어느 정도 채운 후 잔 위에 냅킨을 놓고 그 위에 양주를 부어 양주와 맥주가 섞이지 않아 금테처럼 보이는 금테주, 맥주잔 위에 명함을 올려놓고 그 위에 양주를 얹은 후 명함을 순간적으로 빼서 맥주와 양주를 섞이도록 하는 슬라이딩주, 빈 맥주잔 위에 젓가락을 놓고 그 위에 양주잔을 얹은 후 양주잔에 맥주를 부어 마시는 폭포 주, 맥주잔 위에 젓가락을 놓고 그 위에 양주잔을 올린 후 머리로 테이블을 쳐서 양주잔을 맥주잔에 빠트려 마시는 충성주, 맥주잔 속에 자양강장제와 양주를 넣고 섞어 마시는 황제주 등이 있다. 그 외에도 피타고라스주·수소폭 탄주·삐딱주 등 다양한 형태의 폭탄주가 만들어졌다. 최근에는 막걸리에 양 주를 떨어뜨려 마시는 민속폭탄주가 등장하기도 했다.

폭탄주는 사회 현상을 반영하기도 했다. 1999년 한·일어업협상에서 쌍끌 이 어로법이 문제가 되자, 폭탄주 두 잔을 연거푸 마시는 쌍끌이주가 등장했 다. 황우석(黃禹錫)이 줄기세포 없이 연구논문을 조작한 사건을 풍자하여 맥주 대신 맹물에 양주를 섞어 황우석주로 부르기도 했다.

폭탄주 문화는 서민들에게도 영향을 미쳤다. 1970~1990년대 초반까지 대 학가에서도 폭탄주 열풍이 불었다. 신입생환영회 때에는 의례 막걸리와 소주 등을 섞은 술을 신입생들에게 마시게 했다. 주머니사정이 넉넉지 못한 선배들이 후배들에게 취할 수 있을 만큼 술을 사주기 위해 폭탄주를 마시게 했고, 그것이 학교 또는 학과의 전통이 되었던 것 같다.

2010년대 맥주에 소주를 섞는 소맥이 등장했다. 맥주잔에 소주와 맥주의 비율을 알려주는 눈금이 표시된 잔이 등장할 정도로 소맥의 열풍은 대단했다. 소맥의 유행을 국산 맥주의 맛이 밍밍하고 소주의 도수가 낮아졌기 때문으로 설명하기도 한다. 즉 맥주와 소주를 섞어야 맛이 난다는 것이다. 맛 때문에 소주와 맥주를 섞어 마실 수도 있을 것이다. 그러나 그보다는 비싼 양주를 마시기 힘든 서민들이 부유층이 즐기는 폭탄주의 분위기를 흉내 내면서 소맥이 탄생했을 것이다.

서민들의 폭탄주는 끊임없이 진화하고 있다. 소맥에서 더 나아가 소맥에 콜라를 더한 소맥콜, 소주·백세주·산사춘·맥주를 섞은 소백산맥, 소주에 홍초를 더한 홍익인간주, 소주·맥주·사이다를 섞은 밀키스주, 에너지음료와 소주를 썪은 에너자이저주, 소주에 막걸리와 사이다를 섞은 막소사 등이 등장했다.

우리의 폭탄주는 주머니 사정뿐 아니라 입맛과도 상관성이 있다. 1988년 쌀로 빚은 백세주가 나왔다. 소주보다 비싼 백세주를 취하도록 마시기는 아무래도 부담스럽다. 뿐만 아니라 소주 맛에 익숙했던 만큼 백세주보다 조금 더 강한 맛을 찾았다. 그래서 백세주와 소주를 섞은 오십세주가 탄생한 것 같다. 그 외 소주에 단맛이 나는 매취순을 섞어 마시는 소순이 역시 주머니사정과 소주의 맛을 잊지 못한 결과물일 것이다.

안주에서 음식으로

술을 마실 때 함께 먹는 음식이 음저(飮儲)인데, 우리는 대개 안주라고 부른다. 안주는 술[酒]을 누른다[按]는 뜻을 가진다. 즉 술을 마실 때 취기를 누르기 위해 함께 먹는 음식이 안주인 것이다. 실제로 안주 없이 마시는 '깡술'은 취기가 빨리 오른다. 조선시대에는 술상을 잔과 안주를 함께 차려낸다는 뜻에서 배반(杯盤)으로 표현했다. 즉 안주는 술과 밀접한 관계가 있는 것이다.

우리 음식은 그 자체로 훌륭한 안주이다. 술을 마시기 위해 안주를 먹는 경우도 있지만, 안주를 먹기 위해 술을 마시는 경우도 있다. 탕이나 전골같이 국물이 있는 음식과 삼겹살이나 족발 등 기름진 음식은 쓴 소주와 궁합이 잘 맞는다. 각종 나물이나 전 등은 막걸리와 환상적으로 어울린다. 건어물은 맥주와 함께 먹으면 그만이다. 보통 기존 음식들이 안주로 이용되기도 했지만, 안주로 만들어졌던 것이 일상적인 음식이 된 경우도 있다. 가장 대표적인 것이 아귀찜이다.

불교에서 아귀(餓鬼)는 몸은 큰데 목구멍이 작아 아무리 먹어도 배가 고픈 지옥의 이름이다. 우리가 먹는 아귀는 대식가로 생긴 모습이 흉측하다. 때문에 아귀로 불렸던 것이다. 아귀의 배를 갈라보면 여러 물고기가 들어 있다. 때문에 굶주린 입을 가진 물고기라는 아구어(餓口魚)에서 아귀라는 이름이 비롯되었다. 『자산어보』에는 낚시[釣]와 실[絲]을 붙여 조사어로 설명했다. 즉 낚시하는 물고기란 뜻이다. 맛이 좋아 물에 사는 꿩고기 같다고 해서 물꿩[水雉]으로 표현하기도 했고, 지역에 따라 아꾸·망청어·반성어·귀임이·꺽정이·망챙어·식티이·마굴치 등 다양한 이름으로 불렀다.

조선시대인들이 왜관에서 일본인들로부터 대접받을 때 좋아했던 음식 중 하나가 앙코(鮟鱇)였다고 한다. 앙코는 우리의 아귀이다. 일본의 도쿠가와바쿠후시대 5대 진미 중 하나가 앙코였다. 따라서 왜관에서 최고의 음식 아귀로 조선인을 대접했던 것이다. 그러나 왜관을 출입할 수 있는 이들이 소수였던 만큼, 아귀는 대중적인 음식은 아니었을 것이다.

1950년대까지 어부들은 못생긴 아귀가 그물에 잡히면 재수가 없다며 바다에 던졌는데, 그때 텀벙하는 소리가 나서 '물텀벙'으로 부르기도 했다. 또 밭에 거름으로 던져지던 천대받는 물고기였다. 한국전쟁 당시 먹을 것이 부족해 아귀를 먹기 시작했지만, 전국적으로 알려지지는 않았다.

1950년대 경남 지역에서 술국으로 아귀탕인 물꿩국을 파는 식당이 등장했다. 이에 대해서는 뱃사람들이 아귀로 탕을 끓여 달라고 가져온 것이 계기가 되었다는 이야기가 전한다. 일제강점기 우리나라에 머문 일본인들이 아귀로 만든 앙코나베(あんこうなべ)를 먹었던 만큼, 지금의 아귀탕은 앙코나베에 영향을 받았을 가능성도 있다.

마산에서 아귀찜이 처음 등장한 것은 1964년 무렵인 것으로 추정되고 있다. 유래에 대해서는 여러 이야기가 전해지고 있는데, 가장 유명한 것은 뒷마당에 널어놓은 아귀로 안주를 만든 데에서 시작되었다는 것이다. 또 한국전쟁 당시 피난민이나 반공포로들이 버려진 아귀로 음식을 만들어 먹은 것이 아귀찜의 시초라는 견해도 있다. 그 외 말린 아귀를 복찜·북어찜과 같은 조리법으로 만든 데에서 비롯된 것으로 보기도 한다.

아귀찜은 마산뿐 아니라 군산과 부산 등에도 있었다. 마산의 아귀찜이 건아귀와 콩나물을 사용하는 반면, 군산은 생아귀와 미나리로 아귀찜을 만든다. 부산의 경우는 아귀를 쪄서 양념장에 찍어 먹었다. 아귀는 동해·서해·남해 모두에서 잡히는 만큼 여러 지역에서 아귀찜이 시작되었던 것이다. 그런데 1981년 개최된 '국풍81'을 통해 마산아귀찜이 알려졌다. 이듬해 마산에서 전국체전이 개최되면서 많은 사람들이 아귀찜을 찾았고, 그러면서 아귀찜 하면 마산의 음식으로 사람들에게 각인되었다.

마산의 아귀찜은 말린 아귀를 사용했기에 딱딱하고 맵다. 그 자체로 맛이 있지만, 많은 사람들이 찾는 맛은 아니었던 것 같다. 1980년대 아귀찜이 서울에 들어오면서 원래와는

아귀탕

다른 모습으로 변했다. 즉 말리지 않은 생아귀에 전분을 넣어 매운 맛과 함께 단맛을 내었던 것이다. 안주에서 시작된 아귀탕과 아귀찜이 이제 가족들이 함께 외식하면서 먹을 수 있는 음식으로 변화한 것이다.

우리가 즐겨 찾는 닭갈비가 춘천에서 시작되었다는 것은 유명한 이야기다. 1960년을 전후한 시기 춘천의 어느 술집에서 안주로 팔던 돼지갈비가 떨어지자, 닭고기를 돼지갈비처럼 양념에 재웠다가 석쇠에 구워 팔았다. 닭불고기로 불린 이 음식은 큰 인기를 끌었다.

1960년대 후반 또 다른 음식점에서 석쇠 대신 둥근 철판에 양념한 닭고기와 야채를 함께 볶는 형식의 음식을 개발했다. 이 음식은 닭불고기와 구별하여 닭갈비란 명칭으로 불렸다. 1970년대가 되면 닭불고기가 쇠퇴해 간 반면 닭갈비가 번창하여 지금에 이르고 있다.

닭의 갈비에는 살이 거의 없다. 때문에 『삼국지』에서 조조(曹操)는 닭갈비를 먹자니 먹을 것이 없고, 버리자니 아깝다고 계륵(鷄肋)으로 표현하기도 했다. 살이 별로 없기에 닭갈비의 가격은 저렴했다. 때문에 닭갈비는 '대학생갈비' 또는 '서민갈비'로 불리기도 했다. 주머니 사정이 넉넉지 못한 대학생과 서민들이 고기 굽는 기분을 내며 싼 값에 먹을 수 있는 안주가 닭갈비였던 것이다.

우리가 먹는 닭갈비는 닭의 가슴살이나 다리살을 도톰하게 펴서 양념에 재운 후에 야채와 함께 철판에 볶거나 숯불에 구워서 먹는다. 뼈를 제거했지만, 돼지갈비처럼 펼쳐서 구웠기 때문에 닭갈비라 부르는 것이다. 실제로 처음 닭갈비는 소갈비나 돼지갈비와 마찬가지로 '대' 단위로 판매했다고 한다. 그러던 것이 많은 사람들이 찾게 되면서 닭갈비 세대 정도를 1인분으로 계산해 둥근 무쇠 불판에 볶아 먹는 현재의 모습으로 발전한 것이다.

닭갈비는 야채를 함께 넣기 때문에 많아 보이지만, 실제 양은 많지 않다. 고기도 씹을 것이 별로 없다. 때문에 소갈비나 돼지갈비처럼 숯불에 구워 먹기도 한다. 최근에는 닭갈비에 오징어나 낙지 등의 해산물이나 치즈를 넣기도 한다.

닭갈비는 가격이 저렴하다. 닭갈비에 라면이나 떡 사리를 넣고 비벼 먹었고, 다시 밥을 비비는 방식이 등장했다. 때문에 술을 마시지 못하는 사람들도 닭갈비를 함께 먹을 수 있다. 이런 점에서 이제 닭갈비는 안주에서 음식의 반열에 들어섰다고 할 수 있을 것 같다.

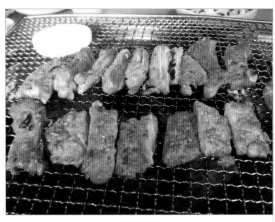

숯불닭갈비

닭의 모래주머니인 근위(筋胃)는 이물질과 음식물이 똥처럼 보여 닭똥집으로 부르기도 한다. 처음 닭똥집은 포장마차에서 볶음의 형태로 팔렸다. 이후 많은 사람들이 찾으면서 강정이나 튀김의 형태로도 팔리고 있다. 닭똥집과 함께 포장마차에서 즐겨 먹었던 안주가 닭발이다. 1990년대에는 군대 내 매점인 PX에서 가공된 닭발을 포장 판매했다. 병사들은 고추장 양념이 된 닭발을 먹은 후 양념에 밥을 비벼 먹기도 했다.

닭의 발도 훌륭한 안주이다. 값이 싼 닭발은 서민들이 찾는 포장마차에서 양념에 재워둔 후 연탄불에 구워 술안주로 팔렸다. 최근에는 닭발 요리를 전문으로 하는 음식점들이 늘어나고 있다. 매운닭발이나 뼈없는닭발과 같은 새로운 형태의 닭발도 등장했다. 닭발은 식재료의 특징상 다양한 음식으로 변모하기 힘든 것이 사실이며, 아직까지는 안주에

닭똥집볶음
(김동찬 제공)

가깝다고 할 수 있다. 하지만 여성과 아이들도 즐겨 찾는 인기 있는 음식의 하나이다. 그런 만큼 이젠 닭발도 음식의 반열에 올랐다고 할 수 있을 것이다.

서민들의 안주로 인기 있는 돼지껍데기는 조선시대 양반들의 안주였다. 돼지껍데기를 고아 만든 족편인 저피수정(猪皮水晶)이 바로 그것이다. 『산가요록』에는 돼지껍질로 식해를 만드는 법이 소개되어 있다. 조선시대 주요 식재료였던 돼지껍데기는 시간이 지나면서 천대받아 술손님에게 서비스로 주는 음식으로 변했다. 그러던 것이 쫄깃한 식감과 미용과 다이어트에 좋다고 하여 찾는 이들이 많아지면서 정식 메뉴로 정착하게 된 것이다.

골뱅이 역시 많은 사람들이 즐겨 찾는 안주이다. 골뱅이는 고둥의 사투리인데, 요즘에는 통조림에 든 고둥을 이르는 말로 굳어진 것 같다. 골뱅이는 동해에서 흔했다. 그러나 쉽게 상해 내륙에서는 먹기 힘들었다. 1960년대 골뱅이를 통조림으로 만들어 일본으로 수출하면서 서울 등지에서도 골뱅이 통조림이 등장했다.

구멍가게에서 술을 마시던 사람들이 골뱅이통조림을 안주로 찾기 시작했다. 그러다가 손님들이 통조림에 든 골뱅이에 양념해 줄 것을 요구하자, 고춧가루와 다진마늘 그리고 파를 썰어 얹으면서 지금의 골뱅이무침이 탄생했다. 골뱅이무침을 하는 가게가 늘어나면서 을지로3가에는 골뱅이골목이 형성되었다.

을지로 골뱅이골목의 골뱅이무침

골뱅이무침은 여전히 술안주로 인기 있다. 골뱅이무침보다는 골뱅이라는 이름이 더 익숙한데, 인기 있는 배달음식 중 하나이다. 야식 또는 반찬으로 먹기도 하고, 뷔페에서도 볼 수 있다. 이제 골뱅이는 안주뿐 아니라 음식의 하나가 된 것이다.

안주가 음식으로 변한 경우도 있

지만, 음식에서 안주로 변한 경우도 있다. 대표적인 것이 번데기이다. 번데기는 곤충의 애벌레가 자라기 전 고치 속에 들어가 있는 것이다. 일제강점기 조선총독부는 조선에서 명주실을 생산하여 일본의 비단 제조를 뒷받침하였다. 그 결과 1920년대 이후 누에를 치는 농가에서는 번데기를 즐겨 먹었다. 2차 세계대전이 발발하면서 육류를 대용한 단백질로 번데기가 주목받기도 했다.

1960년대 정부는 양잠업을 권장했고, 그 결과 번데기도 많아졌다. 그러면서 번데기는 길거리음식으로 다시 등장했다. 1970년대에는 불량식품을 대표하는 것이 번데기였다. 그러나 번데기가 통조림으로 생산되면서부터, 번데기는 안주의 하나로 자리 잡았다.

해장국

술독을 풀어준다는 뜻의 한자는 해정(解酲; 解酊)이다. 해정국이 술로 꼬인 장(腸)을 풀어준다는 의미로 해석되면서, 술 마신 다음날 먹는 국이 해장국이 되었다. 또 해장국을 술[酒]을 깨게 하는[醒]는 국[湯]이라고 해서 성주탕이라고도 했다. 해장국을 해뜨기 이전 장터에서 먹는 국밥으로 보기도 한다. 해장은 해뜨기 이전을 가리키는 말로, 장터에서 일하던 이들이 아침 이전에 먹던 국밥이 해장국이라는 것이다. 장사꾼들이 먹던 국밥 해장국이 1960년대 이후 나이트클럽 등에서 밤새 술 마시던 이들이 아침에 해장국을 먹으면서, 해장국이 속풀이 음식이 되었다는 것이다. 해장의 어원을 한자에서 찾든 우리말에서 찾든 확실한 것은 해장국은 술과 밀접한 관계가 있다는 사실이다.

민족마다 술 마신 후 먹는 속풀이 음식이 다름은 당연하다. 우리는 숙취가 있을 때 차가운 동치미 국물을 마시기도 했지만, 대개는 뜨거운 국을 먹었다. 2013년 'CNN GO'가 선정한 한국에 가면 꼭 먹어야 할 음식 1위가 해장국

(Hangover stew)이다. 술 마신 다음날 먹는 우리 해장국의 맛과 효능을 전 세계 인들이 인정하고 있는 것이다.

조선시대를 대표하는 해장국은 새벽[曉] 통행금지 해제를 알리는 파루(罷漏)의 종(鐘)이 울릴 때 사대문 안의 양반들이 하인을 시켜 사다 먹은 국(羹)인 효종갱이다. 새벽을 깨우는 국이란 뜻의 효종갱은 소의 갈비·해삼·전복·송이 와 표고 등의 버섯·배추·콩나물 등에 된장을 풀어 끓인 국이다.

효종갱은 최초의 배달음식으로 알려져 있다. 도성 내 양반들이 술 마신 다음날 효종갱을 먹었는데, 남한산성 부근 국동네[羹村]에서 직접 배달시켰다 는 것이다. 전화가 없던 조선시대에 언제 어느 곳으로 가져달라고 주문하는 것은 불가능하다. 미리 주문해 놓았다고 해도 변변한 교통시설이 없었던 만 큼 남한산성에서 도성 안까지 따뜻한 국을 배달했을 가능성 역시 희박하다. 그렇다면 효종갱은 국동네에서 끓여 새벽에 도성으로 가져다주면 다시 데워 먹거나, 도성으로 가져와 판매하면 양반집 하인들이 사 가는 음식이었을 가 능성이 높다. 어찌되었건 통행금지가 끝나면 해장국을 찾았던 모습은 1970년 대 새벽 청진동 해장국집으로 술꾼들이 모였던 모습과 비슷한 것 같다.

효종갱과 비슷한 음식이 술국이다. 술국은 술을 마시며 안주로도 먹지만, 다른 한편으로는 해장국이기도 했다. 술국은 소의 뼈를 오래 고운 육수에 배추·우거지·콩나물 등을 넣고 끓 인 토장국으로 한자로는 주탕(酒湯) 으로 적었다.

해장국에는 대개 콩나물이 들어 간다. 콩나물에는 아미노산과 아스 파라긴산이 풍부하게 들어 있어 숙 취 해소에 도움을 주기 때문이다. 이 처럼 콩나물이 해장에 좋기 때문에 콩나물을 주재료로 해장국을 만들

효종갱

기도 했다. 전국 어디에나 콩나물국
밥이 있지만, 전주의 콩나물국밥이
가장 유명하다.

전주에서는 예전 콩나물국밥을
탁배기국밥이라고도 했다. 막걸리
를 먹은 후 또는 막걸리와 함께 먹는
음식이 콩나물국밥이었기 때문이
다. 전주의 콩나물국밥이 유명한 이
유는 전주가 콩나물의 고장이기 때

전주의 콩나물국밥

문이다. 전주에서 콩나물이 많이 생산되었는데, 전주의 물이 콩나물재배에
매우 유용하다. 때문에 조선시대 전주에서는 식사 때마다 콩나물을 반찬으로
먹었다고 한다. 전주비빔밥 역시 콩나물을 많이 넣는다는 특징이 있다.

전주의 콩나물국밥은 두 가지 형태가 있다. 뚝배기에 밥과 콩나물을 넣고
여러 양념을 곁들여 뜨겁게 끓인 것이 전통적인 '전주콩나물국밥'이다. 반면
뜨겁게 끓이지 않고 밥을 뜨거운 국물에 말아서 내는 것이 '남부시장식 국밥'
이다. 전주에서는 콩나물국밥과 함께 달걀을 국밥 국물로 중탕한 수란이 함
께 나온다. 대개 수란에 따뜻한 국물을 얹고 김가루를 뿌려 먹는다.

소의 뼈를 곤 국물에 선지와 양·
우거지·콩나물 등을 넣고 얼큰하게
끓인 것이 선지해장국이다. '청진동
해장국'과 '양평해장국' 등이 바로
선지해장국이다. 만주어로 피를 셍
지(senggi)라고 하는데, 우리나라에
서 선지가 되어 선지해장국이라는
이름이 붙여진 것이다. 소의 피인 선
지로 국을 끓였다고 해서 한자로는

선지해장국

황태해장국

우혈탕(牛血湯)으로 표기하고, 선짓국으로도 부른다. 선지에는 철분과 단백질이 풍부하고, 함께 들어가는 우거지·무·콩나물 등도 숙취해소에 도움을 준다.

국물 음식이 발달한 우리나라에서는 육류뿐 아니라 강이나 바다에서 나온 식재료 역시 해장국으로 이용되었다. 대표적인 것이 바로 황태해장국이다. 황태는 간을 보호해주고, 심혈관 조절에도 효과가 있으며, 체내 노폐물도 배출해 주어 숙취해소 효과가 탁월하다. 북어해장국 역시 마찬가지이다. 사실 명태를 말린 것이 황태와 북어인데, 수분 함량에 차이가 있을 뿐 성분에는 차이가 없다.

바다에서 나는 꼼치 역시 해장국의 식재료이다. 꼼치과에 속하는 곰치·미거지·물메기 등을 모두 꼼치로 부른다. 지역에 따라 동해에서는 곰치·물곰, 서해에서는 잠뱅이·물잠뱅이, 남해에서는 미거지·물미거지 등으로 부르기도 한다.

『자산어보』에는 꼼치를 해점어(海鮎魚)로 기록했다. 점어가 메기니까 정확히 말하면 바다메기라는 뜻이다. 또 속명으로 미역어(迷役魚)라고 설명했는데, 아마도 쓸모없는 물고기라는 뜻인 것 같다. 30년 전까지만 해도 꼼치가 다른 물고기와 함께 그물에 딸려 오면 재수가 없다고 여겨 바다에 버렸는데, 그때 나는 소리가 '텀벙'이어서 물텀벙으로도 부른다.

꼼치로 끓인 해장국을 보통 곰치국으로 부르는데, 곰치국이 탄생한 것은 얼마 전의 일이다. 겨울에 바닷일을 하는 어부들은 추위를 이기기 위해 술을 많이 마셨다. 다음날 아침 어부들은 쓰린 속을 달래기 위해 팔지 못하는 꼼치로 탕을 끓였는데, 국물이 담백하고 시원해 숙취해소에 그만이었다. 꼼치가 해장에 좋다는 이야기가 입소문으로 퍼지면서 최고의 해장국 중 하나로 손꼽히게 된 것이다. 그러나 『자산어보』에 꼼치가 술병을 치료하는 효과가 있다고 한 것으로 보아, 조선시대인들도 꼼치로 해장국을 끓여 먹었을 가능성이 높다.

매운탕이나 해장국에 사용되는 꼼치

매생이국은 장모가 딸을 못살게 구는 사위에게 준다고 해서 '미운사위국'으로도 불리운다. 그 이유는 매생이가 열기를 가지고 있어 식은 줄 알고 급히 먹다가 입천장이 까지기 때문이다.

매생이는 '생생한 이끼를 바로 뜯는다'는 뜻의 순우리말로, 청정한 바다에서 자란다고 해서 붙여진 이름이다. 파래과 해조류인 매생이는 11월 말에서 2월까지 차가운 청정해역에서 자란다. 조선시대에는 매생이를 매산이(苺山伊)로 표기했는데, 『자산어보』에는 매산태(苺山苔)로 소개하고 있다. 조선시대 매생이는 임금님께 진상했던 특산물이었다. 원래 전라도 지역 바닷가 사람들이 겨울에 먹던 음식인데 지금은 냉동시켜 언제나 먹을 수 있다.

매생이국이 유명해지게 된 것은 김대중 대통령과 관련 있다. 김대중 대통령이 서울에서 매생이국과 매생이칼국수를 찾으면서 유행하기 시작했던 것이다. 매생이와 굴을 넣고 끓인 매생이굴국밥은 숙취 해소에도 효과가 있다.

충청 지역에서는 다슬기를 올갱이로 부르는데, 몸체가 나선형으로

매생이굴국밥

올갱이해장국

꼬여 있기 때문에 와라(蝸螺)라고도 한다. 그 외 경상남도에서는 고등, 경상북도에서는 고디, 전라도에서는 대사리라고 부른다. 또 다슬이·대사리·대수리·고딩·베틀올갱이·다실개·도슬비·꼴부리·사고동·파리골뱅이·비트리·물고등 등 다양한 이름으로 불린다.

올갱이는 '물의 웅담'으로 불릴 정도로 간에 좋으며, 굴 다음으로 카로틴 함유량이 높고, 아스파라긴산도 들어 있다. 때문에 많은 사람들이 술 마신 다음날 올갱이해장국을 찾는 것이다. 전라도 지역의 올갱이해장국은 국물이 맑지만, 중부 내륙지역의 경우는 된장을 풀어 넣은 진한 국이다.

술 마신 다음날 숙취를 해소하기 위해 술을 마시기도 한다. 이것이 해장술이다. 서양에서는 해장술을 'Hair of dog'라고 하는데, 이는 '개털'이라는 뜻이다. 개에게 물리면 그 털을 태워 바른 민간요법에서 유래한 것인데, 술로 술을 다스린다는 의미이다.

해장술은 건강에 치명적이지만, 우리는 건강에 좋은 해장술 모주(母酒)를 마시기도 했다. 모주는 막걸리를 거르고 난 술지게미에 물을 부어 만든 찌꺼기 술이다. 요즘에는 막걸리에 찹쌀가루·감초·생강·계피·대추·인삼 등을 넣고 끓여 만든다. 때문에 알코올 성분은 거의 없다. 과음 후 꿀물 등 단것을 마시듯이 모주를 마시면 해장에 도움이 된다.

모주의 유래를 인목대비(仁穆大妃)와 관련하여 설명하기도 한다. 광해군은 인목대비를 폐위하고, 인목대비의 모친 노씨(盧氏)는 제주도로 귀양 보냈다. 먹을 것이 부족한 노씨부인은 술지게미를 얻어 다시 걸러 술을 만들고, 그것을 팔아 생활했다. 그래서 대비의 어머니가 만든 술이라고 해서 대비모주(大

妃母酒)로 부르다가, 나중에 대비를 빼고 모주로 부르게 되었다는 것이다. 그러나 『연산군일기』에 산릉을 조성하는 군인 중 병든 자에게 모주를 먹이도록 한 기록이 있는 것으로 보아, 인목대비와 관련된 모주 이야기는 훗날 만들어진 것 같다.

모주에 대해서는 또 다른 이야기도 전한다. 즉 술을 많이 마시는 아들을 위해 어머니가 막걸리에 각종 한약재를 넣고 달여 아들에게 주어서 모주라는 이름이 붙었다는 것이다. 현재 전주지역의 모주가 이런 형태의 술이다.

숙취해소를 위해 먹는 해장국은 최근에는 여러 차례 술자리를 변경하다 마지막에 들르는 술집에서의 안주이기도 하다. 술에서 깨기 위해 술을 마시고, 술을 마시면서 술 깨는 해장국을 먹는 모습. 이해할 수 없을지 몰라도 우리 음주문화의 한 단면이다.

PART 8

음료와 커피

전통 음료

모든 생명체는 수분을 섭취하지만, 기호에 따라 음료를 만들어 마시는 것은 인간이 유일하다. 이런 점에서 음료를 마시는 것은 인간의 독특한 점이라 할 수 있다. 선사시대인들도 음료를 만들었을 가능성이 있다. 그러나 보다 분명하게 음료의 존재를 확인할 수 있는 것은 고대국가 단계에서의 일이다. 『삼국사기』에는 김유신(金庾信)이 자신의 집에서 장수(漿水)를 떠오게 한 후 물맛이 전과 다를 바 없으니 집안이 평안한 것이라며 출정한 기록이 나온다. 장수는 좁쌀을 발효시킨 일종의 음료이다.

대표적인 전통음료 중 하나가 식혜이다. 식혜는 고두밥으로 지은 쌀밥에 엿기름물을 부어 삭혀 만든 음료이다. 『삼국유사』 가락국기(駕洛國記)에 수로왕의 17대손 갱세가 매년 명절 술과 함께 단술을 빚어 제사를 지냈다는 기사가 있는 것으로 보아, 늦어도 통일신라에서는 식혜를 마셨음이 확실하다. 실제로 쌀을 발효시켜 포도당이 분해되면 식혜, 알코올이 생기면 술이 된다. 그런 점에서 술 만드는 과정에서 식혜가 탄생했을 가능성도 있다. 식혜를 지역에 따라 단술 또는 감주(甘酒)로도 부른다. 단술과 감주라는 명칭은 식혜와 술의 상관성을 설명해 주는 것이라 할 수 있을 것 같다.

식혜를 감주로 부르기도 하지만, 엄격히 말하면 식혜와 감주는 다른 음료이다. 감주는 식혜를 만드는 과정에서 밥알이 삭아서 뜨면 건져내지 않고 엿기름물과 함께 계속 끓인다. 이렇게 하면 전분이 빠져 나간 밥알이 부서지면서 당분을 흡수해 가라앉는다. 즉 밥알이 뜨면 식혜, 가라앉으면 감주인 것이다.

식혜와 감주를 마실 때 대개 잣을 띄운다. 그 이유는 영양적으로 보충해 주는 역할과 함께 맛을 좋게 하기 위해서이다. 또 물에 버드나무 잎을 띄워준 것처럼 차가운 식혜를 급하게 마시면 탈이 날 수 있어 천천히 마시라는 뜻도 담겨져 있다.

과일이나 뿌리채소, 한약재 등을 꿀이나 설탕 등에 졸여 만든 과자가 정과(正果)이며, 생강과 계피를 끓인 다음 꿀이나 설탕을 타서 식힌 물이 수(水)이다. 수정과는 물에 담긴 정과인 것이다. 수전과(水煎果)로도 불린 수정과는 궁중이나 양반집에서도 새해가 시작되는 정월에나 맛볼 수 있는 고급음료였다.

지금의 수정과는 생강과 계피를 끓인 물에 곶감을 넣어 만든다. 하지만 조선시대에는 곶감 외에 유자·석류·앵두·다래·밤 등 여러 과일로 수정과를 만들었다. 지금의 배숙 역시 배로 만든 수정과이다. 즉 수정과는 여러 재료를 넣어 국물을 낸 뒤 과일과 꿀, 설탕을 첨가해 마시는 음료의 총칭이었다. 정약용은 수정과를 마시면 몸과 마음이 상쾌해진다는 뜻의 '상장(爽漿)'으로 표현하기도 했다.

식혜와 수정과는 상업화에 성공한 전통음료이다. 1975년 고려인삼제품에서 '태극식혜'를 생산했지만, 주목받지 못했다. 그러나 1993년 '비락'에서 식혜를 파우치에 담아 출시했는데, 큰 인기를 얻었다. 이듬해에는 식혜와 수정과를 캔음료로 판매하기 시작했다. 전통 찻집 등에서도 식혜와 수정과를 판매하고 있다. 특별한 날 먹을 수 있던 식혜와 수정과를 이젠 쉽게 만날 수 있게 된 것이다.

우리는 여름에 더위를 잊기 위해 수박화채를 먹는다. 그런데 예전에는 여름 외에도 화채를 먹었다. 봄에는 앵두화채, 여름에는 오미자화채, 가을에는 유자화채와 배화채 등 다양한 화채를 즐겼다.

우리가 가장 즐겨 마셨던 것은 오미자화채였다. 『산림경제』에서는 "열매와 껍질은 달면서 시고, 씨앗은 맵고도 쓴데, 모두 합치면 짠맛이 나기에 오미자라고 한다[皮肉甘酸 核中辛苦 都有鹹味 故曰五味子]."고 설명했다. 즉 오미는 다섯 가지 맛이 난다고 해서 생긴 이름이다. 음양오행에 따라 맛과 신체는 상관관계를 가지는데, 오미자는 간장·심장·신장·폐장· 비장 등을 다스리는 데 효과가 있다고 한다. 『해동역사』에는 중국 의학서인 『명의별록(名醫別錄)』을 인용하여, "오미자는 지금 고려에서 나는 것이 가장 좋은데 살이 많으면서 시면서도 달다[五味子今第一出高麗 多肉而酸甜]."고 설명했다. 우리의 오미자는 중국에 알려졌을 정도로 뛰어났던 것이다.

오미자는 맛만큼이나 여러 기능을 가지고 있는 것으로 인식되었다. 『동의보감』에서 오미자는 허한 기운을 보충하고, 눈을 밝게 하며, 신장을 덥혀 양기를 돋워 준다고 했다. 또 기침이 나는 것과 숨이 찬 것을 치료하는데, 남자가 먹으면 정력에 좋고 소갈증(消渴症)을 멈춘다고 설명했다.

쌀이나 찹쌀을 말려 볶은 다음 가루로 빻아 물과 함께 마시는 미숫가루는 향기롭기 때문에 구(糗) 또는 미식(糜食)·초(麨)라고도 했다. 『삼국유사』 관동 풍악발연수석기(關東楓岳鉢淵藪石記)에는 진표율사(眞表律師)가 쌀을 쪄 말려 양식을 삼았다는 기사가 수록되어 있다. 쌀을 찌고 말려 양식을 삼았다면, 아마도 이는 미숫가루일 것이다. 즉 통일신라시대 이미 미숫가루는 식량이자 음료였던 것이다.

『구황촬요』에서는 미숫가루를 마시면 "하루를 달려도 배고프지 않으니 늘 주머니에 차고 다니라[能走一息不飢 常須盛袋帶之]."고 권했다. 홍만선(洪萬選)은 『산림경제』에서 메밀가루로 만든 천금초(千金麨)를 미숫가루의 한 종류로 설명하면서, "한 숟가락씩 냉수에 타 마시면 백일 동안 배가 고프지 않고 비단 주머니에 두면 10년도 보관할 수 있다[每一匙 冷水調下 可百日不飢 絹帒盛之 可留十年]."고 하였다. 우리의 미숫가루에 대한 사랑이 매우 컸던 것이다.

미숫가루는 음료이면서도 쉽게 상하지 않고 휴대가 편리해 조선시대에는 전투식량으로도 활용되었다. 1461년 세조는 북방을 지키는 군사들에게 미숫가루를 준비할 것을 명했고, 1492년 여진족을 공격할 때에도 미숫가루를 전투식량으로 가져가게 했다. 성종대 여진족 토벌을 위해 출정했던 허종은 병사들에게 20일치 미숫가루를 싸 가도록 하였다. 1611년 3월 4일 전라병사 유승서(柳承緖)도 군사들에게 미숫가루를 준비토록 했다.

미숫가루는 각종 잡곡을 모아 가루로 빻은 것으로 물에 타 먹으면 양이 늘어나 포만감을 느낄 수 있다. 1533년 6월 경상도 진휼경차관(賑恤敬差官) 황헌(黃憲)은 굶주린 민들에게 미숫가루를 나누어 주었음을 보고했다. 미숫가루는 훌륭한 구황식품이기도 했던 것이다.

최근 불가에서 참선할 때 먹던 선식(禪食)이 유행이다. 그런데 선식 역시 미숫가루의 하나로 보아도 무방한 것 같다. 전투식량과 구황음식 미숫가루가 이젠 건강을 지켜주는 음료가 된 것이다.

조선시대 내의원에서는 매년 5월 5일 제호탕(醍醐湯)을 만들었고, 국왕은 이를 신하들에게 나누어 주기도 했다. 제호는 깨닫는다는 뜻의 불교 용어로, 제호탕이라는 이름은 정신이 번쩍 들 정도로 시원하다는 의미가 담겨 있다. 제호탕은 갈증해소와 식욕회복에 탁월한 효과가 있다고 한다.

제호탕은 매실을 연기에 훈제한 후 건조시킨 오매, 한약재 사인(砂仁), 인도에서 수입한 고급 약재 백단(白檀), 수입 약재로 향신료에 해당하는 초과(草果), 사향노루의 음낭(陰囊)에서 채취한 향수의 원료 사향(麝香) 등으로 만든다. 이처럼 제호탕에 들어가는 재료는 쉽게 구하기 힘들었고, 가격도 엄청났던 만큼 민이 쉽게 접할 수 없는 음료였다.

차

차나무는 강우량이 많은 낮은 산간지방에서 자라는 아열대성식물로, 원산지는 중국 윈난성(雲南省)과 구이저우성(貴州省)에 걸쳐 있는 윈구이고원(雲貴高原)이다. 차는 잎의 크기에 따라 대엽종(大葉種)·중엽종(中葉種)·소엽종(小葉種)으로 구분되는데, 우리의 경우 소엽종이 재배된다.

중국에서는 신농씨(神農氏)가 여러 풀을 맛보다가 몸에 독이 퍼지자 차로 해독하면서부터 차를 마셨다고 한다. 이 이야기는 차가 처음 약용으로 시작되어 음료로 정착되었음을 나타내는 것 같다. 그 외 주(周)대부터 차를 마셨다는 이야기도 전하는데, 어찌 되었건 중국에서는 기원전 이미 차를 마셨음이 분명하다. 그러나 차가 대중화된 것은 전한 말기에 활약했던 의사 화타(華佗)가 차의 효용성을 밝히면서부터라고 한다.

중국에서 처음 차를 마실 때에는 차를 가지고 다니며 마실 수 있도록 굳힌 병차(餠茶)의 형태였다. 병차는 찻잎을 틀에 넣고 떡 모양으로 납작하게 만들었기에 떡차라고도 했다. 우리는 찻잎을 수증기로 익혀 절구에 넣어 떡처럼 찧고 틀에 박아 떡차를 만들었다. 송대에는 찻잎을 빻아 가루로 만들어 물에 타서 마시는 말차(末茶)가 유행했지만, 송이 멸망하면서 말차문화는 사라졌다. 우리는 떡차로 말차를 만든 반면, 일본은 잎차로 말차를 만든다. 한편 명을 건국한 주원장(朱元璋)은 만들기 힘든 병차 제조를 금하고 찻잎을 간단히 우려 마시도록 했다. 그 결과 다관에 찻잎을 우려내 찻잔에 마시는 포차법(泡茶法)이 널리 퍼졌다.

『삼국사기』에는 선덕여왕대부터 차를 마시기 시작했지만, 828년 당에 사신으로 갔던 김대렴(金大廉)이 차의 종자를 가져와 지리산에 심으면서 차를 마시는 문화가 성행하게 되었다고 기록하고 있다. 반면 『삼국유사』에는 안민가(安民歌)를 지은 충담(忠談)이 765년 경주 남산에 있는 미륵불(彌勒佛)에게 차를 공양한 후, 경덕왕에게도 차를 대접한 사실이 기록되어 있다. 불가에서 차는 열반을 상징하며 감로(甘露)를 의미했다. 때문에 향(香)·등(燈)·꽃·쌀·과일 등과 함께 육법공양(六法供養)을 행했다. 그렇다면 김대렴이 차의 종자를 가져 오기 전 신라왕실과 불가에서는 차를 마셨음이 확실하다.

차의 전래와 관련하여 수로왕과 혼인하기 위해 아유타국에서 온 허황옥이 차나무를 백월산에 심

차조 보주태후 허황옥상
(茶祖 普州太后許黃玉像)

었는데 이것이 죽로차(竹露茶)라는 전설도 전해지고 있다. 이런 이유로 허황옥은 차조(茶祖)로 모셔져, 가야차문화한마당에서는 수릉원(首陵園)에 있는 허황옥상에 햇차를 올리는 헌다례를 행하고 있다.

『삼국유사』 가락국기에는 김수로왕이 허황옥 일행에게 난액(蘭液)과 혜서(蕙醑)를 대접한 사실을 기록하고 있다. 일반적으로 난액은 좋은 술, 혜서는 향초로 담근 술 또는 좋은 술을 가리킨다고 본다. 하지만 술을 반복해서 표현했을까 하는 의문이 든다. 난액을 난초와 같은 형태의 잎을 물에 담은 액체로 이해할 수는 없을까? 즉 찻잎을 물에 담은 것을 난액으로 표현했을 가능성도 있다. 허황옥 일행이 차를 대접받았기에 그녀가 차를 가져왔다는 전설이 생겼을 수도 있는 것이다. 그렇다면 가야에는 이미 차를 마시는 문화가 있었을 가능성도 있다.

통일신라시대에는 화랑들이 차를 마시던 한송정(寒松亭)이 있었고, 남산에도 운치 있는 찻집 다연원(茶淵院)이 있었다. 이 시기 귀족들이 차를 마시는 것은 일상적인 모습이었던 것이다.

『고려사절요(高麗史節要)』에는 왕건(王建)이 931년 8월 군사와 민에게 차를 선물한 기사, 성종이 최지몽(崔知夢)이 죽자 부의(賻儀)로 차를 내린 기사, 현종이 군사들에게 차를 내린 기사 등이 기록되어 있다. 고려시대 차는 왕이 내리는 축하와 위로의 의미를 지닌 선물이었던 것이다.

고려시대에는 연등회·팔관회·왕자의 책봉례와 공주의 혼례, 외국 사신을 영접하는 빈례(賓禮)에서 차를 올리는 진다례(進茶禮)를 행했다. 왕이 신하에게 차를 내리는 사다식(謝茶式)과 신하가 왕에게 차를 올리는 헌다식(獻茶式)도 행해졌다. 사찰에는 왕을 영접하기 위해 차정(茶亭), 궁중에는 차를 관리하는 찻집[茶店]을 설치하기도 했다. 찻집은 왕족과 귀족, 승려 등이 주로 이용했다. 차를 재배하여 공납하는 차마을[茶村]도 있었다.

고려시대 성행했던 차를 마시는 문화는 청자(靑瓷) 제작에도 일정한 영향을 미쳤다. 그러나 차의 품질은 그리 뛰어나지 않았던 것 같다. 고려를 방문했던 서긍도 『선화봉사고려도경』에서 "고려의 차는 맛이 쓰고 떫어 마시기 힘들며, 중국의 납차와 용봉사단을 귀하게 여긴다[土産茶味苦澁 不可入口 惟貴中國臘茶 幷龍鳳賜團]."고 기록했다.

도교에서는 차를 불로장생에 도움을 주는 약으로 여겼다. 하지만 차와 가장 밀접한 관계를 가진 것은 불교였다. 달마(達磨)가 졸다 화가 나서 속눈썹을 찢어 땅에 버린 것이 차나무가 되었다는 이야기가 있다. 이는 찻잎이 속눈썹을 닮았기 때문이지만, 차에 잠을 깨우는 성분이 있기 때문에 만들어진 이야기이다. 때문에 불교에서 깨달음으로 가는 정진(精進)에서 머리를 맑게 하고 눈을 밝혀주는 음료가 차였고, 부처님께 공양드릴 때 차를 바치기도 했다. 차례가 불교의식에서 나온 말이고, 대수롭지 않은 일을 다반사(茶飯事)로 표현할 정도로 불교에서 차를 마시는 것은 일상적인 일이었다.

조선 건국의 주축세력이었던 성리학자들은 불교를 배척했다. 그러다보니 불교를 상징하는 것처럼 여겨지는 차를 기피하게 되었다. 심지어 『주자가례(朱子家禮)』에 제수로 등장하는 차를 물이나 숭늉으로 대신할 정도였다. 그러나 사헌부에서는 매일 한 차례 모여 차를 마시는 차시(茶時)를 가졌고, 관청에는 차를 끓이는 일을 맡은 차모(茶母)라는 관비(官婢)가 존재했다. 이런 사실로 보아 차를 마시는 문화가 완전히 사라졌던 것은 아닌 것 같다.

조선시대 차하면 떠오르는 인물이 정약용이다. 그는 자신의 호를 다산(茶山)으로 했을 정도로 차를 즐긴 인물이다. 유배생활을 하면서 위장병·빈혈·중풍 등에 시달렸던 그는 차를 약으로 이용했다. 1808년 다산초당(茶山草堂)에 살면서부터는 차를 자급자족했다. 하지만 그는 조선인은 중국인과 달리 기름진 것을 많이 먹지 않고 채소 위주의 식사를 하는 만큼, 차를 일상적으로 마시면 차의 약성이 오히려 몸을 해칠 수 있다고 여겼다. 그 외 차의 성인[茶聖]으로 추앙받고 있는 초의선사(草衣禪師)와 김정희(金正喜) 등도 차하면 떠오르는 인물들이다. 이로 보아 19세기에는 불가와 지식인층 사이에서 차가 매우 유행했던 것 같다.

다산초당 앞에 있는 돌이 정약용이 차를 끓이던 바위인 다조(茶竈)

차에는 찻잎에 더운 물을 부어 우려 마시는 녹차, 생강·계피·인삼·구기자·오미자 등을 끓여 맛을 우려내는 탕차, 귤·유자·포도 등의 과일을 넣어 끓이는 과일차, 녹두차·보리차·옥수수차 등의 곡물차가 있다.

우리가 가장 많이 마시는 차는 아마도 녹차일 것이다. 녹차는 탄닌 성분의 떫은맛, 당류의 단맛, 아미노산류의 부드러운 맛, 유기산의 신맛, 카페인의 쓴맛 등이 향과 조화하여 맛을 이룬다. 녹차는 우릴 때마다 맛과 향이 달라진다. 녹차에 뜨거운 물을 부으면 가장 먼저 아미노산과 비타민C, 카테킨 등이 우러나온다. 한참 더 우려내면 마그네슘과 불소 등도 나온다. 이처럼 녹차는 우릴 때마다 맛과 향이 달라지기 때문에 여러 번 우려내기도 한다.

녹차는 잎의 수확 시기나 가공법에 따라 여러 가지로 나뉜다. 차의 새순이 나올 때 그늘막으로 빛을 차단하여 재배한 옥로(玉露)·작설(雀舌)·전차(煎茶), 증기로 찐 찻잎을 말려 맷돌로 갈은 말차(抹茶)·번차(番茶)·전차(磚茶) 등이 있다. 또 차 잎의 크기에 따라 세작(細雀)·중작(中雀)·대작(大雀) 등으로도 나눈다. 녹차를 반 정도 발효시킨 것이 우롱차(烏龍茶)이며, 완전히 발효시킨 것이 홍차(紅茶; Black tea)이다.

심신을 삼엄하게 만든다고 해서 삼백(森伯)으로도 불리는 차나무는 따뜻하고 강우량이 많은 지역에서 잘 자란다. 우리의 경우 강진·보성·제주도 등지에서 녹차가 재배되고 있다. 녹차가 가장 많이 생산되는 곳은 보성이다. 일제강점기 일본의 차 재배 전문가들은 보성을 차 재배의 적정지로 선정했다. 보성은 봄에 안개가 많고 다습하며, 산으로 둘러싸여 일교차가 심하다. 흙에는 맥반석 성분이 함유되어 있다. 때문에 녹차재배에 적합한 것으로 여겨졌고, 그 결과 지금도 보성하면 녹차가 떠오르게 된 것이다. 최대 녹차생산지는 제주도 서귀포시에 있는 서광다원(西廣茶園)이다. 1983 년 아모레퍼시픽이 개간하여 이룬 서광다원은 관광객들이 반드시 찾는 명소가 되었다.

서광다원의 녹차밭

차나무는 영하 15℃ 이하의 저온이 3일 이상 지속되면 얼어 버린다. 때문에 북한에서는 차를 재배할 수 없었다. 1982년 9월 김일성주석은 중국 산둥성에 차가 재배되는 것을 보고, 같은 위도상에 있는 황해도 강령군에 차 재배를 지시했다. 차의 재배에 성공한 것은 2009년이었고, 김정일국방위원장은 차 이름을 은정차(恩情茶), 해당 지역은 은정차재배원으로 부르도록 했다. 은정차는 통상의 차 재배지보다 높은 위도에서 생산되는 만큼 맛과 향이 독특하다고 한다.

커피가 대중화되면서 차를 찾는 이들이 거의 없었던 적이 있었다. 그런데 녹차가 알코올과 니코틴을 해독하며, 당뇨병·고혈압·암의 예방 등에 효능이 있는 것으로 알려지면서 녹차의 인기가 높아지기 시작했다. 그 결과 별다른 도구 없이 간단히 먹을 수 있는 티백형태의 녹차도 생산되고, 우려낸 녹차를 병에 담아 판매하기도 한다.

세계적으로 차는 식물의 잎을 가공하여 우려낸 음료이다. 그러나 우리는 재료에 상관없이 우려내어 마시는 모든 것을 차로 인식한다. 이런 점에서 차 문화가 가장 발달한 나라는 우리가 아닌가 하는 생각도 가져 본다.

커피

우리가 가장 많이 마시는 음료 중 하나인 커피의 어원은 아랍어 까흐와 (qahwah)에서 유래했다고도 하고, 에티오피아의 커피 재배지인 카파(Kaffa)에 서 유래했다고도 한다. 분명한 것은 커피의 원산지는 에티오피아라는 점이다.

처음 커피를 마신 것에 대해서도 두 가지 이야기가 전한다. 양이 콩을 먹은 후 힘차게 뛰는 것을 본 목동이 콩을 먹었더니 피로가 사라지는 것을 느낀 데에서 비롯되었다는 것이다. 또 다른 이야기는 예멘의 모카로 추방된 이슬람수도자가 산속에서 배고픔에 시달리다 빨간 열매를 먹고 피로가 회복되었다는 이야기이다. 두 이야기의 공통점은 처음 커피는 음료가 아닌 열매를 먹었고, 그 열매에 피로회복의 효과가 있었다는 것이다.

15세기 커피는 아랍 상인을 거쳐 이슬람지역으로 전파되었다. 이슬람에서는 술을 금했기 때문에 커피는 술을 대신하는 음료로 큰 인기를 끌었다. 1511년 메카의 총독 카이르 베이(Kair Bey)는 커피점을 폐쇄하고, 커피마시는 것을 금했다. 커피를 포도주로 착각했기 때문이고, 다른 한편으로는 문인들이 커피를 마시며 정치를 비판했기 때문이다. 이러한 사실은 커피가 대중적인 음료로 자리 잡았음을 보여주는 것이기도 하다.

16세기 오스만제국이 유럽 각국 외교 사절단에게 커피를 대접하면서, 유럽에도 커피가 알려지기 시작했다. 하지만 이때 유럽인들은 커피가 쓰기만 하고 맛이 없다며, 터키인들을 와인이나 맥주 대신 시꺼먼 구정물을 마시는 미개한 민족으로 깔보았다고 한다.

1683년 오스만제국의 술탄(Sultan) 메메드 4세(Mehmet Ⅳ)가 비엔나를 공격하자, 폴란드와 신성로마제국에서 원군을 보냈다. 그러자 오스만제국의 군대는 철수했는데, 보급품이었던 커피를 놓고 갔다. 오스만제국군에 포로로 잡혀 있던 쿨스지스키(Kulczycki)라는 사람이 커피 만드는 법을 배운 후 이를 전하면서 유럽에도 커피가 널리 알려지게 되었다.

우리에게 커피가 처음 전래된 것은 1882년인 것 같다. 이 해 미국·영국·독일 공사관 등이 설치되었다. 각국 공사관에서는 자국의 음식을 들여왔던 만큼, 커피도 전래되었을 것이다. 한편 인천에는 우리나라에 입국하는 외국인들을 상대하던 다이부쓰(大佛)호텔이 있었다. 호텔 주인의 몸이 큰 불상을 연상시킨다고

1896년의 다이부쓰호텔
(왼쪽 3층 건물)

해서 이름이 붙여진 다이부쓰호텔의 개업 연도는 1888년으로 알려지고 있다. 그러나 이는 신축이 완료되어 다시 개업한 연도이며, 늦어도 1885년에는 영업을 하고 있었다. 다이부쓰호텔은 일본인 호리 히시타로(堀久太郎)가 세운 호텔이다. 히시타로는 미국 군함의 요리사로 일했고, 다이부쓰호텔은 외국인들을 상대했다. 그렇다면 최초의 커피 판매는 이곳에서 이루어졌을 것이다. 커피는 외국공사관을 통해 처음 전래되고, 다이부쓰호텔에서 처음 판매되었을 가능성이 높은 것이다.

우리나라 사람으로 처음 커피를 마신 이가 누구인지는 분명하지 않다. 1882년 조미수호통상조약이 체결되었고, 이듬해 민영익(閔泳翊)·홍영식(洪英植)·서광범(徐光範)·유길준(俞吉濬) 등이 조선보빙사(朝鮮報聘使)로 미국을 방문했다. 아마도 이들은 커피를 마셨을 것이다. 보다 분명하게는 갑신정변 실패 후 상하이(上海)로 망명했던 윤치호(尹致昊)가 1885년 6월 일기에 커피를 마신 일을 기록하고 있다. 하지만 이들이 커피를 마신 것은 국내가 아닌 외국에서의 일이다.

우리 궁궐에 커피가 전해진 것에 대해서도 두 가지 이야기가 전해지고 있다. 화재로 소실된 경복궁 내 건청궁(乾淸宮)을 재건하면서 주방을 서구식으로 개조했는데, 이때 고종에게 커피가 제공되었다는 것이다. 다른 이야기는

고종이 커피를 즐겨 마셨던 경운궁 정관헌

1896년 아관파천(俄館播遷)으로 러시아공사관에서 생활하면서 고종이 커피를 마셨고, 경운궁(慶運宮)으로 돌아온 후에는 정관헌(靖觀軒)에서 커피를 즐겼다는 것이다. 그런데 비숍은 『한국과 그 이웃 나라들』에서 1895년 명성황후의 초대로 궁에서 식사를 할 때 커피가 제공되었다고 했다. 그렇다면 아관파천 이전 이미 궁궐에 커피가 전래되었음이 확실하다. 당시 궁중에서 사용된 커피는 지금의 커피와 달리 각당(角糖) 속에 커피가루가 들어간 것으로, 뜨거운 물만 넣으면 마실 수 있는 것이었다.

커피애호가 고종은 커피로 인해 큰일을 겪기도 했다. 1898년 9월 12일 커피를 마시려던 고종은 냄새가 이상해서 마시지 않았지만, 태자였던 순종은 마시다가 토하고 쓰러졌다. 러시아공사관 통역 출신 김홍륙(金鴻陸)은 러시아와의 교섭에서 개인의 이익을 취한 죄로 흑산도로 귀양을 가게 되었다. 그러자 김홍륙은 전선사주사(典膳司主事)인 공홍식(孔洪植)에게 아편을 주었고, 공홍식은 다시 궁궐 내 보현당(寶賢堂)에서 일하던 김종화(金鐘和)를 통해 고종이 마실 커피에 아편을 넣었던 것이다[김홍륙 독차사건].

1897년 서울호텔이 건립되었고, 뒤이어 1900년대에는 프렌치호텔(French Hotel)과 임페리얼호텔(Imperial Hotel)이 등장했다. 1902년에는 손탁(Antoniette Sontag; 孫澤; 宋多奇)이 고종에게 하사받은 곳에 손탁빈관(孫澤賓館)으로도 불렸던 손탁호텔을 개업했다. 이들 호텔에는 커피를 파는 다방이 있었다. 아마도 이곳을 통해 커피가 널리 알려지게 되었을 것이다.

상류층에서는 커피를 영어 발음을 따서 '가배(珈琲)' 또는 '가비(加比)'로 불렀다. 이에 반해 민들은 커피의 검은 색과 쓴맛이 한약과 비슷하다고 해서

손탁호텔
(공공누리 제1유형 국립민속박물관 공공저작물)

'양탕(洋湯)'이라고 했다. 아마도 커피는 개화의 상징으로 여겨지면서 상류층을 중심으로 전파되었을 것이다.

일제강점기 커피는 지식인들이 즐겨 찾던 음료였다. 1920~30년대에는 모더니즘의 바람을 타고 '모단 보이'와 '모단 걸'들이 카페를 드나들며 커피를 마셨다. 『조선요리제법』에는 커피를 '커피차'로 소개하고 커피 타는 법을 설명하고 있다. 그렇다면 커피가 대중화되었다고 할 수 없을지는 몰라도, 적어도 낯설지 않은 음료로 자리 잡은 것 같다. 이 시기 커피 파는 곳을 다좌(茶座)·다옥(茶屋) 등으로 불렀고, 일본의 기사텐(さっさてん)의 한자어 끽다점(喫茶店)으로 표현하기도 했다.

1923년경 일본인이 지금의 충무로인 혼마치(本町)에 후다미(二見)를 개업했다. 후다미는 일본인을 대상으로 한 다방이었던 것으로 여겨지고 있다. 한국인으로는 1927년 이경손(李慶孫)이 개업한 '카카듀'가 최초의 커피판매점이었다. 그러나 손님이 많지 않아 '카카듀'는 곧 문을 닫았다. 1929년 김인규(金寅圭)가 종로에 '멕시코다방'을 열었는데, 멕시코다방은 다방이란 이름으로 문을 연 최초의 가게였다. 당시 커피 한 잔 값은 쌀 한 가마와 맞먹을 정도였다. 티룸으로도 불렸던 다방은 상류층만의 공간이었던 것이다.

1차 세계대전 당시 미군에게 지급되었던 인스턴트커피는 한국전쟁 때에도 미군들에게 지급되었다. 미군 부대에서 흘러나온 야전식량[C-ration] 상자에는 커피가 들어 있었고, 이것이 우리 사회에 커피를 대중화시켰다. 처음 커피는 방향제로도 사용되었고, 커피를 마시면 설사하는 경우가 많아 회충약으로 인식되기도 했다. 커피가 잠을 쫓는다는 사실이 알려지면서부터는 수험생들에겐 잠을 쫓는 특효약으로 인기를 끌었다.

한국전쟁 직후 커피를 파는 다방이 폭발적으로 증가했다. 이 시기 다방은 예술인이나 정치인들의 집합소였지만, 다른 한편으로는 일자리가 없는 이들이 시간을 때우는 곳이기도 했다.

커피가 한창 인기를 끌던 1960년대 대학생들을 중심으로 외래품 소비와 사치풍조 배격을 통해 자립경제를 확립하자는 '신생활운동'이 전개되었다. 이때 '커피안마시기운동'이 일어났는데, 구호 중 하나가 "오늘의 커피는 내일의 독배(毒杯)"였다. 뿐만 아니라 5·16쿠데타로 집권한 군부세력은 커피가 외화낭비의 주범이라며 커피 수입을 제한했다. 이는 국산품 이용을 장려하기 위한 것이었지만, 다른 한편으로는 커피의 대부분이 미군부대를 통해 유통되었던 만큼 세금을 걸을 수 없었기 때문이었다. 이러한 사회분위기에 힘입어 1961년 6월 한국합성화학회사가 네오커피를 생산했다. 네오커피는 국내에서 생산되는 식물로 만든 커피 대용품이었다. 하지만 커피에 익숙해져 있던 사람들은 네오커피를 외면했다.

음식은 권력도 마음대로 할 수 없는 것이다. 커피 열풍은 여전했고, 커피에 계란 노른자를 풀고 그 위에 다시 참기름을 떨어트려 먹는 모닝커피가 등장했다. 주한미군들이 아침에 커피를 마시는 모습을 보고 개발된 메뉴인데, 빈속에 커피를 마시면 건강을 해칠 수 있다는 생각에 계란 노른자를 넣었던 것이다. 모닝커피는 아침식사 대용으로 이용되기도 했다.

1970년대 고고장 열풍이 불면서 새벽까지 술과 춤을 즐긴 젊은 층을 대상으로 토스트와 커피를 함께 팔기도 했다. 이것이 바로 '해장커피'다. 커피가 큰 인기를 끌자 커피의 양을 늘려 이익을 극대화하기 위해 담배꽁초를 넣은 '꽁초커피', 톱밥을 넣은 '톱밥커피', 고바우라는 캐러멜 색소를 넣은 '고바우

커피' 등이 등장하기도 했다.

1968년 설립된 동서식품은 1970년 우리나라에서는 최초로 인스턴트커피, 1974년에는 커피에 타는 크림 '프리마'를 생산했다. 이제 커피는 우리의 음료로 정착한 것이다. 1976년 12월 동서식품은 세계 최초로 1회용 인스턴트커피 '커피믹스'를 생산했다. 커피믹스의 등장은 커피 대중화에 있어 혁명적인 일이었다. 휴대와 보관이 쉬어 따뜻한 물만 있으면 언제 어디서나 커피를 마실 수 있었기 때문이었다. 지금은 원두커피(whole beans)를 많이 찾지만, 이전에는 커피하면 인스턴트커피였다. 1997년 11월 우리 정부는 국제통화기금(IMF)에 200억 달러의 구제금융을 신청하였다. 이후 기업들이 구조조정을 하면서 커피 심부름을 하던 여직원을 대폭 줄였고, 스스로 커피를 타서 마시는 문화가 정착되면서 믹스커피는 급성장했다.

1977년 롯데산업이 일본 샤프(Sharp)로부터 커피자동판매기를 수입했고, 이듬해 동서식품에서 자판기용 커피를 생산하면서 '벽다방' 시대가 열렸다. 1986년에는 동서식품이 캔커피를 생산하기 시작했다. 이제는 길을 걸으면서도 커피를 마실 수 있게 된 것이다.

1988년 서울 압구정동에 국내 최초로 '자뎅(Jardin)'이 커피전문점을 선보였다. 해외여행이 자유화되면서 많은 사람들이 외국에서 원두커피를 경험했다. 그러면서 원두커피를 찾는 이들이 늘어나자 커피전문점이 등장한 것이다. 1990년대 커피전문점이 폭발적으로 증가했다. 커피전문점은 원두커피를 내려 준다는 점에서 이전 다방과는 완전히 다른 곳으로 인식되었다. 1999년 7월 '스타벅스(Starbucks)'는 신세계그룹과 제휴하여 이화여자대학교 부근에 커피전문점을 개설하였다.

1990년대에는 고등학교에 커피자판기가 보급되면서 청소년들까지 커피소비층으로 등장하기 시작했다. 1993년 6월 22일 식품위생법이 개정되어, 다방뿐 아니라 제과점이나 기타 업종에서도 커피 판매가 허용되었다. 이는 커피 수요가 늘어났기 때문이지만, 다른 한편으로 커피 수요를 폭발적으로 증가시키는 요인이 되었다.

1990년대 중·후반부터 블랙커피가 크게 유행했다. 원래 우리는 커피에 설탕과 프리마 등을 넣은 일명 '다방커피'에 익숙해져 있었다. 그런데 블랙커피가 다이어트와 건강에 좋다는 인식이 생기면서 커피에 아무것도 넣지 않은 블랙커피가 인기를 끌었던 것이다. 그러던 것이 이제는 아메리카노(americano)가 커피의 대명사처럼 되어 버렸다.

아메리카노는 에소프레소(espresso)를 물로 희석시킨 것이다. 커피 원두를 갈아 소량의 뜨거운 물을 넣어 빠르게 압착한 에스프레소는 이탈리아인들이 즐겨 마셨다. 2차 세계대전 중 원두가 부족해지면서 에소프레소에 뜨거운 물을 부은 커피가 등장했다. 에소프레소의 쓴맛이 부담스러웠던 미군들은 희석시킨 커피를 찾았고, 이름도 미군이 즐긴 커피에서 유래되어 아메리카노가 되었다.

지금 우리는 아메리카노 외에도 에소프레스에 뜨거운 우유를 곁들인 카페라떼(caffe latte), 에소프레소에 카라멜 소스와 우유거품 등을 넣은 카라멜마끼야또(caramel macchiato), 에소프레소에 우유 거품을 얹은 카푸치노(cappuccino), 커피에 초콜릿 소스를 첨가한 카페모카(cafe mocha) 등 다양한 커피를 즐기고 있다.

커피 원액을 추출하는 방식도 다양화되고 있다. 순간적으로 강하게 압착한 에스프레소 외에 원두 가루에 뜨거운 물을 조금씩 넣어 천천히 커피 원액을 추출하는 핸드드립(hand drip), 차가운 물을 사용하여 원액을 추출하는 더치커피(dutch coffee) 등도 주목받고 있다. 가정에서는 캡슐(capsule) 상태의 커피를 전용기기에 넣어 커피를 내려 마시는 모습도 일상적이 되었다.

'커피한자 하자'는 말은 호감이 가는 이성에게 자신의 속마음을 표현하는 수단이며, 친근감을 나타내는 말이기도 하다. 얼마 전까지만 해도 '차 한잔 하자'에서 차는 커피를 가리키는 말이었다. 여러 문학작품이나 가요에서 커피는 낭만의 상징이다. 손님이 찾아오면 정성을 다해 커피를 끓여 대접했다.

인터넷이 보급되면서 여러 사이트에는 '카페'가 개설되었다. 이는 커피를 함께 마시는 사람은 취미나 생각이 비슷함을 나타내는 것이기도 하다. 커피는 이제 우리의 일상과 함께 하고 있는 것이다.

그 밖의 음료들

우리가 마시는 음료 중 전통음료를 제외하면 대부분이 외국에서 전래된 것이다. 그러나 그 음료들이 언제 어떻게 우리에게 전래된 것인지는 상세히 알지 못하고 있는 것 같다. 외국에서 전래된 음료 중 가장 쉽게 접하는 것이 청량음료이다. 1767년 영국의 과학자 조지프 프리스틀리(Joseph Priestley)가 탄산수(sparkling water)를 생산했다. 이후 탄산수는 약으로 판매되다가, 지금의 청량음료로 발전했다.

　우리에게 가장 먼저 전래된 청량음료는 사이다이다. 원래 사이다는 사과즙을 발효시킨 술인데, 프랑스에서는 시드르(cidre), 영국에서는 사이다(cider)로 표기했다. 1868년 영국인들이 일본의 요코하마(橫浜)에서 가게를 열고, 사과와 파인애플 맛이 나는 샴페인사이다를 개발했다. 이후 일본에서는 탄산음료에 사과향을 섞은 것을 사이다(サイダ)로 불렀다.

　1905년 일본인 히라야마 마쓰타로(平山松太郞)는 '인천탄산제조소'를 설립하여 '별표[星印]사이다'를 생산·판매하였다. 1910년 5월 나카야마 우노키치(中山宇之吉)는 라무네제조소를 설립하여 '라이온헬스표사이다'를 생산했다. 라무네(ラムネ)는 물에 설탕·포도당·라임향 등을 첨가한 일종의 레몬에이드이다. 1917년에는 평양에 설립된 평안광천소양조(平安礦泉所釀造)에서 '금강(金剛)사이다'를 생산하기 시작했다. 일제강점기 사이다를 생산하는 회사는 50여 개에 이르렀는데, 모두 일본 자본에 의한 것이었고, 우리 자본은 고흥찬(高興讚)이 종로구 원동에 세운 감천사(甘泉舍)가 유일했다.

광복 후 손욱래(孫旭來)가 인천탄산제조소를 불하받아 경인합동음료(京仁合同飲料)를 설립하여 '스타사이다'를 생산했다. 기존의 '금강사이다' 외 '삼성사이다'·'대한사이다'·'SC사이다' 등이 각 지역에서 생산되기 시작했다. 1950년 5월 동방청량음료에서 '칠성사이다'를 생산하기 시작했다. '칠성사이다'는 창업주 7명의 성씨가 모두 달라 이름을 칠성(七姓)으로 했다가, 후에 북두칠성에서 따온 칠성(七星)으로 이름을 바꿔 오늘날에 이르고 있다.

1886년 미국의 약제사 펨버턴(John Pemberton)이 코카(coca)의 잎과 콜라(cola)의 열매 그리고 카페인 등을 주원료로 한 청량음료를 만들었다. 프랭크 로빈슨(Frank Robinson)이 음료의 이름을 '코카콜라'로 정했고, 펨버턴은 로빈슨에게 코카콜라의 제조와 마케팅을 맡겼다. 펨버턴이 로빈슨 모르게 코카콜라 지분을 양도하면서, 코카콜라의 상표와 제조공식에 대한 소유권 다툼이 벌어졌다. 1886년 8월 펨버턴이 사망하면서 캔들러(Asa Candler)가 음료의 제조 및 판매권을 확보했다. 1892년 캔들러는 로빈슨과 함께 코카콜라 컴퍼니를 설립했다. 처음 콜라는 원액만 약제사들에게 판매했는데, 1889년부터는 콜라를 병에 담아 판매하기 시작했다. 그러면서 1916년 코카콜라의 상징이 된 병이 등장했다.

우리에게 콜라는 한국전쟁 중 미군을 통해 처음 소개되었고, 미군에게 공급하기 위해 부산에 미군코카콜라 공장이 운영되기도 했다. 당시 콜라는 상류층의 사치음료였다. 1957년 '칠성사이다'를 생산하던 동방음료에서 '스페시코라'를 생산하기 시작했다.

1962년 2월 동양맥주는 미국 코카콜라에서 콜라 원액을 들여와 'OB콜라', 서울중앙청량음료공사에서 'SC

스페시코라 광고 간판
(공공누리 제1유형 국립민속박물관 공공저작물)

콜라'를 생산하면서 많은 사람들이 콜라를 찾기 시작했다. 한편 일본의 도쿄코카콜라는 콜라를 캔으로 생산하기 시작하면서 남는 병을 처리하기 위한 방편으로 한국진출을 도모했다. OB콜라를 생산하던 동양맥주는 1966년 한양식품을 설립하고 도쿄코카콜라와 계약하여, 1968년 3월부터 '코카콜라' 생산을 시작했다. 그러자 동방음료는 1967년 한미식품을 설립하여 펩시콜라(Pepsi-Cola)와 손잡고 1969년 2월 '펩시콜라'를 출시하였다.

코카콜라와 펩시콜라는 지방 진출에도 나섰다. 코카콜라는 우성식품과 제휴하여 1971년 영남, 호남식품과 제휴하여 1972년 호남, 범양식품과 제휴하여 1975년 대구와 중부 지역에 콜라를 판매하였다. 펩시콜라 역시 동남식품과 제휴하여 1972년부터 영남 지역에 콜라를 판매하기 시작했다.

1997년 미국의 코카콜라는 한국코카콜라보틀링을 설립하여 직접 운영하기 시작했다. 한편 1996년 해태음료에서 '콤비콜라', 1998년 4월 코카콜라의 한국 생산을 맡아왔던 범양식품에서 '콜라독립815'를 출시하였다. '콜라독립815'는 애국심에 호소하는 광고로 한때 돌풍을 일으키기도 했다. 2007년 LG생활건강이 미국의 코카콜라로부터 한국코카콜라보틀링을 인수하여 코카콜라음료로 명칭을 바꿔 코카콜라를 생산·판매하고 있다.

청량음료 중 가장 늦게 들어온 것은 환타이다. 환타의 탄생은 전쟁과 관계 있다. 제2차 세계대전이 발발하면서 1940년 독일에 콜라 원액 지급이 중단되었다. 그러자 독일 코카콜라의 사장 막스 카이트(Max Keith)는 콜라를 대체할 음료를 만들었다. 이름은 공상·환상·상상이라는 뜻의 판타지(fantasie)로 정했는데, 이를 줄여 판타(fanta)가 된 것이다. 1969년 미국의 코카콜라 본사는 환타를 인수했고, 이 무렵 우리나라에도 환타가 처음 등장했다.

우리 힘으로 만든 청량음료도 있다. 1979년 농어촌개발공사식품연구소는 보리탄산음료 개발에 성공했다. 보리가 남아돌자 보리 소비를 촉진하기 위해 음료를 개발한 것이다. 농어촌개발공사는 일화(一和)와 손잡고 1982년 '맥콜'을 생산했다. 맥콜이 큰 인기를 얻으면서, '보리텐'·'비비콜'·'보리보리' 등의

일본의 칼피스

보리탄산음료도 등장했다. 우리가 세계 최초로 만든 보리탄산음료는 1980년대 중·후반 고향의 맛과 건강음료로 대단한 인기를 끌었다. 그러나 1990년대 이후 소비자들의 기호가 변하면서 예전만큼 많은 사람들이 찾지는 않는 것 같다.

다소 생소할지 몰라도 칼피스(カルピス)는 한때 인기 있는 음료였다. 우유를 가열·살균·냉각·발효한 뒤 칼슘을 넣어 만든 음료 칼피스는 1919년 일본의 칼피스사가 생산하기 시작했다. 1934년 박태원(朴泰遠)이 발표한 소설 『소설가 구보씨의 일일』에 등장하는 '가루삐스'가 바로 칼피스이다. 칼피스는 일제강점기 다방에서 커피 외에 가장 많이 판매되던 음료 중 하나였다.

1970년대까지 칼피스는 다방에서 판매되었고, 일본은 지금도 칼피스를 생산하고 있다. 우리 역시 칼피스와 유사한 음료수를 생산하고 있다. 그러나 상표명을 그대로 사용할 수 없어, 시원함을 강조하기 위해 '쿨피스'라는 이름을 붙였다. 쿨피스는 매운 음식을 파는 곳에서 필수 음료로 자리 잡았다.

한국의 쿨피스

1980년대부터 인기를 끌기 시작한 것이 스포츠음료이다. 스포츠음료는 물·염분·각종 미네랄의 함량이 사람의 체액과 농도가 같아 운동 후 생리활성을 높여주는 효과가 있다. 스포츠음료는 1965년 미국 플로리다대학교의 로버트 케이드(Robert Cade)에 의해 처음 개발되었다. 이 음료는 1967년 스토클리밴캠프(Stokely-Van-Camp)에서 '게이터레이드(Gatorade)'

라는 이름으로 상품화되었다. 일본에서도 1969년 '포카리스웨트(ポカリスエット)'를 개발하여 판매했다.

우리의 경우 1983년 명성식품이 'XL-1'을 생산했지만 시장 도입단계에서 중단되었다. 이와 동시에 태평약화학은 '솔라-X', 합동산업이 '스윙'을 생산했지만, 사람들의 관심을 끌지는 못했다.

1986년 서울아시안게임과 1988년 서울올림픽을 계기로 스포츠음료에 대한 관심이 높아지기 시작했다. 1986년 제일제당은 자체 기술로 스포츠음료 '아이소퀴(Iso-quick)'를 개발했다. 하지만 스토클리밴캠프와 제휴가 이루어지면서, 1987년 '게토레이'라는 이름으로 스포츠음료를 판매하기 시작했다. 이후 동아식품이 '포카리스웨트', 코카콜라보틀러가 '아쿠아리스(Aquarius)', 롯데삼강이 '스포테라(Sporterra)' 등을 출시했다. 스포츠공화국에서 스포츠음료가 대중화되기 시작했던 것이다.

PART 9

떡

역사적 의미

떡은 곡식가루를 물과 반죽하여 쪄서 만든 음식이다. 밥보다 죽을 먼저 먹었던 것과 마찬가지로 떡 역시 밥보다 먼저 등장했음이 확실하다. 다만 떡이 먼저인지 죽이 먼저인지는 견해가 나뉘고 있다. 곡물의 이삭을 불에 넣어 먹다가, 다음 단계로 곡물을 돌에 갈아 껍질을 제거한 후 가루를 물에 끓여 먹고, 그 다음 단계로 쪄서 먹었을 것 같다. 그렇다면 죽 다음에 떡이 등장했을 가능성이 높다.

떡은 쌀을 주식으로 하는 지역에서 보편적으로 나타나는 음식이다. 우리뿐 아니라 중국과 일본에도 떡이 존재한다. 중국에서는 쌀·기장·조·콩 등으로 만든 떡을 이(餌), 밀가루로 만든 떡을 병(餠)이라고 한다. 일본은 찹쌀과 팥소를 중심으로 떡을 만든다. 반면 우리는 멥쌀·찹쌀·수수·보리 등 모든 곡식을 떡의 재료로 삼는다.

떡을 찌는 시루가 청동기시대에 등장하는 만큼, 늦어도 청동기시대에는 떡을 먹었을 것이다. 시간이 지나면서 떡을 생일이나 잔치 때 높게 쌓아 축하의 뜻을 나타내었고, 명절에 맛 볼 수 있는 음식이 되었다. 아마도 밥이 주식이 되면서 떡은 특별한 날 먹는 별식으로 변한 것 같다.

금관가야의 수로왕이 제사음식으로 떡을 사용했다는 기록은 떡이 신을 대접하는 음식이었음을 보여준다. 『삼국유사』에는 신라 남해왕이 죽은 후 석탈해(昔脫解)와 유리(儒理)가 서로 왕위를 양보하다가 이빨이 많은 사람이 왕이 되기로 한 기사가 나온다. 이때 이빨의 개수를 세기 위해 떡을 씹었고, 이빨이 많은 유리가 왕이 되었다. 이것이 니사금(尼師今)의 유래이다. 그런데 지혜로움을 이빨이 많다는 것으로 확인했고, 이를 떡을 통해 증명하고 있다. 이러한 사실은 고대인들이 떡을 신과 인간의 매개체로 여겼음을 나타내는 것이라 여겨진다.

『삼국사기』에는 백결 선생(百結先生)의 부인이 연말에 떡 만들 쌀이 없는 것을 한탄하자, 백결 선생이 거문고로 떡방아 소리를 내는 '대악(碓樂)'을 지어 부인을 위로했던 사실을 수록하고 있다. 이로 보아 해가 바뀔 무렵에는 떡을 만들어 먹는 풍속이 있었음을 알 수 있다. 실제로 우리는 계절이 바뀔 때마다 떡을 만들어 먹었다.

새해 첫날에는 가래떡으로 떡국을 끓였다. 2월 1일 중화절(中和節)에는 노비들에게 송편을 먹였고, 3월 3일에는 진달래꽃[杜鵑花]으로 화전(花煎)을 지져 먹었다. 4월 초파일에는 느티떡[楡葉餅], 5월 단오(端午)에는 수레바퀴 모양의 떡살로 문양을 낸 절편인 수리취떡을 만들었다. 6월 유두(流頭)에는 멥쌀가루에 막걸리를 넣고 반죽하여 발효시킨 술떡, 7월 칠석(七夕)에는 밀전병, 8월 한가위에는 송편, 9월 중구절(重九節)에는 국화전, 10월 상달에는 무시루떡, 11월에는 새알심, 12월에는 골무떡을 먹었다. 아마도 제철에 나는 식재료로 떡을 만들어 먹으면서 자신과 가족의 안녕을 기원했을 것이다.

돌·혼례·환갑 등에는 떡이 빠지지 않았다. 돌상에는 백설기를 만들어 아이의 장수를 기원했다. 혼례를 치를 때에는 신부집에서 봉채떡을 만들어 신랑집에 보내면서, 부부의 금실이 찰떡처럼 화목할 것을 바랬다. 교배상에는 달떡을 올려 보름달처럼 둥글게 채우며 잘 살기를 빌었다. 이처럼 우리에게 떡은 음식 그 이상의 의미를 지니는 것이었다.

밥과 다른 별식으로 집에서 만들어 먹던 떡이 언제부터 떡집에서 팔리기 시작했는지는 분명하지 않다. 고려가요 '쌍화점(雙花店)'을 통해 고려시대 쌍화를 파는 가게가 있었음을 알 수 있다. 쌍화가 만두인지 빵인지는 확실하지 않다. 그러나 쌍화를 파는 가게가 있었다면, 떡을 파는 떡집도 있었을 가능성이 높다.

조선시대 이동을 하면서 먹을 수 있는 요깃거리 중 하나가 떡이었을 가능성이 높다. 경기도 화성에는 병점(餅店)이라는 곳이 있다. 조선시대 호남에서 한양으로 향하던 이들이 이곳을 지날 때 허기진 배를 채우기 위해 떡을 파는 가게에서 떡을 사 먹었다고 해서 병점이라는 지명이 생겼다고 한다. 임오군란에 참여했던 사람 중에 떡장수[賣餅爲業]가 있었고, 『동국세시기』에는 떡 파는 집이라는 의미의 매병가(賣餅家)가 기록되어 있다. 지금도 5일장에는 국밥집과 함께 떡집이 있다. 그렇다면 조선시대 떡을 판매하는 곳이 있었음은 분명한 사실인 것 같다.

1828년 사은겸동지사(謝恩兼冬至使)로 청을 다녀온 박사호(朴思浩)의 사행록 『심전고(心田稿)』에는 조청전쟁 중 중국으로 끌려간 사람들이 집단 거주하던 고려보(高麗堡)에서 밤절편[栗切餠]과 송편 등이 고려떡[高麗餅]이라는 이름으로 판매하고 있음을 기록했다. 우리 민족이 사는 곳에는 떡집이 존재했던 것이다.

일제가 대한제국을 강제점령하면서 낙원동 떡골목이 형성되었다. 낙원동 떡골목은 궁중 수라간에서 음식을 하던 이들이 낙원동에서 떡집을 차리기 시작한 것이다. 이후 전국에 전문떡집이 등장했다.

떡을 판매하는 곳도 있었지만 대개 떡은 집에서 만들던 음식이었다. 1930년대에는 떡을 만들기 위해 방앗간에 가면 쌀을 가루로 만들어 주었다. 이후에는 반죽해서 익혀주기까지 했다. 지금은 기계화·자동화가 이루어지면서 떡 생산은 기업화되고 있는 추세이다. 물론 재래식 떡집도 있지만, 몇 가지 떡만 만들고 나머지는 업체에 주문해서 판매하는 곳이 많다.

기업과 같은 형태의 떡집이 등장한 사실은 떡의 수요가 확대되고 있음을 뜻한다. 떡케이크를 자르고, 떡을 중심으로 구성된 떡도시락을 먹고, 떡 전문점이 생긴 것은 이미 오래 전의 일이다. 2010년에는 한국농업진흥청 제조기술개발팀의 연구로 떡이 굳지 않게 하는 기술을 개발했다. 이러한 모습들은 앞으로 보다 많

4대째 이어오고 있는 낙원떡집

은 사람들이 우리의 전통 떡을 찾게 될 것임을 보여주는 것이라 할 수 있다.

찐떡

멥쌀처럼 찰기가 없는 곡물은 가루를 만든 후 쪄서 익혀야 떡을 만들 수 있다. 이렇게 만든 떡이 시루를 사용하는 찐떡[蒸餠]이다. 찐떡에는 시루떡·두텁떡·설기·술떡·쑥떡·송편 등이 있다.

고사를 할 때 빠질 수 없는 음식이 시루떡[甑餠]이다. 시루떡은 쌀가루를 시루에 켜켜이 안쳐서 찌는 떡으로, 고조선 건국을 기념하여 10월 무오날 만들어 먹는다고 해서 무오병(戊午餠)이라고도 한다. 대표적인 것이 팥고물을 켜켜이 뿌린 팥시루떡[小豆甑餠]과 팥시루떡 중에 무와 멥쌀가루를 쓴 무시루떡[萊菖甑餠] 등이다.

10월 상달에는 시루떡을 만들어 부엌과 장독대 등에서 성주(城主)와 조상님께 고사를 지냈다. 성주는 단군이 이 세상에 내려오기 전 먼저 지상에 내려와 단군과 사람이 살 집을 지었던 신이다. 즉 새로운 세상이 시작되는 때이다. 때문에 세상을 열어 준 단군, 살 집을 마련해 준 성주, 그리고 조상님께 시루떡을 제물로 바쳤던 것이다. 이사하면 이웃에 시루떡을 돌리는 것 역시 이러한 뜻을 담고 있다.

우리는 생일에도 시루떡을 먹었다. 아들을 위해서는 밤시루떡, 딸을 위해서는 곶감이나 말린 감껍질을 넣은 감시루떡을 만들었다. 여기에는 아들은 밤처럼 단단하게, 딸은 감처럼 달콤하게 자라길 바라는 염원이 담겨 있다.

고구려 고분인 안악3호분 벽화에는 부뚜막 위에 시루가 있고, 그 옆에는 시루떡이 고임 형태로 놓여 있는 모습이 그려져 있다. 이를 통해 삼국시대 이미 시루떡이 대중화되었음을 알 수 있다.

두텁떡은 궁중 잔치에 빠지지 않던 떡이다. 떡을 시루에 안칠 때 떡의 모양을 작은 보시기 크기로 떠낼 수 있도록 수북하게 바치기 때문에 봉우리떡, 소를 넣고 뚜껑을 덮어 안쳐 그 모양이 그릇과 같다고 하여 합병(盒餠), 썰어 먹지 않고 도독하게 하나씩 먹는 떡이라고 해서 후병(厚餠) 등으로도 불린다.

설기는 떡의 켜를 만들지 않고 한덩어리가 되게 찐 시루떡의 일종이다. 설기에는 꿀이 들어간 밀(蜜)설기, 떡가루에 석이가루와 꿀을 넣은 석이밀설기 등이 있는데, 가장 일반적인 것은 콩고물이나 팥고물을 쓰지 않고 멥쌀가루로 만든 백설기이다. 백설기는 한자로는 백설고(白雪糕)로 표기했고, 흰무리

시루에서 쪄 낸 떡이 고임 형태로 놓여 있는 모습이 그려져 있는 고구려 고분벽화

또는 꿀설기로도 불렀다. 백설기는 아이의 삼칠일·백일·돌상 등에 반드시 올랐다. 하얀색의 떡이 백색무구(白色無垢)를 상징하기에 생명의 신성함과 함께 순결한 삶이 이어지길 기원했던 것이다.

백일을 기념하는 백설기는 주걱으로 시루에서 떡을 뗀다. 칼로 자르는 것을 불길하게 여겼기 때문이다. 백일떡을 백 명과 나누면 아이의 인생에 복이 있을 것으로 믿었기에, 이웃과 친척들에게 떡을 돌렸다. 백일떡을 받은 이들은 다시 좋은 일이 있어서 맛있는 것을 주시라는 의미에서 떡을 담은 그릇을 씻지 않고 그대로 보냈다. 대신 쌀·돈·실·옷·수저 등으로 답례하면서 아이의 장수를 기원했다.

돌상에 올리는 무지개떡은 백설기에 여러 색을 들인 것이다. 쑥으로 청색, 오미자나 연지 우린 물로 붉은색, 치자 우린 물로 노란색, 팥앙금이나 계피가루를 이용하여 흑색과 비슷한 색을 낸다. 그러면 떡의 하얀색과 함께 오색을 이루게 된다. 즉 무지개떡은 오행의 조화를 상징하면서, 아이의 꿈이 무지개처럼 찬란하게 이루어질 것을 기원하는 의미를 담고 있는 것이다.

막걸리를 발효시켜 찐 떡이 술떡이다. 고려시대에 쌍화라는 음식이 있었

다. 쌍화는 밀가루를 술로 반죽하여 소를 넣고 찐 빵이다. 때문에 쌍화를 만두로 보기도 한다. 여기에서 우리가 유의해야 할 것은 쌍화는 술로 반죽하여 발효시켰다는 점이다. 즉 밀가루 대신 쌀가루를 사용하면 술떡이 되는 것이다. 이런 점에서 술떡은 고려시대 쌍화로부터 일정한 영향을 받았을 가능성이 있다.

술떡은 한자로 증편(蒸片) 또는 증병(蒸餅)으로 표기했고, 술을 넣어 일으켜 세운다고 해서 기주(起酒)떡, 서리꽃처럼 희다고 해서 상화(霜花)떡이라고도 했다. 그 외 기지떡·상애떡·벙거지떡이라고도 하는데, 북한에서는 쉬움떡으로 부른다. 막걸리가 발효된 떡인 만큼 새콤한 맛이 더운 날의 입맛에 맞고 소화도 잘 된다. 또 술이 들어가 있어 쉽게 상하지 않아 무더운 여름에 많이 먹었다.

송편(松艑)은 떡을 찔 때 솔잎을 깔기 때문에 송병(松餅) 또는 송엽병(松葉餅)이라고도 했고, 달에 대한 숭배사상이 반영되어 있어 달떡으로도 불렸다. 그 외 엽발(葉餑)·엽자발(葉子餑) 등으로도 표기했다. 중국의 위에삥(月餅)과 일본의 스키미당고(月見團子)는 보름달을 상징하지만, 우리의 송편은 반달을 상징한다. 의자왕대 백제는 만월(滿月)이고 신라는 반달[半月]이라는 글이 등에 새겨진 거북이가 발견되었다. 무당은 이 글귀를 백제는 달이 찼으니 기울 것이고, 신라는 앞으로 융성할 것으로 해석했다. 이후 반달을 보다 나은 미래를 나타내는 것으로 여겨, 송편을 반달 모양으로 빚기 시작했다고 한다.

송편을 잘 빚으면 예쁜 아기를 낳는다는 말이 있다. 또 뱃속의 아이가 아들인지 딸인지 궁금하면 송편에 솔잎을 넣어 쪄서 송편을 베어 물었을 때 잎의 끝 부분이면 아들, 뿌리 부분이면 딸로 여기기도 했다. 이러한 모습들은 모두 달이 풍요와 다산을 상징하는 것과 관련 있다. 돌상에도 송편을 올렸는데, 여기에는 아이의 머리가 송편 속을 채운 소처럼 꽉 차 현명하게 성장할 것과 함께 송편 모양처럼 배부르게 식복이 있으라는 소망이 담겨 있다.

떡을 솔잎과 함께 찐 이유는 어디에 있는 것일까? 우리는 소나무를 절개와

장수의 상징으로 여겼다. 또 도교의 영향으로 솔잎을 신선이 먹는 약으로 인식하기도 했다. 솔잎과 함께 떡을 찌면 솔잎의 향기가 떡에 스며든다. 떡 표면에는 솔잎 모양이 남아 운취가 있고, 송편끼리 달라붙지도 않는다. 때문에 솔잎과 함께 떡을 쪘고, 이름도 송편이 된 것이다.

송편은 지역적 특색을 띠기도 했다. 강원도에서는 감자 녹말로 반죽한 감자송편과 송편 속에 무생채를 넣은 수송편을 만들어 먹었다. 함경도에서는 언감자로 송편을 만들었고, 평안도에서는 깨를 볶아 설탕과 간장으로 버무려 소를 만들고 조개 모양으로 빚은 조개송편을 먹었다. 전라도에서는 띠의 새순을 멥쌀가루에 섞은 삘기송편, 경상도에서는 모시잎을 멥쌀가루에 섞은 모시잎송편을 만들기도 했다.

요즘에는 추석에만 송편을 빚지만, 과거에는 명절이나 특별한 날 먹었던 떡이 송편이다. 『동국세시기』에는 2월 초하루 노비날에는 송편을 빚어 노비들에게 나이 수대로 먹인다고 설명했다. 이때부터 농사가 시작되기 때문에 노비들을 대접하는 것이다. 나이수대로 먹게 한다고 해서 '나이떡', 노비들과 머슴들에게 먹인다고 해서 '노비송편' 또는 '머슴송편'으로 불렸다. 2월 초하루인 삭일(朔日)에 먹는다고 해서 '삭일송편'이라고도 하였다. 그 외 정월 대보름, 3월 삼진날, 4월 초파일, 5월 단오, 6월 유두 등에도 송편을 먹었다.

오희문(吳希文)의 『쇄미록(瑣尾錄)』에는 어머니의 생신날 송편을 만들었음을 기록하고 있다. 조엄의 『해사일기』에도 김인겸(金仁謙)의 생일날 일본에서 송편을 만들어 일행과 나누어 먹었다는 기록이 있다. 즉 송편은 명절이나 생일처럼 특별한 날 먹었던 떡이다.

추석 때 만든 송편은 오려송편이라고 불렀다. 오려란 제철보다 일찍 익은 올벼를 뜻하는 말이다. 즉 그 해 추수한 햅쌀로 만들었기에 오려송편이라 부른 것이다. 송편의 모양은 볍씨를 닮았다. 아마도 송편을 빚으면서 풍년을 기원했을 것이다. 이처럼 우리는 특별한 날 먹는 별식으로 송편을 만들어 먹었다. 그러다가 추석을 제외한 날들이 명절의 기능을 잃으면서 송편은 추석날 먹는 떡으로 정착된 것 같다.

친떡

멥쌀로는 가루를 만들어 쪄서 떡을 만들지만, 찹쌀처럼 찰기가 있는 곡물은 물에 불려 찐 지에밥을 절구에 담고, 그것을 쳐서 떡을 만든다. 친떡[舂]은 도병(搗餠)이라고도 하는데, 인절미·수리취떡·바람떡·찹쌀떡 등이 친떡이다.

쳐서 만드는 떡은 중간에 끊어야 한다. 때문에 절편[切餠]이라는 이름이 붙은 것 같다. 가장 대표적인 친떡이 인절미(引切米)이다. 인절미의 유래에 대해서는 다음과 같은 이야기가 전하고 있다. 이괄(李适)의 난 당시 공산성(公山城)에 피신 중인 인조가 허기져 있을 때 한 신하가 민가에서 구한 콩고물을 묻힌 떡을 구해 왔다. 인조는 그 떡을 맛있게 먹은 후 떡의 이름을 물었다. 그런데 신하는 이름을 몰랐고, 다만 임씨(任氏)가 바친 떡이라고 답했다. 그러자 인조는 임씨가 썰어 만든 떡이니 임절미라 부르게 했는데, 그것이 변해 인절미가 되었다는 것이다.

궁궐 내에서는 인절미를 은절미병(銀切味餠)으로 표기하기도 했는데, 여기에는 맛이 좋다는 의미가 포함된 것 같다. 때문에 인조와 관련된 인절미의 유래가 생겨났는지 모르겠지만, 이는 어디까지나 전해지는 말에 불과한 것 같다. 『예기』에 "분자는 콩을 가루로 만들어 떡 위에 묻힌 것이다[粉餐 以豆爲粉 糝餐上也]."는 설명이 있다. 콩가루를 떡 위에 묻힌 분자는 우리가 먹는 인절미가 분명

인조가 시름을 달랬던 곳에 세워진 공산성 내 쌍수정(雙樹亭)

하다. 『세종실록』오례의 찬실도설(饌實圖說)에는 『예기』의 내용을 인용하여 분자를 진설한다고 설명하고 있다. 광해군~인조대 활약했던 이식(李植)의 『택당집(澤堂集)』에도 중양절 제사상에 올리는 제물로 인절미가 기록되어 있다. 그렇다면 인조대 이전 인절미의 존재를 알았음이 분명하다. 인절미라는 이름은 찰진 떡이라 잡아당겨[引] 끊는[切; 截] 떡[餠]에서 유래된 것이다. 때문에 인병(引餠), 인절병(引切餠; 印切餠), 인절미(引截米; 引切米) 등으로 쓰는 것이다.

인절미는 돌상에도 올랐는데, 아이가 '끈기 있고 단단'한 인물이 될 것을 바래서이다. 함께 모여 인절미를 떼어 먹으며 결속력을 다졌고, 인절미의 끈끈한 성질은 과거급제를 기원하는 의미를 가지기도 했다. 먼 길을 갈 때는 비상식량으로 챙겨가기에 '나그네 떡'으로도 불렸다. 혼례를 마친 후 부부는 합환주를 마시며 인절미 하나를 나누어 먹었다. 이는 찰떡같이 오래 함께 하자는 의미였다. 시집간 딸이 친정에 왔다가 돌아갈 때 친정어머니는 인절미를 들려 보냈다. 그 이유는 시댁 식구들에게 자신의 딸을 예뻐해 달라는 의미와 함께, 딸에게는 시집살이가 아무리 힘들어도 입을 봉하고 살라는 의미에서였다. 때문에 인절미는 '입마개떡'으로도 불렸다. 이처럼 인절미는 우리의 다양한 바람과 한을 함께 한 떡이다.

삼짇날 우리는 쑥잎을 뜯어 멥살가루와 섞은 후 찐 쑥떡[艾糕]을 먹었다. 『신증동국여지승람(新增東國輿地勝覽)』에서는 뱀의 날인 상사일(上巳日) 쑥으로 만든 청애염병(靑艾染餠)을 먹는다고 설명했다. 삼짇날 쑥떡을 먹는 것은 상사일과 겹치는 경우가 많았기 때문이다. 겨울잠을 잔 뱀이 깨어나는 날이 상사일이기에, 상사일을 첫뱀날이라고 부른다. 뱀은 쑥을 싫어하기 때문에 예전 시골에서는 뱀이 집으로 들어오는 것을 막기 위해 마당 곳곳에 말린 쑥을 넣어놓았다. 상사일에 쑥떡을 먹는 것도 이런 풍속에서 비롯된 것이다.

수릿날[水瀨日; 戌衣日]에도 쑥을 뜯어 멥쌀가루에 넣고 반죽해 수레바퀴 모양의 떡을 만들어 먹었다. 이 떡이 수리취[戌依翠]떡인데, 수레바퀴 모양으로 찍어 내기 때문에 차륜병(車輪餠), 쑥을 넣기 때문에 애엽병(艾葉餠), 단옷날 먹기에 단오병(端午餠)이라고도 한다. 떡을 수레바퀴 모양으로 만드는 이유는 수리가 우리말로 수레바퀴이기 때문이며, 다른 한편으로는 태양을 상징하는 모양으로 떡을 빚어 축하한다는 의미도 있다.

단옷날 쑥떡을 먹는 이유는 다른 데에도 있다. 우리는 단옷날을 전갈·뱀·지네·거미·두꺼비의 독이 뿜어져 나오는 날로 인식했다. 그런데 『향약구급방(鄕藥救急方)』에는 "지네·벌·뱀 등에게 물려 생긴 중독에는 쑥뜸보다 나은 방법이 없다[凡蜈蚣蜂蛇螫毒 無過艾灸]."고 설명했다. 때문에 이를 막기 위해 쑥떡을 먹은 것이다.

쑥은 생명과 다산의 상징이었다. 임신부가 유산의 기미를 보이면 쑥을 먹였고, 쑥은 불규칙한 생리주기를 고르게 해준다고 믿었다. 속담에 '애쑥국에 산촌 처자 속살 찐다'라는 말이 있다. 갓 돋아난 쑥으로 국을 끓여 먹은 여성이 새로운 봄을 맞아 성숙해진다는 뜻이다. 이는 쑥이 여성에게 좋은 음식임을 말해주는 것이다. 때문에 단군신화에서도 곰은 마늘과 함께 쑥을 먹고 웅녀(熊女)가 되었다. 또 쑥은 악령과 해충을 쫓는 기능이 있다고 믿었다. 지금도 농촌에서는 쑥을 태워 모기를 쫓는다. 단옷날 쑥으로 인형을 만들어 문에 걸어 놓았는데, 이 역시 나쁜 기운을 쫓기 위해서이다.

바람떡은 송편과 비슷한 모습이다. 그러나 송편은 쪄서 만들지만, 바람떡은 쳐서 만든다. 친 떡을 얇게 밀어 소를 넣고 접어 작은 그릇으로 반달 모양으로 찍어서 만드는데, 이때 공기가 많이 들어간다. 때문에 한 입 베어 물면 바람이 빠져버려 바람떡이라는 이름이 붙은 것 같다.

바람떡의 다른 이름은 개피떡이다. 떡에 계피가 들어갔기 때문으로 아는 이들이 많은데, 개피떡에는 계피가 들어가지 않는다. 소를 얇은 껍질로 싸서 만들었다고 해서 갑피병(甲皮餠)이라고 했는데, 갑피병이 갑피떡, 다시 개피떡으로 바뀐 것으로 여겨지고 있다.

바람떡은 인절미와 달리 혼례에 절대 올리지 않았다. 혼인날 신랑과 신부가 이 떡을 먹으면 바람이 난다고 믿었기 때문이다. 실제로 특정한 떡을 먹는다고 해서 외도를 하지는 않을 것이다. 다만 백년해로를 다짐하는 의미에서 혼인식을 치르는 날에는 바람떡을 피했을 것이다.

어린아이들이 좋아하는 찹쌀떡은 우리의 전통 떡이 아니다. 일본에서 건너온 찹쌀떡은 다이후쿠모치(大福餠)로 큰 복이 담겨 있는 떡이다. 대학입시를 앞둔 학생들에게 찹쌀떡을 주는 것은 합격이라는 큰 복을 받으라는 의미와 함께 찰떡처럼 붙으라는 기원이 담긴 것이다. 이 역시 일본에서 수험생들에게 찹쌀떡을 선물하는 풍습이 전해진 것이다. 요즘에는 합격을 기원할 때 인절미가 아닌 찹쌀떡을 주는 경우가 훨씬 더 많고, 간식으로도 많이 찾는다. 이런 점에서 찹쌀떡도 이제 우리 떡으로 보아도 좋을 것 같다.

지져 먹는 떡

기름에 지져 먹는 떡이 유병(油餠) 또는 전병(煎餠)이다. 전병은 잠시만 그대로 두어도 떡의 모양이 볼품없어 진다. 젬병이란 말도 전병의 모양이 망가진 데에서 나온 것이다. 때문에 전병은 기름에 지진 후에 다시 모양을 잡아주어야만 한다.

지져 먹는 떡 중 가장 일반적인 것이 빈대떡이다. 『음식디미방』에 빈대떡이 등장하는 것으로 보아, 조선시대 이미 널리 먹었던 음식임이 확실하다. 하지만 주목해야 할 점은 빈대떡은 녹두를 갈아 돼지기름으로 만든다는 사실이다. 궁중에서는 참기름을 많이 사용했지만, 민이 참기름을 사용하는 것은 쉬운 일이 아니었다. 개항 이후 우리나라에 들어온 중국인들은 돼지기름으로 음식을 볶아 먹었다. 아마도 돼지기름에 전을 부쳐 먹는 문화는 중국 음식 문화에 일정한 영향을 받았을 가능성이 높다. 실제로 빈대떡은 1920년대 길거리 음식으로 인기를 끌었고, 해방 이후 빈대떡집이 크게 늘어났다.

녹두빈대떡

빈대떡은 녹두전(綠豆煎)·녹두전병(綠豆煎餠)·녹두적(綠豆炙) 등으로도 불린다. 전라도에서는 부꾸미·허드레떡, 황해도에서는 막부치, 평안도에서는 녹두지짐·녹두부침이라고 한다. 이름뿐 아니라 만드는 방법과 재료도 지역마다 다르다. 빈대떡의 유래에 대해서도 여러 이야기가 전해지고 있다. 첫째는 중국의 떡인 빙저(餠藷)에서 유래되었다는 것이다. 즉 빙저가 빙자떡 또는 빈자떡으로 불리다 빈대떡이 되었다는 것이다. 둘째는 기름에 지진 떡인 알병(餲餠)의 알이라는 글자가 빈대를 뜻하는 갈(蝎)로 와전되어 빈대떡이 되었다는 것이다. 셋째 정동에 빈대가 많아 빈대골이라고 불렀는데, 그곳에 지져 먹는 떡을 파는 장사가 많아 빈대떡이 되었다는 이야기도 있다. 반대로 손님[賓]을 접대[待]하는 떡이라는 뜻에서 빈대떡으로 부르게 되었다는 이야기도 전한다. 녹두의 옛말 푸르대가 풀대 → 분대 → 빈대로 변했을 것이라는 주장도 있다. 마지막으로 빈대떡은 제사상이나 잔칫상에 고기를 괼 때 밑받침으로 사용된 음식인데, 윗부분은 주인이 먹고 아래 부분인 빈대떡은 가난한 사람이나 허드렛일 했던 사람들에게 주었다고 한다. 즉 가난한 사람들이 먹는 떡이라는 뜻에서 빈자(貧者)떡으로 부르다가 빈대떡이 되었다는 것이다.

빈대떡은 녹두의 껍질을 완전히 제거해서 가루를 만들고, 고사리·숙주·생강·마늘·돼지고기·절인 배추 등을 다져 소금·참기름·후춧가루 등을 넣어 소를 만들어야 한다. 빈대떡은 민이 쉽게 접할 수 있는 음식이 아닌 것이다. 그런데 '빈대떡 신사'라는 가요에는 "돈 없으면 집에 가서 빈대떡이나 부쳐 먹지"라는 구절이 있다. 녹두는 1960년대까지만 해도 쌀보다 쌌고, 특별히 소를 넣지 않고 붙여도 된다. 그렇다면 부유한 사람들이 여러 재료를 넣고 만들어 먹는 빈대떡과, 민이 집에 있는 재료로 만들어 먹는 빈대떡의 두 가지 형태로 발전된 것일 가능성도 있다.

김치전을 김치떡, 파전을 파떡, 부추전을 부추떡으로 부르지 않지만, 빈대떡은 기름으로 지져 만들지만 떡으로 부른다. 우리에게 떡은 밥과 동격이었다. 김치전·파전·부추전 등은 밀가루로 만드는데, 해방 이전 밀가루는 구하기 어려운 식재료였다. 반면 빈대떡은 녹두로 만든다. 녹두는 거친 땅에서도 잘 자라는 식물인 만큼 쉽게 구할 수 있었다. 즉 녹두가루로 만든 빈대떡은 전보다는 쉽게 먹을 수 있는 음식이었기에 떡의 반열에 오를 수 있었을 것이다.

장떡·주악·부꾸미 등도 전병이다. 장떡[醬餠]은 된장이나 고추장에 밀가루를 개어 부재료를 넣어 기름에 지져 먹는다. 주악은 찹쌀가루를 반죽하여 소를 넣고 송편처럼 만들어 기름에 지진 떡이다. 주악은 조약돌처럼 생겼다고 해서 붙여진 이름인데, 궁중에서는 조악(造岳)이라고 불렀다. 부꾸미는 찹쌀이나 차수수, 밀가루 반죽 또는 녹두를 갈아 전병처럼 기름에 지진 후 소를 넣고 반달 모양으로 접은 떡이다.

화전 역시 전병의 하나인데 꽃지지미·꽃부꾸미·화전고(花煎糕)·전화(煎花)라고도 했다. 삼짇날에는 화전놀이를 했다. 삼짇날 화전을 먹는 풍습은 신라에서 시작된 것으로 여겨진다. 경주에 화절현(花切縣)이라는 곳이 있었는데, 신라의 궁인들은 그곳에서 꽃을 꺾으며 봄놀이를 했다고 한다. 조선시대에도 왕비와 궁녀들이 후원에서 진달래꽃을 따서 화전을 만들어 왕에게 대접했다.

민가에서도 삼짇날 화전놀이를 했다. 며느리들이 화전놀이를 갈 때 시어머니는 함께 하지 않았다. 아마도 며느리들은 화전을 먹으며 시집살이의 고충을 토로하며 스트레스를 풀었을 것이다. 삼짇날에만 화전놀이를 했던 것은 아니다. 4월 초파일에는 노란 장미꽃을 찹쌀가루에 버무린 후 경단처럼 만들어 참기름에 지져 먹었고, 9월 중양절에는 국화전을 먹었다.

야외로 나가 화전을 지져 먹는 화전놀이는 꽃달임 또는 참꽃지짐이라고도 했다. 흔히 화전놀이를 여성만의 것으로 알고 있지만, 남성도 화전놀이를 했다. 다만 남성의 화전놀이는 부정기적인 것이었으며, 풍류의 일환이라는 점에서 여성의 화전놀이와는 구별된다.

화전은 이제 우리 역사에서 사라지고 있는 음식이다. 물질문명이 발달하면서 생활은 편리해졌지만, 반대로 공해는 점점 더 심해지고 있다. 오염물질이 묻어 있는 꽃으로 떡을 해 먹는 것은 사실상 불가능 한 일이 되었다.

약밥

약밥에는 찹쌀과 잣·대추·밤·호두 등의 견과류가 들어간다. 그 외 계피·간장·참기름 등도 필요하다. 말 그대로 약이 되는 밥이며, 사치스러운 음식이다. 약밥은 쌀로 만든 음식이라는 점에서는 밥인 것 같지만 주식이 아니다. 별미로 먹는다는 점에서는 과자인 것 같지만, 과자와 달리 밀이 아닌 쌀로 만든다. 떡집에서 판매하지만, 가루를 찌거나 밥을 지은 후 치지 않는다. 즉석밥 형태로 판매되기도 하지만, 약밥은 밥, 과자, 떡 그 어디에도 속하기 힘든 음식이다.

정월 대보름날 먹는 음식 중 하나인 약밥은 충절을 상징한다. 『삼국유사』 사금갑(射琴匣)에는 다음과 같은 내용이 수록되어 있다. 신라 소지왕이 정월 대보름날 천천정(天泉亭)이라는 정자에 놀러 갔는데, 쥐가 나타나 까마귀가 가는 곳을 따라가 보라고 말했다. 왕은 기사(騎士)로 하여금 까마귀를 따라가게 했고, 연못에서 한 노인이 나와 봉투를 건네주며 열어 보면 두 사람이 죽을 것이요, 안 열어 보면 한 사람이 죽을 것이라고 말했다. 소지왕은 두 사람이 죽는 것보다는 열어 보지 않고 한사람이 죽는 것이 낫다고 말했지만, 일관(日官)은 두 사람은 민이고 한 사람은 왕이라고 하였다. 왕이 봉투를 열어 보니 거문고 통을 쏘라고 적혀 있었다. 궁궐로 돌아와 화살로 거문고 통을 쏘니 향불을 관리하는 분수승(焚修僧)과 궁주(宮主)가 내통을 하고 있었고, 이들은 처벌당했다. 소지왕은 자신의 목숨을 구해 준 까마귀의 은혜에 보답하기 위해 약밥을 만들었다고 한다. 약밥의 색깔이 검은 것도 까마귀에게 제사 지낸다는 의미를 강조하기 위한 것이며, 때문에 정월 대보름을 오기일(烏忌日)로 정했던 것이다.

찹쌀을 꿀이나 기름에 비벼 먹는 음식은 찹쌀을 많이 재배하는 아시아 남부 벼농사 문화권의 특징이다. 이러한 약밥을 신라에서 만들었다는 것은 무엇을 의미하는 것일까? 신라의 왕 석탈해의 출자에 대해『삼국유사』에는 용성국(龍城國),『삼국사기』에는 다파나국(多婆那國)으로 기록하고 있다. 용성국이나 다파나국의 위치에 대해서는 인도, 일본의 이즈모(出雲) 지역, 중국의 남부 등으로 추정하고 있어 확실하지 않다. 하지만 분명한 사실은 석탈해가 배를 타고 외국에서 온 인물이라는 것이다. 그렇다면 신라에서 약밥을 만든 사실은 신라가 남방문화와 교류한 산물일 가능성도 있다.

약밥이란 이름은 어떻게 생겨난 것일까? 우리는 꿀에 재어 만든 과자를 약과, 꿀로 담근 술을 약주로 불렀다. 즉 우리는 꿀을 약으로 사용했기에 꿀이 들어간 음식에 '약'을 붙인 것이다. 때문에 약밥을 한자로 약식(藥食)·약반(藥飯) 또는 밀반(蜜飯)으로 표기했던 것이다. 그 외 대추·밤·잣 등을 섞어 만들어서 잡과반(雜果飯), 찹쌀로 만들기에 점반(粘飯)으로 표기하기도 했다.

약밥은 처음 찰밥[糯飯]에 까마귀가 좋아하는 대추만을 넣었던 것이, 후대로 오면서 밤이나 잣 등을 더 넣게 되었다. 약밥은 중국에도 전해졌다.『열양세시기(洌陽歲時記)』에 의하면 우리의 약밥은 중국에 전해져 고려반(高麗飯)으로 불렸고, 중국인들이 귀하게 여기는 음식이었다고 한다.

신라의 소지왕은 자신의 생명을 구해준 까마귀를 위해 약밥을 만들었다. 하지만『연려실기술』에는 조선 국왕 선조가 아들 광해군이 바친 약밥을 먹고 체해서 죽었다는 의혹이 있다고 기록했다. 우리 역사에서 약밥은 왕을 살리기도 하고 죽이기도 한 음식이었던 것이다.

떡볶이

떡은 그 자체로 음식이지만, 가래떡은 음식의 재료가 되기도 한다. 가래떡으로 만드는 음식 중 하나가 떡볶이이다. 지금은 떡볶이를 만들기 위해 떡을 만들지만, 1960년대에는 설날이 지나면 집에서 남은 떡으로 떡볶이를 해먹었다고 한다.

떡볶이는 궁중에서 먹던 음식으로 소고기·표고·숙주나물·호박 등을 얇고 길게 썰어 가래떡과 함께 간장으로 간을 한 고급 음식이었다. 그러나 궁중에서 언제부터 떡볶이를 먹었는지는 확실하지 않다. 1460년에 편찬된『식료찬요』에는 "치질과 하혈이 있을 때, 꿩고기를 잘게 썰고 밀가루와 소금·산초·파의 밑동을 넣고, 떡을 만들어 구워 식초에 먹는다[野鷄一隻 治如食法細切 着小素麴幷鹽椒葱白調和 溲作餠炙 熟和醋食之]."는 기록이 있다. 여기에 등장하는 餠炙는 병적으로 읽으면 떡 산적, 병자로 읽으면 구운 떡이 된다. 그런데『규곤요람(閨壺要覽)』에는 쩍복기를 한자로 병자법(餠炙法)으로 표기하고 있다. 그렇다면 조선시대 병자는 지금의 떡볶이일 가능성이 높다.

유운룡(柳雲龍)의『겸암집(謙菴集)』에는 제사와 관련된 상차림에 병자가 등장한다. 이영보(李英輔)의『동계유고(東溪遺稿)』에는 병자를 두고 죽은 누이에게 제사를 지낸 꿈이 기록되어 있고,『노상추일기(盧尙樞日記)』에 등장하는 병자 역시 제사와 관련 있다. 한편『승정원일기(承政院日記)』에 인원왕후(仁元王后)가 병자를 즐겨 먹었다고 기록하고 있다.『규곤요람』에서는 쩍복기를 잔치음식과 술안주로 소개하고 있는데, 전복과 해삼이 들어간다. 그렇다면 조선시대 떡볶이는 잔치나 제사에 사용되는 고급음식이었음이 확실하다.

떡볶이에 매운 고춧가루가 양념으로 들어간 것은『시의전서(是議全書)』에서 처음 확인된다. 그러나 일제강점기 출간된『조선요리제법』과『조선무쌍신식요리제법』등에 소개되어 있는 떡볶이는 고추장이 아닌 간장으로 만든 음식이었다. 일제강점기까지도 떡볶이는 간장으로 만들었던 것이다.

1938년 발표된 노래 '오빠는 풍각쟁이'에는 "불고기 떡볶이는 혼자만 먹고 오이지 콩나물만 나한테 주구"라는 가사가 있다. 일제강점기 떡볶이는 불고기와 동급이었던 것이다. 귀했던 떡볶이는 이제 길을 지나다 먹을 수 있는 길거리 음식이다. 떡볶이가 처음 길거리에 등장한 것은 한국전쟁 직후라고 한다. 이때에는 번철에 기름을 두르고 간장양념을 한 가래떡을 볶았다. 그러다가 어느 순간 고춧가루가 들어갔을 것이다. 이런 형태의 떡볶이는 재래시장의 기름떡볶이라는 이름으로 남아 있다.

『겸암집』 묘제도에 수록된 병자

떡볶이하면 떠오르는 곳이 신당동이다. 신당동 떡볶이는 1953년 짜장면에 떨어뜨린 떡을 먹고 고추장에 춘장을 섞은 떡볶이가 개발된 것에서 유래되었다고 한다. 만들어서 판매하던 떡볶이는 1970년 프로판가스가 보급되면서 직접 조리해서 먹을 수 있는 '즉석'의 형태로 바뀌었다. 떡뿐 아니라 달걀·만두·어묵·라면·쫄면·우동면 등을 넣고 자신이 직접 만들어 먹을 수 있는 즉석떡볶이는 지금도 큰 인기를 끌고 있다.

떡볶이의 대중화는 밀가루와 관계있다. 쌀이 부족해 혼분식을 실시하던 때 쌀로 떡을 만들어 떡볶이를 만들 수 없었다. 그러나 밀가루가 싼 값에 공급되면서 밀가루떡이 만들어졌다. 밀가루떡이 고추장을 만나고, 여기에 춘장과 채소 등이 들어가면서 달고 매운 새로운 맛의 떡볶이가 탄생했던 것이다.

통인시장에서 판매되고 있는 기름떡볶이

우리가 먹는 떡볶이는 사실 볶은 음식이 아니다. 기름떡볶이는 볶는 형태로 만들지만, 대부분의 떡볶이는 찌개나 전골에 가깝다. 때문에 약간의 국물이 있고, 이런 이유로 자신이 좋아하는 만두·튀김·면 등을 넣어 먹을 수 있다.

최근 떡볶이는 매운 맛을 강조하고 있다. 다양한 해물이 들어간 해물떡볶이, 차돌박이가 들어간 차돌떡볶이, 우삼겹을 넣은 우삼겹떡볶이, 곱창을 넣은 곱창떡볶이, 햄·소시지·치즈 등이 들어간 부대떡볶이, 당면과 여러 채소가 들어간 잡채떡볶이, 치즈를 넣은 치즈떡볶이, 크림소스와 토마토소스를 넣은 로제떡볶이, 생크림이나 우유와 치즈를 넣은 까르보나라떡볶이, 카레를 넣은 카레떡볶이, 춘장을 넣은 짜장떡볶이 등 다양한 형태로 진화하고 있다.

예전 떡볶이는 불량식품으로 여겨졌고, 길거리에서 먹는 질 낮은 음식으로 천대받았다. 그러나 이제는 집에서 만들어 먹거나 배달시켜 먹고, 가족들이 함께 밖에서 먹을 수 있는 음식이 되었다. 정치인들은 선거철이 되면 시장이나 길거리에서 떡볶이를 먹는다. 떡볶이가 민과 소통하는 매개체가 된 것이다. 물론 선거가 끝나면 절대 이런 모습을 볼 수 없지만….

떡볶이는 어린아이부터 어른까지 모두가 좋아하는 음식이다. 떡볶이의 대중화는 떡볶이 가게가 프랜차이즈 형태로 운영되는 데에서도 잘 나타나고 있다. 마트에서도 손쉽게 만들어 먹을 수 있는 떡볶이를 구입할 수 있고, 즉석음식 형태로도 판매되고 있다. 이제 떡볶이는 간식과 주식을 넘나들며 우리들의 사랑을 받고 있다.

PART 10

과자

한과와 다식

아이들이 좋아하는 과자는 우리의 과줄이 일본어 오까시(お菓子)의 영향으로
과자가 되었다고 한다. 1915년 일본의 제과점 기무라야(木村屋)가 경성, 1917
년에는 평양에 지점을 열었다. 1920년대 중반에는 일본의 여러 제과회사들이
우리나라에 진출했다. 이후 우리의 전통 과자는 외래 과자와 구별하기 위해
한과로 표현하게 되었다.

한과는 제사와 관련이 있다. 『삼국유사』 가락국기에는 수로왕의 17대손이
매년 수로왕에게 제사를 지냈는데, 이때 제물로 차린 음식에 떡·밥·차와 함께
과(菓)가 등장한다. 과일이 없던 계절 곡물의 가루와 꿀 등으로 과일 형태를
만들어 제사상에 올린 것이 과이다. 때문에 한과를 과일 대용품이라는 뜻에
서 조과(造菓)라고 불렀고, 과즐·과즐·과줄이라고도 했다.

한과에는 유과(油果)와 유밀과(油蜜果) 등이 있다. 유과는 찹쌀을 물에 담가
삭힌 후 찌고 쳐서 말린 찹쌀바탕을 튀겨서 고물을 묻혀 만든다. 찹쌀로 만들
지만, 메밀 또는 밀가루를 섞기도 한다. 대표적인 유과가 바로 강정이다. 강정
은 모양이 누에고치 같다 하여 견병(繭餠)이라고도 했는데, 고려시대부터 대
중화된 것으로 여겨진다.

유밀과는 밀가루나 쌀가루에 꿀을 넣고 반죽하여 적당한 크기와 모양으로
빚어 기름에 튀긴 것인데, 불교와 밀접한 관련이 있다. 불교의 헌다의식(獻茶
儀式)이 성행하면서 다과문화가 발달하였다. 이와 함께 쌀가루나 밀가루를
꿀과 기름 등으로 빚은 뒤 기름에 지지거나 튀기는 유밀과가 유행하게 된
것이다.

고려 의종대인 1157년 10월 궁중에 필요한 재화를 저장하고 공급하던 관청
인 대부시(大府寺)에 기름과 꿀이 떨어져 사원에서 기름과 꿀을 구해 재(齋)를
올렸다. 궁궐에서 재를 올릴 때도 유밀과를 사용했던 것이다. 또 절에서 꿀을
구했다는 사실은 절에서도 유밀과를 만들었음을 말해준다. 실제로 유밀과는

연등회(燃燈會)나 팔관회(八關會)에 빠지지 않는 음식이었다.

궁중 연회에도 유밀과는 빠지지 않았다. 때문에 유밀과로 인해 국가재정이 고갈되기도 했다. 1192년 고려 명종은 유밀과 대신 과일을 사용토록 했다. 하지만 이 명령은 지켜지지 않은 듯하다. 고종은 즉위 후 유밀과 사용을 금지시켰다가, 1225년 다시 유밀과 사용을 허락했다. 1282년 9월 충렬왕도 유밀과를 금지시켰다가, 1296년 11월 오랜 관습이라는 이유로 다시 사용을 허가했다. 그러나 1391년 사신 접대 외에는 유밀과 사용을 금했다.

조선시대에도 유밀과의 인기는 여전했다. 세종대에는 혼례 3일째 유밀과로 상을 차리는 것이 문제가 된 일이 있었다. 중종대에는 상례시 유밀과를 차리고 밤을 새우는 영철야(靈徹夜)가 사회문제로 대두되었다. 때문에 태조·세종·성종·연산군·중종·명종·숙종·영조대에는 유밀과 만드는 것을 금했다. 이처럼 지속적으로 유밀과를 금지한 사실은, 역으로 유밀과가 계속 만들어졌음을 알려준다.

대표적인 유밀과가 약과(藥果)이다. 약과는 밀가루를 꿀과 참기름으로 반죽하여 약과판에 박아 식물성기름에 지져서 만든다. 원래 약과는 대추·밤·나비·물고기 등 다양한 모양이었지만, 제사상에 올리기 불편해 네모난 형태로 만들어지게 되었다. 약과는 영혼을 부르는 음식으로 여겼기 때문에 제사상이나 차례상에 빠지지 않는다. 때문에 감당하기 어렵지 않은 일을 가리켜 '그건 약과야'라는 말이 생겨났다.

고려의 약과는 맛이 좋아 원나라에서는 고려병(高麗餠)으로 부르기도 했다. 한편 왕실과 사찰 등에서 약과를 만들기 위해 꿀·기름·곡물 등이 허비되자, 민의 생활은 궁핍해질 수밖에 없었다. 때문에 고려 명종대와 공민왕대에는 약과제조금지령이 내려지기도 했다. 그러나 많은 사람들이 찾았던 만큼 약과는 조선시대를 넘어 지금도 전해지고 있다.

전통과자 다식(茶食)은 곡물가루·한약재·꽃가루 등을 꿀이나 조청 등으로 반죽하여 덩어리를 만든 다음 다식판에 넣어 여러 모양으로 박아 낸 것이다.

다식은 여러 모양으로 만들 수 있지만, 색깔도 다양하다. 지초·오미자·딸기가루·생딸기 등으로 붉은색, 송화가루·치자·단호박 등으로 노란색, 백년초 열매·적채·흑미·고구마가루로 보라색, 시금치·파래가루·쑥가루·뽕잎가루·녹차가루로 초록색, 석이와 흑임자로는 검은색을 낸다.

다식은 말 그대로 차와 함께 먹는 음식인 만큼 차와 관련 있음이 분명하다. 『성호사설』에서는 다식이 송나라의 대소룡단(大小龍團)에서 전해졌을 것으로 추측하고 있다. 원래 차는 물에 끓여 먹는 음료이지만, 송나라 때 차잎을 쪄서 일정한 무늬를 가진 틀에 박아 떡처럼 만든 점다(點茶)의 형태가 생겼다. 즉 차를 떡처럼 만드는 송의 용단의 영향을 받아 고려는 차를 마시면서 함께 먹는 다식을 탄생시켰던 것이다.

『고려사』 예지(禮志)에는 국왕이 주최하는 각종 연회에 다식이 사용된 일이 기록되어 있다. 1333년 충숙왕은 왕의 행차를 영접할 때 다식의 사용을 금지토록 했다. 약과와 마찬가지로 다식 역시 고급 식재료가 사용되기 때문인 것 같다.

『조선왕조실록』에 다식이 처음 등장하는 것은 세종대부터이다. 아마도 억불정책으로 차 마시는 풍습이 사라지면서 다식 역시 조선 초기에는 많이 먹지 않은 듯하다. 세종대 이후 다식은 왕실의 연회, 종묘제례 등 각종 행사에 등장한다. 또 국왕이 신하에게 다식을 하사하기도 했고, 쓰시마 도주에게 내리는 하사품에도 다식이 포함되었다.

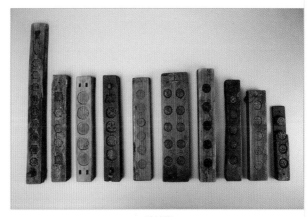

다식판
(공공누리 제1유형 국립청주박물관 공공저작물)

엿

한과의 하나인 엿은 곡물에 엿기름을 더하여 삭힌 엿물을 졸인 것이다. 한자로는 이(飴)·당(餹; 餳) 등으로 표기했다. 엿은 간식이었지만, 설탕이나 꿀을 대신한 조미료로도 활용되었다. 뿐만 아니라 한식날 부모님께 드리는 효도선물이었다. 우리에게 엿은 특별한 날 먹을 수 있는 특별한 음식이었던 것이다.

많은 양의 곡식을 달여 소량으로 만들 수 있는 것이 엿인데, 시간 역시 많이 필요했다. 엿을 만들기 위해서는 보리를 말려 가루를 내어 엿기름을 우려낸다. 엿기름과 고두밥을 섞은 후 밥알이 뜨면 끓인 것이 식혜이다. 식혜의 밥알을 모두 건져내고, 다시 끓여 되직하게 만들면 조청이 된다. 조청을 다시 끓이면 강엿이 된다. 강엿은 검은엿 또는 갱엿이라고도 하는데, 강엿을 식힌 후 녹여 늘이면 갈색에서 흰색으로 변한다. 이것을 잘라 굳히면 흰엿이 되고, 흰엿을 길게 늘이면 가래엿이 된다.

엿은 모양에 따라 판엿, 가락엿, 알엿 등으로 나뉜다. 또 무엇을 섞어 만드느냐에 따라 엿을 구분하기도 한다. 가장 유명한 것은 울릉도호박엿이다.

김홍도의 씨름
(공공누리 제1유형 국립중앙박물관 공공저작물)

호박엿에는 호박이 들어간 엿으로 알고 있지만, 사실은 후박나무의 껍질을 첨가하여 만든 엿이다. 즉 후박엿이 호박엿이 된 것이다. 지금은 감자로 호박엿을 만든다.

엿을 언제부터 먹었는지는 확실하지 않지만 곡물로 만드는 음식인 만큼 늦어도 고대국가 단계에는 먹기 시작했을 것이다. 조선시대에는 엿을 잔칫상에 올렸다고 하니, 귀한 음식의 하나였음은 분명하다. 그런데 김홍도의 풍속화 '씨름'에 엿 파는 아이가 등장하는 것으로 보아, 18세기에는 엿이 대중화되었음을 알 수 있다.

우리는 수험생에게 시험을 잘 보라는 의미로 엿을 선물하곤 한다. 이러한 모습은 조선시대 역시 마찬가지였다. 조선시대 과거를 보는 유생의 봇짐 속에는 엿이 들어 있었다. 길을 가다 요기하라는 뜻과 함께 과거에 급제하라는 바람을 담은 것이다. 『영조실록』에 과거 시험장에 엿장수들이 들어와 엿을 판매한 일 때문에 감독을 소홀히 한 금란관(禁亂官)을 문책해야 한다는 기록이 있다. 이로 보아 시험장에서도 엿을 먹으며 합격을 기원했던 것 같다.

엿을 먹으면 시험에 합격한다고 여기는 것은 엿의 접착력 때문일 것이다. 즉 엿처럼 시험에 붙으라는 의미이다. 조금 더 깊이 생각하면 엿을 먹으면 피 속의 혈당이 높아져 머리회전이 빨라지기 때문일 수도 있다. 하지만 더 큰 비밀은 한자에 숨어 있다. 엿의 한자 '이(飴)'는 '먹을 식(食)'과 '기쁠 태(台)'가 합쳐진 것이다. 즉 엿을 먹고 합격의 기쁨을 느끼라는 의미인 것이다.

1964년 12월 7일 서울지역 전기 중학입시에 엿기름 대신 엿을 만들 수 있는 것이 무엇인가라는 문제가 출제되었다. 정답은 디아스타제였는데, 보기 중에는 무즙이 있었다. 한 문제 차이로 명문 중학교에 입학하지 못한 학생의 부모들은 무즙으로 엿을 만들어 항의를 하며, '엿먹어라'를 외쳤다. 이 사건으로 서울시교육감과 문교부차관은 사표를 냈고, 무즙을 선택한 학생 38명이 추가로 합격되었다. 그런데 그 과정에서 특권층 자제 21명을 추가로 입학시킨 사실이 밝혀져 고위공직자 8명이 사임했다. 이 사건이 '무즙파동'이다. 우리 역사에서 엿은 시험과 밀접한 관계가 있는 것이다.

조선시대 엿은 과거시험을 보는 유생만 먹은 것이 아니다. 설날이나 정월 대보름에는 엿을 먹으며 소원을 빌었다. 이것이 '복엿'이다. '복엿'을 먹으며 사람들은 재물이 엿가락처럼 늘어나 부자 되기를 기원했다. 딸을 시집보낼 때에는 '아버지 엿'이라고 해서 폐백음식으로 엿을 마련했다. 엿처럼 달라붙어 백년해로하라는 의미와 함께, 시집식구들이 엿을 먹고 입이 붙어 며느리 흉을 보지 말라는 뜻에서 엿을 보내는 것이다. 엿은 소화제로도 활용되었다. 실제로 엿은 맥아로 만들어서 소화 효소가 많아 소화불량일 때 유용하게 사용되었다. 우리에게 엿은 간식 그 이상의 의미가 담긴 음식이었던 것이다.

호떡과 호두과자

추운 겨울 길에서 만나는 따뜻한 호떡과 고속도로 휴게소에서 사먹는 호두과자는 별미 중 하나이다. 많은 사람들이 좋아하는 호떡과 호두과자는 어디에서 온 음식이고, 언제부터 먹기 시작한 것일까?

1882년 임오군란이 발발하자 청은 조선에 군사를 보내 흥선대원군을 납치했다. 이때 청군과 함께 청나라 상인도 왔는데, 이들이 먹은 음식이 바로 호떡이라고 한다. 반면 인천 차이나타운의 중국음식점들이 한국인 입맛에 맞게 만들어 판 음식이 호떡이라는 이야기도 전한다. 당시의 호떡은 부추나 돼지고기를 넣은 지금의 만두 비슷한 것과 아무것도 넣지 않은 것이 있었다. 즉 만두를 기름을 둘러 구운 것으로 생각하면 될 것 같다.

호떡은 중국인들이 독점적으로 판매하던 음식이며, 중국인 노동자 쿠리(苦力)들이 주로 먹는 음식이었다. 1937년 중일전쟁이 발발하면서 일제의 식민지 조선에 살수 없다고 여긴 중국인들이 조선을 떠났다. 그러면서 조선인들이 호떡을 팔기 시작했다.

호떡은 흑설탕이나 조청의 단맛 때문에 인기가 있었는데, 한국전쟁 이후 밀가루 가격이 저렴해지면서 쉽게 먹을 수 있게 되었다. 시간이 지나면서 반죽에 옥수수전분을 넣은 옥수수호떡, 녹차가루를 넣은 녹차호떡, 찹쌀가루를 넣은 찹쌀호떡 등이 등장했다. 호박씨나 해바라기씨 등으로 만든 소를 넣은 부산의 씨앗호떡, 군산의 중동호떡, 온양의 삼색호떡 등도 지역의 별미로 인기가 높다. 최근 마트에서는 집에서 쉽게 만들어 먹을 수 있도록 호떡의 가루와 소를 팔기도 한다.

호두과자 하면 천안이 떠오른다. 때문에 호두과자가 천안의 향토음식이며,

우리의 전통과자로 알고 있는 이들도 있다. 그러나 호두의 원산지는 아프가니스탄 부근으로 중국 한 대 장건이 서역에서 종자를 얻어왔고, 고려시대 원에 사신으로 갔던 유청신(柳淸臣)이 씨앗을 얻어 고향인 천안에서 재배하였다. 이런 이유로 천안이 호두산지로 유명해진 것이다.

유청신이 원에 사신으로 간 해는 1290년이다. 그런데 일본 도오다이지(東大寺) 쇼소인(正倉院)에 소장되어 있는 신라촌락문서에는 호두나무의 수가 기록되어 있다. 그렇다면 늦어도 통일신라시대 호두가 우리 땅에 있었음이 확실하다. 아마도 유청신은 그 전에 있던 것과는 다른 새로운 종자의 호두나무를 들여왔을 것이다.

유청신이 가져 온 것으로 전해지고 있는 광덕사(廣德寺) 호두나무

호두는 오랑캐땅에서 자라는 복숭아라는 뜻에서 호도(胡桃)라고 했는데, 한글표기로 바뀌면서 호두가 된 것이다. 중국에서는 호두를 추자(楸子)라고 했는데, 우리나라에서는 중국에서 전래되었다고 해서 당추자(唐楸子), 장수를 돕는다고 해서 장수과(長壽菓) 또는 만세자(萬世子)로도 불렀다. 그 외 강도(羌挑)·핵도(核桃)라고도 했다.

조선시대 호두는 죽·떡·과자·술 등을 만드는 재료로 이용되었다. 호두는 생김새가 사람의 머리와 비슷하다. 때문에 호두를 먹으면 머리가 좋아진다고 믿었다. 또 손으로 호두를 굴리면 건강에 좋다고 해서 좋은 호두를 골라 손에 넣고 굴리기도 했는데, 이런 모습은 요즘에도 흔히 볼 수 있다.

호두과자가 등장한 것은 일제강점기의 일이다. 1934년 천안에서 조귀금(趙貴金)·심복순(沈福順) 부부가 처음으로 호두과자를 만들었다고 한다. 이들은 학처럼 빛나라는 의미에서 상표를 '학화(鶴華)호두과자'로 정했다. 당시 천안에는 일본인들이 많이 살고 있었는데, 일본인들이 좋아하는 학을 상표명으로 사용한 것 같다. 팥을 삶아 으깬 소를 사용한 것으로 보아, 이들은 일본식 과자를 모방하여 호두과자를 만들었을 것이다.

해방 후 학화호두과자는 열차 내에서 판매되면서 전국적으로 알려지기 시작했다. 1970년대가 되면서 천안역 주변에 호두과자 판매점이 여러 곳 등장했다. 뿐만 아니라 고속도로 휴게소에서 호두과자가 판매되었다. 그러면서 호두과자는 국민간식으로 각광받게 된 것이다.

초콜릿

1828년 네델란드의 쿤라드 반 호텐(Coenraad van Houten)이 코코아버터 추출 기술을 개발했고, 1847년 영국의 조셉 프라(Joseph Fry)이는 코코아버터에 코코아 파우더와 설탕을 섞어 초콜릿을 고체로 성형하는 방법을 고안했다. 1876년 스위스의 다니엘 피터스(Daniel Peters)는 지금의 초콜릿과 비슷한 제품을 처음으로 만들었다. 이후 코코아 원료에 우유·설탕·향료 등을 첨가하여 만든 초콜릿은 인기 있는 과자이며 사랑의 상징이 되었다.

우리 역사에서 초콜릿을 처음 먹은 사람은 명성황후(明成皇后)인 것으로 여겨지고 있다. 러시아공사 베베르(Karl Ivanovich Veber)의 부인은 명성황후의 환심을 얻기 위해 화장품과 과자 등을 선물하였다. 그녀가 명성황후에게 준 선물에는 초콜릿인 저고령당(貯古齡糖)이 있었다. 그 외 이토 히로부미(伊藤博文)가 고종 주변의 상궁들을 회유하기 위해 과자와 함께 초콜릿을 선물했다는 이야기도 전한다.

일제강점기 초콜릿은 영양이 풍부한 음식으로 여겨졌다. 그러나 가격이 비싸 쉽게 먹을 수 없었다. 뿐만 아니라 이미 캐러멜의 단맛에 익숙했던 만큼 카카오의 쓴맛을 받아들이지 못해, 큰 인기를 끌지는 못했다.

1945년 8월 15일 해방이 되었지만, 9월 19일 재조선미육군사령부군정청

(USAMGIK)이 설치되면서 미군정이 시작되었다. 미군정은 식량부족을 해결하기 위해 서울에 쿠키와 함께 초콜릿을 배급하기도 했다. 한국전쟁에 UN군이 참전하면서 초콜릿은 모든 사람들이 아는 신기한 서양과자가 되었다.

1967년 해태제과에서 생산한 '나하나'가 우리에겐 최초의 초콜릿이다. 이듬해 동양제과에서 '넘버원'과 '님에게', 1975년 롯데제과는 '가나초콜릿'을 생산했다. 초콜릿의 대중화는 1980년대라고 할 수 있는데, 사랑하는 사람에게 초콜릿을 선물하는 발렌타인데이(Valentine's Day)가 결정적인 역할을 했다.

발렌타인데이에 사랑을 고백하게 된 유래에 대해서는 몇 가지 이야기가 전하고 있다. 로마 황제 클라우디스2세(Caludius II)가 군 전력 유지를 위해 금혼령을 내렸는데, 사제 발렌티누스(Valentinus)가 결혼식을 주례하다 처형당한 2월 14일을 기념하여 연인들이 선물을 주고받은 데에서 시작되었다고 한다. 또 가난하고 병든 이들을 돌보던 성직자 발렌티누스는 늙어 거동을 할 수 없자 사랑의 편지와 선물을 대신 보냈는데, 이것이 발렌티누스가 순교한 날 이성의 사랑을 확인하는 날이 되었다고 한다. 그 외 고대 로마에서 남녀가 상자에 이름을 써놓고 추첨하여 짝지어 노는 날이 발렌티누스의 순교일과 겹쳐 발타인데이가 시작되었다는 이야기도 있고, 풍요의 여신 주노(Juno)의 제삿날인 2월 15일 전날 사랑을 고백한 것이 발렌타인데이의 기원이라는 이야기도 전한다. 또 2월 14일 새들이 짝짓기를 시작한다는 영국의 풍습에서 발렌타인데이가 비롯된 것으로 보기도 한다.

발렌타인데이에 사랑을 고백한다고 해도 초콜릿과는 무관한 일이다. 초콜릿이 사랑을 의미하게 된 것은 카사노바가 초콜릿을 사랑을 유발시키는 약으로 선전한데에서 비롯되었다. 1958년 일본의 모리나가(森永)제과에서 발렌타인데이에 여성이 남성에게 초콜릿을 선물하는 이벤트를 열었고, 그것이 하나의 풍습으로 자리 잡았다. 우리의 경우 1982년 '고려당'에서 발렌타인데이 선물을 위한 초콜릿을 개발했다. 1984년에는 여러 백화점들이 발렌타인데이에 맞춰 초콜릿을 판매하면서, 지금의 모습으로 정착했다. 발렌타인데이에 초콜릿을 선물하는 것은 상술에서 시작된 것이 분명하지만, 이제 초콜릿은 사랑이 되었다.

얼음과 빙과

얼음[氷]으로 만든 과자[菓]가 빙과이다. 『삼국사기』에는 505년 11월 신라 지증왕이 처음으로 얼음을 저장토록 했다고 기록하고 있다. 하지만 『삼국유사』에는 이보다 앞선 신라 유리왕대 얼음 저장창고를 만들었다고 한다. 그렇다면 1세기 경 이미 얼음을 저장하여 사용했을 가능성이 높다. 『삼국사기』 직관지(職官志)에는 얼음을 관리하는 관청으로 빙고전(氷庫典)이 기록되어 있고, 현재 경주 월성(月城)터에 석빙고가 있다. 『신당서』에 신라는 "여름에 음식을 얼음 위에 둔다[夏以食置冰上]."고 기록한 것으로 보아 신라인들이 얼음을 먹었음은 분명한 사실이다.

　고려시대에도 얼음을 이용했다. 겨울에 저장한 얼음을 춘분부터 입추까지 공급했던 것이다. 평양에 빙고를 설치하고 개성까지 운반하여 얼음을 먹었다. 하지만 『고려사』에는 1036년 정종이 17명의 신하에게 열흘에 한 번씩 얼음을 나누어 준 사실이 기록되어 있다. 1049년에는 6월부터 입추까지 퇴직한 고위관료에게는 3일, 현직 고위 관료에게는 7일에 한 차례 얼음을 나누어주는 반빙(頒氷)을 제도화했다.

　고려시대 이미 국가에서뿐 아니라 사적으로 얼음을 저장하기도 했다. 『고려사절요』에는 1243년 12월

경주 월성터의 석빙고

최우(崔瑀)가 얼음을 운반해 저장케 하여 민들이 괴로워했다는 기록이 있다. 민의 이런 고통은 조선시대 역시 마찬가지였던 것 같다. 이는 빙고에 저장된 얼음을 민의 눈물이 얼어붙은 것이라고 해서 누빙(淚氷)으로 표현한 데에서 잘 나타나고 있다.

조선시대에는 매년 12월 빙고의 제단에서 얼음이 얼도록 날씨를 춥게 해달라는 사한제(司寒祭)를 지냈다. 한강의 얼음은 저자도(楮子島) 근처에서 12월이나 1월 중 해뜨기 전 길이 1척 5촌, 폭 1척, 두께 5~7촌 정도로 잘라 한 장씩 떠내었다. 이렇게 채취한 얼음을 빙고까지 운반했다. 빙고에 저장한 얼음은 틈마다 얼음조각으로 매우고, 빈 가마니 여러 장을 덮어 외부 공기가 유통되지 못하도록 막아 얼음이 녹지 않도록 하였다.

얼음을 뜨는 일은 한성부 민에게만 부과되는 방역(坊役)이었는데, 한강 주변에 사는 빙부(氷夫)들이 담당했다. 빙부들에게는 빙부위전(氷夫位田)을 지급하고 장빙역(藏氷役)을 부과했다. 빙부들은 겨울에는 얼음을 뜨는 일에 종사했지만, 다른 계절에는 세곡의 하역 운수에 종사하여 생계를 유지하였다. 장빙역은 17세기 후반 물납세로 전환되고, 18세기 후반에는 빙계(氷契)가 만들어져 한강 주변 민들에게 품삯을 주는 형태로 바뀌었다.

한강에서 채취한 얼음은 옥수동 두뭇개[豆毛浦]의 동빙고(東氷庫), 한강변의 서빙고(西氷庫), 왕실 전용의 얼음 창고인 내빙고(內氷庫) 등에 보관하였다. 동빙고는 제사에 사용할 얼음을 보관했는데, 춘분이 되면 빙고 제단에서 개빙제(開氷祭)를 지낸 후 얼음을 공급하기 시작했다. 3월부터 9월 상강까지는 제사에 얼음을 제공했다.

서빙고는 창고가 8개로 궁중과 백관에게 얼음을 제공했다. 『경국대전』에 "매년 여름 70세 이상 당상관들에게 얼음을 나누어 준다[每歲季夏頒氷于諸司宗親及文武堂上官內侍府堂上官七十歲以上閑散堂上官]."고 기록한 것으로 보아, 얼음을 받기 위해서는 일정한 나이와 관직에 올라야 했음을 알 수 있다. 얼음을 나눠준다고 해서 직접 얼음을 나누어 준 것은 아니다. 얼음을 받을 수 있음을 증명하는 나무패를 주면, 직접 서빙고에 가서 얼음을 받아갔다. 관료뿐 아니라 활인서(活人署)의 환자, 의금부(義禁府)와 전옥서(典獄署)에 수감 중인 죄수들에게도 얼음을 공급했다. 서빙고의 얼음은 6월에만 제공했던 것 같다.

내빙고는 세종대 예조판서 신상(申商)이 여름에 식재료가 썩는 것을 대비하자고 건의하여 설립되었다. 내빙고의 얼음은 왕실을 위해 사용되었는데 동빙고와 마찬가지로 3월부터 9월까지 얼음을 제공했다.

조선시대에는 각 지역에도 빙고를 두어 제사나 관에서 필요할 때 사용하게 했다. 안동의 석빙고의 경우 낙동강의 은어를 진상하기 위한 저장고의 목적으로 만들어진 것이다. 그 외 경주·창녕·현풍·청도 등에도 빙고가 남아 있다. 이러한 사실은 전국 곳곳에서 얼음을 보관하여 사용했음을 보여준다.

18세기에 편찬된 것으로 여겨지는 『소문사설』에는 끓는 물을 병 안에 넣어 입구를 막고 바로 우물에 넣어 두면 얼음을 만들 수 있다고 설명했다. 그러나 인공적으로 얼음을 만드는 기술이 크게 발달했던 것 같지는 않다.

고려시대 이미 사적으로 얼음채취가 이루어졌는데, 이는 조선시대 역시 마찬가지였다. 1454년 단종은 사대부들이 얼음을 빙고에 저장하는 장빙(藏氷)을 허용했고, 성종대부터는 한강연안에 빙고가 설치되기 시작했다. 물론 얼음을 채취하는 데에는 막대한 물력이 투입되어야 했으므로, 빙고는 종친이나 고위 관료들에 의해 만들어졌다.

조선시대에는 얼음을 쪼개 화채에 넣거나 혹은 얼음쟁반에 과일을 담아 차갑게 해서 먹었다. 그러다가 조선 후기 육류와 어물의 소비가 늘면서 고기를 파는 현방(懸房)과 어물전 등에서 얼음이 필요했고, 냉장선의 일종인 빙어선(氷魚船)이 출현하면서 얼음의 수요가 크게 증대했다. 그 결과 18세기 후반에는 사빙업자들의 얼음창고인 사빙고(私氷庫)가 30여 곳으로 늘어났다.

갑오경장으로 얼음공납제가 폐지되면서 사빙업이 기업화되기 시작했다. 1894년 12월 31일 이창(李玔)이 원만회사(圓滿會社)를 설립했다. 이 회사는 한강의 얼음을 캐어 공급하였다. 1909년 대한제국의 탁지부(度支部)는 부산항 주변에 제빙소(製氷所)를 설립했는데, 이듬해 4월 일본인 수산회사에 소유권이 넘어갔다. 수산회사는 제물포·원산·군산 등지에도 제빙공장을 열었다. 제빙공장이 항구에 설립된 이유는 해산물을 신선하게 유통하기 위해서는 얼음이 필요했기 때문이었다. 그런데 제빙할 때 드는 비용이 만만치 않았다. 때문에 주로 겨울에 얼음을 캐어 공장에 보관하는 방식으로 운영되었다. 1913년 4월 용산에 일본인에 의해 식용 목적의 제빙소가 세워졌다. 이는 경부선 기차 내에서 시원한 음료를 제공하기 위한 것이었다. 이어 경성천연빙회사(京城天然氷會社)·조선천연빙회사(朝鮮天然氷會社) 등이 설립되었다.

우리는 얼음을 음식에 활용했지만, 빙과류는 일본을 통해 전래된 것 같다. 19세기 조선에 온 일본 과자상이 냉차를 팔기 시작했다. 이때의 냉차는 칡가루와 생강을 우려낸 물에 사카린을 넣은 것이었다. 조선인들은 이를 '일본감주' 내지는 '사탕탕(砂糖湯)'으로 불렀다. 1900년대 초반에는 빙수점이 등장했다. 빙수점에서는 빙삭기로 얼음을 깍은 후 딸기나 바나나 등의 과일 시럽을 얹은 가키고오리(かき氷)를 판매했다. 가키고오리에는 사탕밀이나 팥소 등을 뿌리기도 했다. 그러면서 빙수에 팥을 뿌리는 지금의 팥빙수 형태로 발전된 것 같다. 일제강점기 빙수는 5~9월에만 판매되었다. 때문에 빙수를 파는 곳에서는 서늘해지면 고구마·팥죽·만두·우동 등을 판매했다.

아이스크림이 우리에게 전해진 것은 1932년으로 여겨지고 있다. 물에 과일향이 나는 착향료·설탕·착색료 등을 넣어 얼린 것이었는데, 아이스케키 또는 아이스캔디라고 불렀다. 아이스케키는 가격이 저렴했기 때문에 큰 인기를 끌었다. 그러나 중일전쟁으로 식재료가 부족해졌다. 뿐만 아니라 사용했던 나무젓가락과

어깨에 메고 다니며 아이스케키를 담아 팔던 나무상자
(공공누리 제1유형 국립민속박물관 공공저작물)

하천의 물을 사용하는 등 위생에 문제가 있어 규제가 심해졌고, 그러면서 점차 멀리하게 되었다.

한국전쟁 이후 암모니아로 냉동한 아이스케키가 다시 등장했다. 1960년대에는 기업들이 빙과류 제조에 뛰어들기 시작했다. 1962년 삼강유지화학(三岡油脂化學)이 일본의 유키지루시(雪印)유업과 기술제휴를 맺고 반자동식 기계로 '삼강하드'를 생산하여 판매하기 시작했다. '삼강하드'는 우유가 들어갔기 때문에 아이스케키와 달리 영양식품으로 인식되기도 했다.

1960년대 정부는 농가 소득 증대를 위해 낙농진흥정책을 펼쳤고, 그 결과 우유가 남아돌았다. 그러자 해태제과는 우유를 이용하여 아이스크림을 생산할 계획을 세웠다. 해태제과는 덴마크의 호이어(Hoyer)로부터 아이스크림 기계를 들여와 1970년 '부라보콘', 1974년 '누가바' 등을 생산하기 시작했다. 지금도 판매되고 있는 '부라보콘'과 '누가바'는 엄청난 인기를 끌었다.

베트남에서 미군을 상대로 아이스크림 장사를 하던 홍순지(洪淳芝)는 미국의 퍼모스트 메케슨(Foremost Mekesson)사와 기술도입을 체결하고, 국내에 유제품가공공장을 건설하기 시작했다. 그런데 자금사정이 어려워지면서 한국화약에 투자를 요청했다. 한국화약의 투자에도 불구하고 대일유업의 경영이 부진하자, 1973년 2월 한국화약은 대일유업을 인수하였다. 당시 대부분의 아이스크림은 설탕물을 얼린 빙과류였는데, 1973년 6월 출시한 '퍼모스트(Foremost)'는 우유에 딸기·초콜릿·바나나 등을 배합한 유제품이었다. 새로운 아이스크림의 등장은 큰 인기를 끌었다. 1975년 6월 한국화약은 상표를 '빙그레'로 바꾸었다. '퍼모스트'를 사용할 경우 상표 사용료를 지불해야 했기 때문이다. 1977년에는 롯데제과가 아이스크림 시장에 진출했다.

1986년 8월 미국의 아이스크림 전문점 '배스킨라빈스(Baskinrobbins)'가 서울 명동에 1호점을 개업했고, 2017년 미국의 '바세츠(Bassetts)'도 우리나라에 진출했다. 한편 1997년 유기농아이스크림을 지향하는 '떼르드글라스(terre De glace)'가 등장했다. 1998년 롯데에서 '나뚜루(Naturr)', 2019년 해태제과에서

'지파시(G.FASSI)' 등의 브랜드를 선보였다. 생활수준의 향상과 함께 아이스크림 역시 고급화되는 모습을 보이고 있다.

PART 11
전쟁과 음식

순대

역사 발전의 동력은 여러 가지에서 찾을 수 있다. 그러나 가장 짧은 시간에 급격한 변화를 가져오는 것은 전쟁이라 할 수 있다. 이러한 모습은 음식에서도 마찬가지인 것 같다. 우리 역사에서 전쟁과 관련이 깊은 음식 중 하나가 순대이다. 순대는 돼지 창자에 돼지 피·숙주·우거지·찹쌀 등을 채워 삶은 음식이다. 가격을 낮추기 위해 찹쌀 대신 당면을 넣고, 돼지 피를 조금 넣기도 한다.

6세기 편찬된 중국의 농업기술서 『제민요술(齊民要術)』에는 양의 피와 양고기를 다른 재료와 함께 창자에 넣어 삶아 먹는 양반장자곡(羊盤腸雌斛)이 소개되어 있다. 이를 근거로 고대국가 단계 중국의 영향을 많이 받았던 만큼, 순대 역시 고대부터 먹었다는 견해가 있다. 또 돼지창자에 쌀과 야채를 섞어 말린 몽골군의 전투식량 게데스(ГЭДЭС)가 고려에 전래되어 순대로 발전했다는 의견도 있다. 서양의 소시지처럼 세계 여러 나라에 순대와 비슷한 음식이 있는 만큼 우리의 순대도 자연발생적으로 생겼을 가능성이 있다. 하지만 지금과 같은 순대의 모습은 게데스로부터 일정한 영향을 받은 것 같다.

순대는 한자로 장대(腸袋)이다. 아마도 대는 소를 집어넣는 자루를 뜻하는 것 같다. 하지만 '장'이 어떻게 '순'으로 변했는지는 명확하지 않다. 만주어 순타(sunta)에서 온 것이라고 하지만, 이 역시 가설에 불과하다.

예전에는 돼지뿐 아니라 소·양·개 등 모든 가축의 창자에 내용물을 채운 것이 순대였다. 심지어 민어의 부레를 끓여 만든 풀로 순대를 만들기도 했다. 이것이 어교(魚膠)순대이다. 어교순대는 양반가나 궁중에서 먹던 귀한 음식이다. 그 외 명태의 내장을 뺀 후 돼지고기·두부·숙주 등으로 소를 만들고, 쌀을 넣기도 한 명태순대도 있다. 명태순대는 '통심이'라고도 불렸는데, 만든 후 얼렸다가 쪄서 먹는 음식으로 겨울에 많이 먹었다.

북쪽지역에서 순대는 잔칫날이나 손님이 왔을 때처럼 특별한 날 먹는 귀한

속초 아바이마을

음식이었다. 돼지를 잡아 고기는 삶고, 뼈로 탕을 끓이고, 내장으로는 순대를 만들어 먹었던 것이다. 함경도에서는 순대를 만들어 얼려 두었다가 필요할 때 익혀서 먹기도 했다.

북쪽의 음식 순대는 아바이순대라는 이름으로 남쪽에서도 많은 사람들이 찾고 있다. 한국전쟁 당시 남쪽으로 내려 온 함경도 사람들이 순대를 만들면서 다른 순대와 구분하기 위해 그들이 자주 쓰는 단어인 '아바이'를 붙여 아바이순대라고 불렀다. 아바이순대는 돼지의 대창으로 만드는데, 대창이 귀해 아버지한테만 대접했다고 해서 붙여진 이름이다.

아바이순대 하면 떠오르는 곳이 속초의 아바이마을이다. 처음 남북이 분단되었을 때 속초는 북한에 속했다. 한국전쟁 중인 1951년 한국국과 UN군이 속초를 점령한 후, 속초는 북한과 가장 가까운 곳이 되었다. 남쪽으로 피난온 북한의 실향민들이 고향에 빨리 가기 위해 속초에 자리 잡으면서 실향민의 마을이 된 것이다. 때문에 순대뿐 아니라 함경도 음식인 명태순대·가자미식해·함흥냉면 등이 속초를 대표하는 음식이 된 것이다.

오징어순대 역시 한국전쟁과 밀접한 관련이 있다. 전쟁으로 돼지창자를 구하기 어렵게 되자, 오징어의 내장을 파내고 거기에 재료를 넣어 순대를 만든 것이다. 마른 오징어를 물에 불린 후 껍질을 벗기고 밀가루 반죽을 바르고 오징어 다리를 말아 실로 묶어 찜통에 쪄서 먹는 마른오징어순대도 있다.

속초뿐 아니라 각 지역마다 그 지역을 대표하는 순대가 있다. 용인의 백암순대는 백암장에서 돼지가 거래되었고, 또 옆에 도축장이 있었기에 생겨났다. 양배추 등 다진 채소가 많이 들어가는 백암순대는 백암5일장을 통해 전통이 이어졌다. 병천순대는 아우내순대로도 불리는데, 아우내장[並川場]에서 먹던 음식이다. 아우내장의 유래는 오래되었지만, 병천순대의 등장은 시장 부근에 햄 제조공장이 생기면서 시작되었다. 공장에서 햄을 만들기 위해 돼지고기를 가공하면서 부산물로 나온 내장으로 순대를 만들어 판 것이다. 병천순대의 특징은 선지 외에 야채로만 속을 채운다는 점이다.

제주도에서는 예전 잔칫날 돼지를 잡았는데, 이때 순대도 만들었다. 특이한 점은 순대 속에 메밀가루나 보릿가루와 선지만을 넣는다는 것이다. 수분이 많으면 쉽게 상하기 때문에 잔치를 치르는 동안 상하지 않도록 하기 위해서이다. 현재 제주도 순대에는 찹쌀과 멥쌀뿐 아니라 보리쌀도 함께 사용해서 순대를 만들고, 새우젓뿐 아니라 간장에도 찍어 먹는다. 간장에 찍어 먹는 이유는 제주도는 염전이 드물어 소금이 귀했기 때문이다.

우리가 일반적으로 먹는 것은 당면순대이다. 소의 주재료는 당면이고, 당근·마늘·대파·양배추 등의 야채와 양념으로 소금·후추·다시다·식용유 등이 들어간다. 당면이 순대에 들어간 것은 1970년대 후반부터라고 한다. 당면이 들어가게 된 이유는 명확하지 않은데, 당면 공장에서 건조 중 떨어진 부스러기를 처리하기 위한 방편에서 시작되었다는 이야기가 전하고 있다. 그 외 막창으로 만든 막창순대, 찹쌀이나 당면 대신 선지를 주재료로 한 피순대 등도 있다. 전남 곡성에서는 피순대를 똥순대라고 부르는데, '똥'은 돼지의 옛말인 '돗'에서 나온 말이다.

원간섭기에 전래된 것으로 여겨지는 순대는 조선시대 귀한 음식 중 하나였다. 순대는 한국전쟁을 계기로 남쪽에서 다양한 모습으로 발전했다. 특히 순대는 1970년대 돼지의 맛있는 부위를 제외한 돼지머리와 내장이 순대와 함께 순댓국이 되면서 서민 음식으로 자리 잡았다. 또 순대볶음, 순대전골, 순대튀김, 순대전 등 다양한 모습으로 변화하고 있기도 하다.

도루묵

은어는 바다에서 월동한 후 교미를 위해 3월부터 강 상류로 이동했다가, 9월부터 11월까지 강 하류로 와서 알을 낳는다. 어릴 때에는 바닷가의 플랑크톤을 먹고, 강을 거슬러 오면서는 돌에 붙어 있는 이끼를 먹고 산다. 때문에 초여름에 잡히는 은어는 수박향이 난다. 1·2급수의 깨끗한 물에서만 사는 은어는 우리에게는 도루묵이란 이름이 더욱 친근하다.

도루묵은 전쟁과 밀접한 관련이 있는 것으로 알려져 있다. 하지만 이는 오해이다. 도루묵은 껍질에 나뭇결 같은 무늬가 있어 목어(木魚; 目魚)라고 했는데, 환목어(還目魚)·환맥어(還麥魚)·회목어(回木魚)·후목어(後目魚)·도로목어(都路木魚) 등으로도 표기했다. 배쪽에 은백색 선이 있어 은어(銀魚)라고도 불렸고, 모습이 아름다워 은광어(銀光魚)·은조어(銀條魚), 살에서 오이나 수박향이 나서 향어(香魚), 수명이 대개 1년이므로 연어(年魚)로도 불렸다. 입 주변이 하얗기 때문에 은구어(銀口魚)라고도 했고, 맑은 물에서만 살기에 수중군자(水中君子)로도 불렸다.

도루묵의 유래에 대해 원래 이름은 목어였는데, 피난길에 허기진 왕이 이 물고기를 먹고, 그 맛에 감탄하여 배 쪽에 은빛이 난다고 해서 은어라는 이름을 하사했다고 한다. 전쟁이 끝난 후 궁궐로 돌아온 왕은 피난 중 먹었던 그 물고기를 다시 찾았다. 그런데 그때의 맛이 나지 않아 다시 목어로 고쳤다고 해서, 도로목[還木魚]으로 불려 도루묵이 되었다고 한다.

이 일화와 관련된 왕이 누구인지는 분명하지 않다. 일반적으로는 조일전쟁 당시 선조라고 하지만, 인조라는 이야기도 전한다. 인조와 관련해서는 이괄의 난을 피해 공산성으로 피난 갔을 때 또는 조청전쟁 때 은어를 먹었다고 한다. 그런데 『태종실록』에는 1407년 쓰시마도주에게 은어를 하사한 기록이 있다. 그렇다면 은어라는 이름을 선조나 인조가 내려주었을 가능성은 없다. 또 은어는 종묘제례 때 천신하는 음식이었던 만큼 국왕이 은어의 존재를 몰랐을 가능성 역시 없다. 허균은 『성소부부고』에서 고려시대 왕이 은어를 먹었다고 설명했다. 허균은 조일전쟁을 겪었고, 청의 침략이 있기 전인 1618년 세상을 떠났다. 그렇다면 선조대의 조일전쟁이나 인조대의 청의 침략과 은어는 상관없음이 분명하다.

'말짱 도루묵'이란 말이 있듯이 은어의 맛이 뛰어나지는 않은 것 같다. 그러나 물속에서 맨손으로 잡을 수 있을 만큼 많았다. 때문에 조선시대 가장 인기 있는 물고기 중 하나가 은어였다. 은어는 회·구이·조림·튀김 등으로 먹었지만, 탕으로는 잘 먹지 않았다. 그 이유는 은어에 향이 있어 탕으로 끓이면 맛이 없다고 여겼기 때문이었다. 하지만 요즘 겨울철 도루묵찌개는 별미 중 하나이다.

은어는 전쟁과 아무 관련 없다. 하지만 도루묵이란 이름 때문에 조선시대 있었던 전쟁과 밀접한 관련이 있는 것으로 여겨졌던 것이다. 그렇다면 왜 은어는 도루묵이 된 것일까? 도루묵은 흔한 물고기에 붙는 접두어 '돌'에 눈과 관계된 물고기에 붙는 이름 '목'이 합쳐진 '돌목'이 도루묵으로 변화되었다는 주장이 있다. 조선시대 도루묵을 도을목어(道乙木魚)로 표기하기도 했던 만큼, 상당히 설득력 있는 견해라 여겨진다.

부대찌개

부대찌개의 기원을 미군 부대에서 나온 음식물 찌꺼기를 넣고 끓인 꿀꿀이죽으로 생각하는 이들이 많다. UN탕 또는 양탕으로 불렸던 꿀꿀이죽은 부대찌개와는 상관이 없다. 그러나 부대찌개에는 한국전쟁 후 미군 부대에서 나오는 햄과 소시지 등으로 찌개를 끓여 먹으며 허기를 달랬던 우리의 아픈 역사가 담겨 있다.

한국전쟁 후 우리 땅에 주둔한 미군 부대 주변에 미군들이 먹는 햄과 소시지 등이 유통되었다. 소량의 햄과 소시지는 많은 사람이 먹을 수 없어 여러 사람이 함께 먹기 위해 물을 붓고 찌개로 만들었다. 한국인들에게 소시지와 햄은 느끼한 음식이었던 만큼 김치를 함께 넣고 끓였는데, 이렇게 만들어진 음식이 부대찌개이다. 그런 의미에서 부대찌개도 김치찌개의 일종이라 할 수 있다. 지금의 김치찌개와 비교한다면 돼지고기·고등어·꽁치·참치 등을 대신하여 햄·소시지·치즈 등이 들어간 것이다.

미군 부대에서 반출된 햄과 소시지 등은 부대고기로 불렸다. 부대고기는 불법 유출인 경우가 많아 부대찌개라는 이름을 사용하지 못하기도 했다. 또 1967년 우리나라를 방문했던 미국 대통령 린든 존스(Lyndon Baines Johnson)의 이름을 따서 존슨탕으로 부르기도 했다.

부대찌개에는 햄과 소시지가 필수적인 만큼 미군 부대 주변에서 주로 팔렸다. 의정부 부대찌개는 치즈나 강낭콩을 소스와 함께 끓인 베이크드빈스(Baked beans)가 들어가지 않는 김치찌개에 가까운 음식이다. 반면 송탄의 부대찌개는 치즈가 들어가며, 안성지역 부대찌개에는 김치가 들어가지 않는다. 동두천의 부대찌개에는 당면과 쑥갓이 들어가고, 소시지와 햄 양파 등을 볶은 부대볶음이 있다. 이태원에서 판매되는 존슨탕은 김치 대신 양배추를 사용하며, 외국인 입맛에 맞춰 맵지 않다는 특징이 있다.

1986년 롯데햄에서 '프랑크소시지'를 생산하면서부터 부대찌개는 대중음식으로 변모하기 시작했다. 부대찌개가 대중화되면서부터 라면이나 쫄면 등의 사리를 넣는 것이 일반화되었다. 그러면서 라면의 수프가 버려지는 현상이 일어났고, 그 결과 1995년 수프가 없는 사리용 라면이 출시되었다. 더 나아가 아예 부대찌개 맛을 내는 라면도 생산되었다. 부대찌개가 새로운 라면의 탄생을 가져올 정도로 많은 사람들이 부대찌개를 찾고 있는 것이다. 최근에는 혼밥문화를 반영하여 1인용 부대찌개를 판매하는 식당도 등장했다.

부대찌개는 햄·소시지·치즈 등의 서양 음식과 우리의 전통 양념 및 김치가 어우러져 만들어낸 음식이다. 즉 부대찌개는 전쟁이 우리의 전통과 만나 창조해 낸 우리나라에만 있는 음식인 것이다.

족발

돼지의 발은 우리만 먹는 것이 아니다. 독일에는 아이스바인(eisbein)과 슈바인학세(schweinshaxe), 프랑스에는 피에 드 코숑(pied de Cochon), 이탈리아에는 잠포네(zampone), 체코에는 뻬체네 꼴레노(Pečené kolen) 등 돼지의 발로 만든 음식이 있다. 동남아시아에서도 돼지의 발은 인기 있다. 타이랜드는 돼지발 덮밥 카오카무(Kao Kha Moo), 필린핀은 돼지발튀김 크리스피 파타(Crispy pata)를 즐겨 먹는다고 한다. 일본은 오키나와 등 남쪽 지역에서 돼지발을 먹었는데, 최근 일본 전역으로 확대되고 있다. 중국에서는 돼지의 큰 체구를 지탱하는 발은 강인함을 상징하기 때문에 돼지의 발은 생일상에 올라가는 대표적인 음식이다.

우리가 즐겨 찾는 족발의 유래는 명확하지 않다. 한국전쟁 당시 평안도에서 내려온 피난민들이 젖이 나오지 않는 산모가 돼지의 발을 끓여 국물을 먹는 것을 보고 만들기 시작했다는 이야기가 전해지고 있다. 반면 족발로 유명한 장충동의 경우는 시작이 분명하다. 1·4후퇴 당시 남쪽으로 내려 온 평안도 출신 피난민이 중국의 오향장족(五香醬足)을 보고 황해도 전통 음식인 족조림에 변화를 준 것이 시작이었다. 원래 족조림은 돼지의 발을 삶은 후 갱엿·마늘·생강 등을 넣고 장국을 끓여 이미 삶았던 돼지의 발을 넣고 졸인 음식이다. 그런데 돼지의 발을 처음부터 장국과 함께 삶아 지금의 족발을 탄생시킨 것이다. 분명한 것은 우리가 즐겨 찾는 족발은 한국전쟁과 일정한 상관성이 있다는 사실이다.

1963년 2월 우리나라 최초의 실내체육관인 장충체육관이 개장했다. 장충체육관에서 시합을 마친 후 선수들과 관객들이 족발을 찾기 시작했다. 그러

1962년 12월 31일 장충체육관 준공
(공공누리 제1유형 서울시설관리공단 공공저작물)

면서 북한에서 피난 온 두 할머니가 가판대에서 판매하던 족발집은 큰 인기를 끌었다. 이후 두 할머니는 각자 '뚱뚱이할머니집'과 '평안도족발집'을 차렸다.

돼지의 발로 만든 음식을 왜 족발로 부르게 되었는지는 명확하지 않다. 돼지발의 굽이 두 쪽으로 나뉘어 있어 쪽발로 부르다 순화되어 족발이 되었다는 견해가 있다. 그러나 소의 발도 두 굽으로 나뉘어져 있다. 우리는 소의 발을 우족(牛足)으로 부르고, 족탕이나 족편처럼 소의 발로 만든 음식에는 앞에 '족'을 붙인다. 민에게는 '족'이라는 한자보다는 '발'이 더 친근하지만, 먹는 음식을 돼지발로 부르는 것은 조금 이상하다. 때문에 한자어 '족'에 민에게 친근한 '발'이 합쳐져 족발이 된 것이 아닌가 싶다.

족발과 관련하여 많은 사람들이 궁금해 하는 것은 앞다리가 맛있는지, 뒷다리가 맛있는지의 여부이다. 앞다리는 커서 '대', 뒷다리는 작아서 '소'로 팔리는 경우가 많지만, 앞다리와 뒷다리를 섞어 판매하기도 한다. 보통 사람들은 앞다리를 선호한다. 그 이유는 돼지는 앞다리로 달리기 때문에 비계가 더 적어 맛있다는 것이다. 일정 부분 맞는 이야기이기도 하다. 하지만 족발의 맛은 장국이 좌우한다. 간장·생강·양파·파 등을 넣어 장국을 만드는데, 요즘에는 커피·캐러멜·한약재 등을 넣기도 한다.

족발이 큰 인기를 얻으면서 훈제족발, 한약재를 사용한 한방족발 등이 등장했다. 매운 맛이 유행하면서 양념을 입힌 후 불에 구운 불족발, 오이 등 여러 채소를 썰어 냉채처럼 겨자 소스에 버무린 냉채족발도 생겨났다. 부산에서 시작된 냉채족발은 족발을 먹지 못하는 사람들을 위해 만들어진 것이라고 한다. 그러나 냉채족발의 탄생에는 다른 이유도 있다. 원래 족발은 상온에서 먹는 음식이다. 그런데 언제부터인지 따뜻한 족발을 먹게 되었다. 따뜻한 족발은 콜라겐이 끈적거리고, 살코기와 껍질이 분리되는 등 상대적으로 맛이 떨어진다. 반면 차갑게 먹는 냉채족발은 겨자의 양념 맛이 강하지만 식감이 쫄깃하다. 이런 이유 역시 냉채족발의 탄생과 일정한 상관관계가 있는 것이다. 분명한 점은 족발 역시 다른 음식들과 마찬가지로 끊임없이 진화하고 있다는 사실이다.

족발이 안주나 야식 등으로 주목받는 이유는 어디에 있는 것일까? 족발은 돼지의 앞뒤 발과 그 바로 위 관절 부위까지를 말한다. 그런데 이 부분에는 살코기·비계·껍질 등이 골고루 섞여 있다. 즉 족발을 먹으면 풍족한 느낌이 드는 것이다. 족발과 환상의 궁합을 이루는 새우젓은 족발의 주성분인 단백질과 지방을 분해하는 효소가 많이 들어 있다. 즉 먹고 난 후 소화가 잘 된다. 족발에는 젤라틴 성분이 풍부하여 피부 미용이나 노화방지 등에 좋다. 무엇보다 육식이지만 상대적으로 가격이 싸다. 이러한 점들이 많은 사람들이 족발을 즐겨 찾는 이유일 것이다.

밀

세계에서 가장 많은 사람이 주식으로 삼는 곡물이 밀이다. 그런데 밀은 쌀이나 보리와 달리 가루로 만들어 먹는다. 그 이유는 밀은 껍질이 6겹이나 되기 때문에 벗기는 것이 힘들어서이다. 우리의 주식은 쌀이지만, 언제부터인가 밀로 만든 빵이나 면을 밥만큼 많이 먹게 되었다. 밀은 우리에게 또 하나의 주식이 되고 있는데, 이는 한국전쟁과 밀접한 관련이 있다.

밀의 원산지는 아프가니스탄에서 아르메니아에 이르는 서아시아지역으로 추정되고 있다. 기원전 7,000년경 비옥한 초승달 지대(Fertile Crescent)에서 재배되기 시작했는데, 전한대 장건이 서역에서 들여왔다고 한다. 우리는 밀을 소맥(小麥)으로 표현했는데, 3~4세기경 전래된 것으로 보기도 하고, 고려시대

송을 통해 전래되었다고도 한다. 경주 월성 유적에서 탄화된 밀이 발견되었고, 일본에서는 4~5세기 경 우리나라를 통해 밀이 전래된 것으로 여기고 있다. 그렇다면 우리도 고대국가 단계에 이미 밀이 전래되었음이 분명하다.

밀은 쉽게 재배할 수 있지만, 파종량 대비 수확량이 5~6배에 불과하다. 반면 벼는 수확량이 20~30배에 달한다. 뿐만 아니라 밀은 쌀과 마찬가지로 봄에 씨를 뿌려 가을에 거둔다. 벼의 수확량이 더 많은데 벼와 밀의 재배주기가 일치하는 만큼 우리에게 밀은 부차적인 것이었다. 또 밀을 곱게 가루로 만드는 것도 쉬운 일이 아니었다. 때문에 우리는 쌀농사 위주였고, 평안북도와 함경남도 일부에서 봄밀, 황해도 전역과 경상북도·평안남도·강원도 일부 지역에서 겨울밀[冬小麥]을 재배했을 뿐이다. 이런 이유로 밀은 쉽게 구할 수 있는 식재료가 아니었다.

서긍은 『선화봉사고려도경』에서 "밀은 중국에서 사오기 때문에 매우 비싸 큰 잔치가 아니면 사용하지 않는다[國中少麥 皆賈人販自京東道來 故麵價頗貴 非盛禮不用]."고 기록했다. 조선시대에도 밀가루를 진말(眞末) 또는 진가루(眞加婁)로 부른 반면, 메밀은 목말(木末)로 불렀던 것으로 보아, 메밀보다 밀이 더 귀한 식재료였음이 분명하다.

일제강점기 조선총독부는 미국과 러시아에서 밀을 수입했지만, 여전히 밀은 귀한 곡물이었다. 1919년 5월 일본인이 진남포에 만주제분, 1921년 11월 용산에 풍국제분(豊國製粉)을 설립했다. 1936년 7월에는 닛신(日淸)제분이 문래동에 조선제분주식회사를 설립하였다. 일제가 우리나라에 제분회사를 설립했던 이유는 조선의 쌀이 일본으로 유출되어 조선인들의 먹거리가 부족했기 때문이다. 이와 함께 조선총독부는 1920년경 개량된 일본의 밀을 수입하여 재배토록 했고, 1930년대에는 우리 환경에 맞는 개량종 밀을 들여와 재배를 권장하였다.

해방 이후 남한에 있던 제분공장은 4개였는데, 한국전쟁 중 모두 파괴되었다. 1952년 12월 대한제분주식회사가 설립되었고, 이듬해에는 조선제분주식회사가 영등포공장의 시설을 복구하여 가동을 시작했다. 1955년 한국은 미국과 '잉여농산물도입협정'을 체결하고, 이듬해부터 잉여농산물 원조를 받기 시작했다. 흔히 잉여농산물 원조는 무상으로 이루어진 것으로 알고 있다. 그러나 농산물의 판매액은 한국 통화로 적립되어 미국 원조기관의 비용으로 충당되고, 나머지는 한국의 경제개발과 군사력 지원에 사용되었다. 미국은 남는 농산물을 판매하여 수익을 올리고, 원조라는 명분을 통해 한국과 긴밀한 군사관계를 구축했던 것이다.

미국의 원조농산물의 70%가 밀가루였다. 1955년 국내수요량 중 70%가 우리 밀이었는데, 1958년 우리 밀은 수요량의 25%를 차지했을 뿐이다. 값싼 미국의 밀가루가 우리 밀을 밀어내고 우리의 식탁을 장악하기 시작했던 것이다.

5·16쿠테타로 집권한 군사정부는 1963년 1월 '전국절미운동요강'을 발표하여 쌀 소비를 줄이기 위해 노력했다. 쌀이 부족했기 때문이었다. 10월에 치러진 대통령선거에서 밀가루는 결정적 역할을 하였다. 태풍 '셜리(Shirley)'로 흉년이 들자, 박정희는 캐나다와 오스트레일리아에서 밀가루 21만 5천 톤을 수입하여 무상으로 배포했다. 구호용이라고 주장했지만, 사실 선거운동의 일환이었다. 박정희는 불과 15만 1천 595표 차이로 윤보선(尹潽善)을 이겼는데, 밀가루 배포가 결정적 역할을 했다. 때문에 박정희는 '밀가루 대통령'으로 불리기도 했다.

1969년 1월 박정희 정부는 '식량 소비 억제를 위한 시행 명령'을 발표했다. 이에 따라 음식 판매업소에서는 반드시 25% 이상의 보리쌀이나 면류를 혼합 판매해야 했다. 매주 수·토·일요일 11~17시까지는 쌀을 원료로 하는 음식을 판매할 수 없었다. 관공서 및 국영기업체에서는 쌀을 원료로 하는 음식의 판매가 금지되었고, 엿 제조 업소 역시 양곡을 사용할 수 없었다. 이와 함께 정부는 쌀밥만 즐겨 먹는 것은 어리석은 습성이며 육체와 인격에 결핍을 초래한다고 선전했다. 그러면서 자연스럽게 밀가루 음식의 섭취를 장려하였다. 1964년부터는 지금의 초등학생인 국민학생에게 학교에서 급식으로 빵을

박정희 정부시절 혼분식 포스터
(공공누리 제1유형 국립민속박물관 공공저작물)

나눠 주었다. 이런 과정을 거쳐 우리의 입맛은 밀가루로 만든 음식에 친해졌던 것이다.

앞에서 언급한 것처럼 우리나라 일부 지역에서도 밀이 생산되기는 했다. 하지만 미국이 무상으로 원조하는 밀과는 가격 경쟁에서 이길 수 없었다. 뿐만 아니라 미국산 밀은 상대적으로 매끄러운 맛을 지녔다. 우리 땅에서 나는 밀은 가격 경쟁력과 맛에서 수입한 밀을 당해낼 수 없었던 것이다. 뿐만 아니라 1984년 전두환 정권은 우리 밀 수매를 중단하였고, 그 결과 우리 밀은 사라져 버렸다.

1991년 카톨릭농민회가 '우리 밀 살리기 운동'을 시작하면서 다시 우리 밀이 생산되고 있다. 먹거리에 대한 관심이 높아지면서 우리 밀은 소비량을 따라가지 못할 정도로 인기가 높다. 하지만 여전히 수입산 밀과 비교하면 가격 면에서 경쟁력이 약한 것이 사실이다.

해방 이후 전적으로 미국의 밀만 수입되었는데, 1985년부터 호주, 1990년부터는 캐나다의 밀도 수입되기 시작했다. 2019년 기준 1인당 연간 밀 소비량은 31.6kg으로 쌀 소비량 59.2kg의 53.4%를 차지한다. 그런데 밀 자급률은 0.7%에 불과하다. 이미 우리는 외국에서 수입되는 밀에 전적으로 의존하고 있는 것이다.

제주도의 전쟁 음식

우리 민족의 건국신화는 단군신화이지만, 제주도의 역사는 삼성혈(三姓穴)에서 솟아난 고을나(高乙那)·양을나(良乙那)·부을나(夫乙那)의 세 신인(神人)으로부터 시작되었다. 『신증동국여지승람』에는 고을나의 15대손 고후(高厚)가 신라로부터 탐라(耽羅)라는 국호를 받았다고 한다. 탐라는 고후가 탐진(耽津)에서 신라에 조회했기 때문에 붙여진 것이다. 그러나 『삼국사기』에 문주왕대인 476년 탐라가 백제에 방물을 바친 것으로 보아, 백제의 영향 하에 있었던 것 같다. 신라가 백제를 멸망시킨 후인 662년에는 신라에 복속되었다.

고려 태조대인 925년 탐라는 고려에 방물을 바쳤고, 938년 탐라는 태자 말로(末老)가 고려에 입조하여 조공국이 되었다. 1105년 탐라는 군(郡)으로 개편되어 고려의 직접 관할 하에 들어갔고, 1211년에는 명칭이 탐라에서 제주로 바뀌었다.

제주에서 대몽항전을 펼치던 삼별초(三別抄)는 1273년 여몽연합군에게 패했다. 원은 탐라국초토사(耽羅國招討司)를 설치했고, 탐라국초토사는 탐라국 군민도다루가치총관부(耽羅國軍民都達魯花赤摠管府)로 개편되었다. 이후 탐라국안무사(耽羅國安撫司), 탐라군민총관부, 탐라만호부 등으로 대치되면서 원의 영향 하에 들어갔다. 이후 제주도는 고려로의 환원과 원의 관할 하에 두어지는 일들이 반복되다가, 1367년 고려에 완전히 복속되었다.

13세기 고려가 지방관을 파견할 때까지 제주도는 사실상 독립국이었던 만큼 독자적인 음식문화를 가지고 있었음이 분명하다. 그러나 삼별초가 이주해 오면서 음식 역시 육

삼성혈

지의 영향을 일정하게 받았을 것이다. 무엇보다 90여 년 동안 원의 지배하에 있었던 만큼 몽골 음식의 영향을 받았고, 그것이 제주도 음식문화에 일정한 영향을 주었을 것이다.

제주도는 화산암반 지형이기 때문에 인분이나 음식물 찌꺼기 등으로 인해 지하수가 오염될 가능성이 높다. 이런 이유로 가축으로는 음식물과 인분을 먹이로 하는 돼지가 유용했고, 돼지의 수가 상대적으로 많았다. 때문에 제주도에서는 혼례·상례·제사·명절 등에 돼지고기 음식이 빠지지 않는다. 손님에게 삶은 돼지고기를 즉석에서 썰어 대접했는데, 이것이 돔베고기이다. 돔베는 도마의 제주도 사투리이다. 돔베고기를 물질하는 해녀들이 시간이 없어 그릇에 차려 내지 못한 것에서 유래했다고 보는 이들도 있다. 그러나 오랜 시간동안 돼지고기를 삶으면서 그릇에 차려 낼 시간이 부족했다는 것은 이해하기 힘들다. 몽골인들이 삶은 고기를 즉석에서 칼로 썰어 먹은 것이 돔베고기의 원형일 가능성이 더 높다.

몽골 음식 숄테이홀은 양고기 국물에 고기·파·부추 등과 함께 국수를 넣고 끓인 것이다. 고릴타이숄은 감자·양파·파·양고기 등에 국수를 넣은 것으로, 몽골인들이 거의 매일 먹는 음식이다. 숄테이홀과 고릴테타이숄은 제주도의 돼지국수와 매우 흡사한 형태인 만큼, 돼지국수는 몽골의 영향을 받은 것으로 이해되고 있다. 몽골인들은 "양은 풀을 먹고, 사람은 양을 먹는다."라고 할 정도로 양을 많이 먹는다. 때문에 몽골인들이 국수를 끓일 때 양을 사용했다. 반면 제주도에서는 양 대신 돼지를 사용하여 국수를 끓였다는 것이다.

돼지국수가 몽골의 영향을 받은 것인지에 대해서는 좀 더 상세한 고

돔베고기

찰이 필요하다. 그 이유는 제주도에서 돼지국수가 일반화되기 시작한 것은 1920년대 이후이기 때문이다. 일제강점기 제주도는 일제의 군사기지로 활용되었고, 1945년에는 일본군 6만여 명이 제주도에 주둔했다. 그런데 돼지국수는 일본의 돈코츠라멘(豚骨ラーメン)과 상당히 유사하다. 그렇다면 돼지국수는 몽골의 영향과 함께 일제강점기 라멘의 영향도 일정하게 받았을 가능성도 있다.

제주도의 고기국수

소주는 몽골의 영향을 받았음을 살펴본 바 있는데, 제주도의 소주 역시 마찬가지이다. 제주도의 고소리술은 조나 보리 등의 잡곡으로 만든 오메기술을 증류하여 만든 소주이다. 제주도는 돌이 많은 화산재의 척박한 토질로 이루어져 벼농사가 적

일본의 돈코츠라멘

합하지 않다. 때문에 밭벼·피·보리·조·콩·팥·메밀 등의 농사를 지었다. 때문에 조나 보리 등의 잡곡으로 술을 빚었던 것이다. 증류주라는 점에서 고소리술이 몽골의 영향을 받았음은 분명하다. 고소리술이라는 이름은 소줏고리인 고소리에 고아낸 술이라 하여 붙여진 이름이다. 고소리술은 소줏고리에서 땀처럼 내린다고 하여 한주로 부르기도 한다.

제주도에서 여름철 제사나 추석 등 명절에 빠지지 않는 음식이 상애떡이다. 상여를 메는 상두꾼에게 밥 대신 상애떡을 식사대용으로 대접했다고도 한다. 반면 제주 일부 지역에서는 상애떡을 제사에 올리지 않는 떡이라고 해서

상외떡으로 부르고, 손님 접대용으로만 쓰기도 한다. 상애떡은 보리가루나 밀가루에 탁주를 부어 혼합하고 소를 넣어 발효시킨 반죽을 쪄서 만든 떡이다. 발효과정에서 각종 유기산과 알코올이 생성되어 쉽게 상하지 않았다. 더운 지역인 제주도에 적합한 음식이었던 것이다.

몽골인들이 목마장에서 작업하다 휴식을 하며 먹던 떡이 상애떡인데, 이는 상화에서 유래된 것이다. 상애떡이 몽골의 영향을 받았다는 견해에 대해서는 반대의견도 있다. 그러나 고려가요 쌍화점에서 나타나듯이 몽골의 영향을 받았을 가능성이 크다.

제주도에서 항전하던 삼별초를 섬멸시킨 몽골인들은 소화가 안 되는 메밀로 제주인들을 골탕 먹이려 했다고 한다. 그러나 제주도인들은 메밀가루를 묽게 반죽하여 솥뚜껑에 얇은 전병을 지져 안에 무나물을 넣어 둘둘 말아 먹어 무사했다고 한다. 이것이 빙빙 말아 감는 떡이라는 데에서 유래된 빙떡이다. 빙떡은 멍석처럼 말아 먹는다고 해서 멍석떡, 제사에서 약식으로 제물을 차릴 때 꼭 쓴다고 하여 홀아방떡 또는 '홀애비떡이라고도 불렸다. 제주도에서 제사나 잔칫상에 빠지지 않는 음식 중 하나가 빙떡이다.

제주도는 우리 역사에 편입되면서 음식문화 역시 육지의 일정한 영향을 받았다. 그러나 그 영향이 몽골과의 항쟁 끝에 고려가 굴복한 것이라는 점은 우리 역사의 아픈 단면을 보여주는 것 같다.

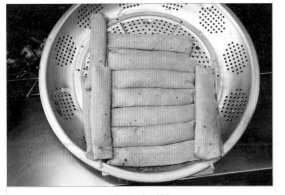

제주도의 빙떡

부산의 전쟁 음식

동래부에 속한 작은 어촌마을 부산포는 1876년 개항 이후 상인들로 붐볐고, 1920년대 일제의 대륙침략을 위한 전진기지가 되면서 성장하기 시작했다. 부산의 비약적 발전은 한국전쟁과 관계있다. 1950년 8월 18일~10월 26일, 1951년 1월 4일~1953년 8월 14일까지 부산은 대한민국의 임시수도였다. 한국전쟁 당시 외국에서 보낸 구호물자는 부산항을 통해 들어왔다. 피난민들도 임시수도 부산에 모였다. 피난민 중 남성들은 부두나 공사장 등에서 막노동을 하거나 행상에 나섰다. 여성들도 생계를 위해 고향에서 먹던 음식을 팔면서 피란민촌 인근에 음식점이 생겨나기 시작했다.

부산의 대표적인 향토음식 중 하나가 밀면이다. 처음 밀냉면·부산냉면·경상도냉면 등으로 불리다가 밀면으로 정착했다. 이름에서 알 수 있듯이 밀면은 냉면의 또 다른 모습인 것이다. 처음 밀면은 밀가루와 녹말을 7:3 비율로 섞어 면을 뽑았다. 한국전쟁 이후 밀가루가 대중화되면서, 1960년대 말~1970년대 초반 밀가루만으로 만든 면이 등장했다. 분식장려운동이 본격화되고, 면을 뽑는 기계가 등장하면서 밀면은 인기를 끌기 시작했다.

밀면의 유래에 대해서는 두 가지 이야기가 전해지고 있다. 첫째는 진주에 있던 밀국수냉면이 지금 부산의 밀면이라는 것이다. 1925년 4월 일제는 식민통치의 효율을 높이고 부산을 대륙침략의 전초기지로 활용하기 위해 경상남도의 도청을 진주에서 부산으로 이전했다. 도청이 이전하면서 관료와 상인들이 함께 부산으로 옮겨왔고, 그러면서 진주의 밀국수냉면이 부산의 밀면이 되었다는 것이다.

다른 하나는 한국전쟁과 관련된 이야기이다. 함경북도 흥남 내호리에서 '동춘면옥'을 하던 이영순이 부산으로 피난 와서 고향 이름을 내건 내호냉면이라는 식당을 시작했다. 냉면을 팔다가 메밀 대신 쉽게 구할 수 있는 밀을 사용하면서 밀면이 시작되었다는 것이다.

부산의 밀면

진주의 밀국수냉면은 해물육수에 밀로 만든 면을 말아 먹는 것이었다고 한다. 즉 밀국수냉면은 진주냉면과 유사한 형태에서 면만 메밀이 아닌 밀을 사용한 것일 가능성이 높다. 그런데 부산의 밀면은 고기 육수에 고명을 얹은 점은 평양냉면, 매운 양념이 들어간다는 점은 함흥냉면과 유사하다. 그렇다면 부산의 밀면은 북한 지역 냉면의 영향을 받았을 가능성이 더 높은 것 같다.

밀면이 진주의 밀국수냉면에서 비롯된 것인지, 한국전쟁 당시 피난민들에 의해 만들어진 것인지는 명확하지 않다. 어쩌면 부산에서 진주의 밀국수냉면을 보고 피난민들이 쉽게 구할 수 있는 밀로 자신들의 고향에서 먹었던 냉면을 만들었을지도 모른다. 그런데 아산에도 북한에서 피난 온 실향민에 의해 밀면이 판매되고 있다. 이런 사실은 밀면이 한국전쟁과 상관성이 있는 음식임을 보여주는 것이라 할 수 있다.

부산 돼지국밥의 기원에 대해서는 구포의 보부상 발생설, 경상도 자생설, 밀양 기원설 등 다양한 이야기가 전해지고 있다. 그 외 일제강점기 돼지고기를 수출한 후 남은 고기를 처리하는 과정에서 발생했다는 이야기, 다양한 돼지국물 요리를 즐기던 실향민들에 의해 전래되었다는 이야기 등도 있다. 또 피난민에 의해 북한의 순댓국이 유입되었는데, 1960년대 순대가 귀해지자 순대 대신 편

부산의 돼지국밥

육을 넣어 돼지국밥이 되었다는 시각도 있다.

이성계가 위화도회군 후 고려를 멸망시키자, 개성 사람들은 최영(崔瑩) 장군을 기리는 제사에 통돼지를 제물로 바쳤다. 사람들은 통돼지를 '성계육'으로 불렀고, 제사 후 돼지를 썰어 끓인 국을 '성계탕'으로 부르며 국에 들어있는 고기를 씹어 먹었다고 한다. 이성계가 돼지띠인 것을 빗대어 성난 민심을 표출한 것이다. 물론 이는 전해지는 이야기이지만, 한국전쟁 이전 돼지국밥이 존재했을 가능성을 보여준다. 특히 1930년대 부산에 돼지국밥집이 있었던 것으로 보아, 한국전쟁기 돼지국밥이 처음 탄생한 것이 아님은 확실하다. 실제로 부산 돼지국밥에는 살코기를 이용한 맑은 국물의 북한식과 돼지사골을 고아 낸 탁한 국물의 경상도식이 있다. 즉 부산 돼지국밥은 경상도 지역의 돼지국밥과 북한에서 전래된 돼지국밥이 혼존하고 있는 것이다.

부산하면 돼지국밥을 떠올리게 된 것은 한국전쟁과 밀접한 관련이 있다. 우리는 돼지고기보다 소고기를 선호했지만, 전쟁 중 모든 물자는 부족했다. 때문에 소보다 상대적으로 가격이 저렴한 돼지로 만든 국밥이 서민들에게 보다 친근했다. 돼지국밥은 싼 가격으로 영양을 보충할 수 있는 고기국물이었고, 술안주였다. 전쟁 중 서민들에게 돼지국밥은 최상의 음식이었던 것이다.

부산이나 경남 지역 외에도 돼지국밥을 파는 식당은 무척 많다. 수도권에서는 돼지국밥이 수육국밥이라는 이름으로 판매되고 있다. 전쟁 중 부산에서 먹던 돼지국밥은 1960년대 돼지사육이 본격화되면서 알려지기 시작했고, 1996년 부산국제영화제(BIFF)가 개최되면서 더욱 유명해졌다. 2013년 개봉된 영화 '변호인'에서 억울하게 잡혀 간 돼지국밥집 아들을 돕는 변호사는 매일 돼지국밥을 먹었다. '변호인' 개봉 이후 부산하면 돼지국밥을 떠올리게 되었고, 돼지국밥은 전국구 음식이 되었다.

비빔당면은 한국전쟁 중 먹을 것이 부족하자 감자나 고구마의 가루로 국수를 만들어 먹은 데에서 유래된 것이라고 한다. 비빔당면은 조리법이 간단하여 즉석에서 만들 수 있고, 적은 양으로도 포만감을 느낄 수 있다. 이런 이유로

비빔당면

전쟁 중 많은 사람들이 찾았던 것이다. 처음에는 당면에 참기름과 고추장 양념만으로 비빈 형태였지만, 점차 고명이 얹어지면서 지금의 비빔당면이 되었다.

부산을 대표하는 별미 중 하나인 구포국수도 한국전쟁과 관련 있는 음식이다. 구포국수를 음식의 종류로 알고 있지만, 사실 구포국수는 부산에서 만든 국수의 면이다. 온국수·냉국수·비빔국수·회비빔국수 등 구포국수면으로 만든 것은 모두 구포국수이다.

1920년 경부선 구포역이 개통되었고, 1930년대 우리나라 최대 밀 산지 사리원에서 기차로 온 밀들이 구포를 가득 채웠다. 그러면서 구포에 제분공장과 제면공장이 들어섰고, 낙동강 바람에 말린 구포국수가 탄생했다. 처음 아주머니들에 의해 부산 전역에 배달되던 구포국수는 1959년 10월 29여 개의 국수공장이 생산조합을 형성하면서 구포국수라는 상표를 탄생시켰다.

구포국수는 일제강점기 시작된 만큼 한국전쟁과는 상관없는 것으로 여길 수도 있다. 그러나 앞에서도 설명했듯이 한국전쟁으로 부산에 많은 피난민들이 몰려들면서, 싸고 저렴할 뿐 아니라 보관과 조리가 쉬운 구포국수가 큰 인기를 얻었다. 이후 1960년대 혼분식이 장려되고, 1970년대 공업화로 농촌에서 몰려든 노동자들 덕분에 구포국수는 더욱 유명세를 탔다. 일제강점기 탄생한 구포국

구포국수

수는 한국전쟁을 계기로 피난민들에게 인기를 끌었고, 혼분식과 공업화로 대중화를 이루었다. 이런 점에서 구포국수에는 우리 근현대사의 모든 모습이 담겨 있는 것 같다.

PART 12

이제는 우리 음식

두부와 묵

두부(豆腐)는 인류가 만든 음식 중 가장 완벽한 식품이라고 한다. 콩국물을 연하게 굳힌 두부는 유목민이 동물의 젖을 이용해 유부(乳腐)를 만드는 것처럼, 농민들이 콩물에 소금을 넣으면 응고된다는 사실을 알아내면서 만들어진 것으로 여겨지고 있다.

두부를 처음 만든 사람은 한을 건국한 유방(劉邦)의 손자 유안(劉安)이라고 한다. 유안은 두유를 즐겨 마셨는데, 두유로 불로장생의 약을 만들다 실수로 식용석고를 떨어트려 두부가 만들어졌다는 것이다. 반면 저장성(浙江省)에서는 효자 악의(樂毅)가 부모님을 위해 콩국을 만들고, 간을 하기 위해 소금을 넣다가 빠트려 두부가 만들어졌다는 이야기도 전한다. 또 몽골의 치즈 만드는 법을 중국인들이 차용해서 두부를 만들었다고도 한다. 하지만 일반적으로 두부는 5·6세기 중국의 남북조시대에 만들기 시작해 당을 거쳐 송대에 보급된 것으로 여겨지고 있다.

두부는 한자로 자아순(自雅馴)·두포(豆泡)·연포(軟泡)·대포(太泡)·황포(黃泡) 등으로 표기했는데, 우리나라에 언제 전래되었는지는 명확하지 않다. 두부는 고기가 들어가지 않는 불교의 소선(素膳)식품인 만큼 당으로부터 통일신라시대 들어왔다는 견해가 있다. 그러나 이보다 늦은 고려시대 송 또는 원으로부터 전래된 것으로 보기도 한다.

고려후기 성리학자 이색(李穡)은 '대사가 두부를 구해 먹여주다[大舍求豆腐來餉]'라는 시에서

오랫동안 맛없는 채소국만 먹으니	菜羹無味久
두부가 금방 썰어낸 비계 같군.	豆腐截肪新
성긴 이로 먹기에는 두부가 좋으니	便見宜疏齒
늙은 몸을 참으로 보양할 수 있다.	眞堪養老身

오월의 객은 농어와 순채를 생각하고	魚蓴思越客
오랑캐는 양의 젖을 생각하는데	羊酪想胡人
우리 땅에선 이것을 좋게 여기니	我土斯爲美
하늘이 민을 잘 기른다 하리다.	皇天善育民

라고 하여, 두부를 고기에 비유하기도 했고 노인이 먹기에 부드럽다며 극찬하였다. 실제로 두부는 부드러운 식감 때문에 뼈 없는 고기라고 해서 무골육(無骨肉), 콩에서 나온 우유라고 하여 숙유(菽乳)로도 불렸다.

고려시대 두부는 사찰에서 부처님께 공양하던 귀한 음식이었다. 조선시대에도 왕릉 주변에는 두부를 만드는 절인 조포사(造泡寺)를 두어 제수로 두부를 준비토록 하였다. 오희문의『쇄미록』에는 양반들이 절에 미리 콩을 보내 두부를 만들게 하고, 약속한 날짜에 모여 두부를 먹으며 풍류를 즐기는 연포회(軟泡會)의 광경이 자주 등장한다. 절에서 두부를 만든 것은 불가에서 육식을 금하면서 고기 대신 영양 보충을 위한 음식으로 두부의 수요가 늘어났기 때문으로 여겨진다.

두부는 몸에 좋은 음식이지만, 조선시대의 경우 민들은 쉽게 먹을 수 없었다. 두부를 만들기 위한 콩물을 만드는 과정이 힘들고, 콩물을 끓이는 시간과 온도 등 숙련된 기술과 경험이 필요했기 때문이다. 반면 양반들은 절이 아닌 곳에서도 두부를 찾기 시작했다. 정경운(鄭慶雲)의『고대일록(孤臺日錄)』에는 향교에서 두부를 만들어 먹는 사실을 기록하고 있다. 양반들은 두부는 맛이 부드럽고 좋으며, 은은한 향기가 있고, 색과 광택이 아름다우며, 모양이 반듯하고, 먹기에 간편하다고 하여 다섯 가지 덕을 칭송하기도 했다.

조선의 두부는 특히 맛이 뛰어났던 것 같다.『세종실록』에는 명 황제가 칙서를 보내 조선 여성에게 두부 만드는 기술을 익히게 하여, 사신과 함께 보내달라고 부탁한 사실이 수록되어 있다. 조선시대 이미 두부의 맛이 종주국인 중국을 능가하는 수준에 이르렀던 것이다.

조선의 두부는 조일전쟁 중 일본에 전해져 고치시(高知)의 명물 도진도후(唐人豆腐)를 탄생시켰다. 그렇다고 해서 일본에 두부가 없었던 것은 아니다. 일본은 부드러운 두부가 있었는데, 이때 조선식 두부가 처음으로 전래되었던 것이다. 이에 대해서는 일본군 오카베 지로베(岡部治郎)가 조선의 두부 제조법을 배워 일본에 전했다는 이야기, 진주성전투 당시 일본군 장수 쵸소카베 모토치카(長宗我部元親)에게 사로잡힌 박호인(朴好仁)이 고치에 살면서 일본에 전했다는 이야기 등이 함께 전해지고 있다. 그러나 보다 정확하게는 박호인은 웅천전투에서 모토치카의 부하장수인 요시다 마사시게(吉田市左衛門政重)에게 사로잡혔고, 두부제조법을 알고 있던 박호인의 부하에 의해 조선의 두부제조법이 일본에 전래된 것 같다.

조선시대 두부는 맛만 뛰어났던 것이 아니다. 단단한 막두부, 처녀의 손이 아니면 문드러진다는 부드러운 연두부, 콩물을 무명 자루에 넣고 짜서 굳힌 무명두부, 명주 주머니에 싸서 굳힌 비단두부, 적당히 태운 탄두부, 얼려먹는 언두부, 삭혀먹는 곤두부, 기름에 튀긴 유부, 두부 제조시 피막만 거둬 말린 두부피, 두부 만들 때 나온 부산물인 비지[腐滓], 끓은 물에서 막 건져낸 순두부, 삼베로 굳힌 베두부 등 다양한 두부가 만들어졌다. 지금은 쉽게 볼 수 없지만 된장에 두부를 박아두고 삭힌 후 먹는 장두부도 있었다.

두부를 만들기 위해서는 먼저 콩을 물에 불린 후 가는데, 이를 마쇄(摩碎; 磨碎)라고 한다. 간콩을 체에 넣고 물을 부어 콩물을 내리는데, 콩물을 뺀 나머지가 비지이다. 짜낸 콩물을 다시 가마솥에 넣고 응고제인 간수(艮水)를 넣는다. 고염(苦鹽) 또는 노수(滷水)라 부르는 간수는 염전에서 소금가마니 밑으로 떨어져 나오는 소금물을 모은 것인데, 소금이 공기에서 습기를 빨아들이면서 녹아 나는 액체이다. 즉 소금을 얻고 난 뒤 남은 물이 간수인 것이다. 콩물에 간수를 넣으면 하얀 덩어리와 물로 분리되는데, 덩어리를 보자기에 싸서 널빤지 사이에 넣고 돌이나 사람이 올라 누르면 덩어리가 굳어 두부가 만들어진다.

강릉시 초당동의 허엽이 살았던 집

조선시대부터 지금까지 두부로 유명한 초당두부의 가장 큰 특징은 바닷물을 간수로 사용한다는 점이다. 초당두부의 유래에 대해서는 허균의 아버지인 허엽(許曄)이 강릉부사 시절 관청 뜰 앞 우물로 두부를 만들었는데, 이후 허엽의 호 초당(草堂)을 따서 초당두부로 불렸다는 이야기가 전한다. 그러나 허엽은 강릉부사를 역임한 적이 없는 만큼 이는 역사적 근거가 없는 이야기다. 허엽의 두 번째 부인은 김광철(金光轍)의 딸인데 고향이 강릉이다. 『주자가례(朱子家禮)』가 보급되기 전에는 남성이 여성의 집에 장가가서 머무는 것이 일반적이었던 만큼, 허엽이 처가에 머물면서 초당두부를 만들었을 가능성은 있다. 하지만 양반이 직접 두부를 만드는 고된 일을 했을지는 의문이다.

초당두부의 유래와 관련하여 여운형(呂運亨)과 관련된 이야기도 전해지고 있다. 일제강점기 여운형은 초당동에 야학을 열어 제자들을 가르쳤다. 그러자 공산주의자들이 이 마을을 드나들었다. 한국전쟁 후 초당동 주민들은 빨갱이로 낙인 찍혀 일부는 월북했고, 남은 사람들은 총살당했다. 생계가 막막해진 부인들은 두부를 만들어 팔면서 초당두부가 유명해졌다는 것이다.

두부와 관련해서 가장 인상적인 모습은 감옥을 나와 두부를 먹는 것이다. 왜 감옥에서 출소하면 두부를 먹는 것일까? 박완서(朴婉緒)는 『두부』라는 산문집에서 두부는 콩으로부터 풀려난 상태이니 다시는 콩으로 돌아갈 수 없는 것처럼, 콩밥 먹는 감옥으로 돌아가지 말라는 염원이라고 설명했다. 또 감옥에서 오랜 생활을 한 사람은 제대로 먹지 못한 상태인 만큼 갑자기 기름진 음식을 먹으면 탈이 나기 쉽기 때문에, 영양가도 높고 소화도 잘되며 포만감을 느낄 수 있는 두부를 먹는다는 이야기도 있다. 그 외 흰색의 두부를 먹음으로써 깨끗하게 새 출발하라는 의미도 담겨 있다고 한다.

두부로 만드는 음식은 무척 많다. 그 중에서도 가장 대표적인 음식이 연포탕이다. 『동국세시기』에는 얇게 썬 두부를 꼬챙이에 꿰어 만든 꼬치를 기름에 부친 다음 닭고기와 함께 끓인 국을 연포라고 설명했다. 원래 연포탕은 두부와 닭이 주재료인 것이다. 정약용은 『아언각비(雅言覺非)』에서 "두부를 꼬치에 꽂아 닭고기 국물에 지져 친구들과 모여 먹는 것을 연포회라 한다[豆腐之串煎于雞臛 親友聚食 名之曰軟泡會]."고 기록했다. 예전에는 상가집에 문상을 가면 지금처럼 육개장이 나오는 것이 아니라 두부장국이 나왔는데, 그것이 바로 연포탕이다.

지금의 연포탕은 맑게 끓인 국물에 산 낙지를 넣고 살짝 데쳐 채소와 함께 익혀 먹는 음식이다. 낙지를 넣어 만든 음식인데 두부라는 뜻의 연포라는 이름이 붙은 이유는 무엇일까? 보통 두부장국에 닭고기나 쇠고기를 함께 끓였는데, 바닷가에서는 낙지를 넣고 끓여 특별히 낙지연포탕이라고 했다. 그러던 것이 두부는 사라지고 낙지만 남아 낙지를 끓인 음식이 연포탕으로 불리고 있는 것이다.

두부전골 역시 많은 사람들이 찾는다. 원래 두부전골은 스님들이 단백질을 섭취하기 위해 먹던 음식이었다. 이것이 궁중에 전해지면서 고기가 들어가게 되었고, 이것이 다시 양반집에 전래되면서 민가에서도 두부전골을 먹게 된 것이다.

두부가 응고하기 시작하면 두부꽃이 피는데, 이것이 순두부이다. 순두부는 응고된 상태로 물기를 짜지 않고 그냥 먹는 두부이다. 순두부는 대개 찌개로 먹는데, 원래 순두부찌개는 따뜻한 순두부에 양념장만 넣어 먹던 음식이다. 그러던 것이 1970년대 명동에서 뚝배기에 순두부를 넣어 맵게 끓인 찌개가 등장하면서 지금의 순두부찌개가 되었다. 2013년 'CNN GO'가 선정한 한국에 가면 먹어야 할 음식 3위가 순두부찌개이다. 매콤하면서도 부드러운 순두부찌개는 이제 한국을 대표하는 음식이 된 것이다.

두부를 만들면서 거른 찌꺼기를 뭉쳐 약간 발효시킨 것이 비지이다. 비지는 두부의 찌꺼기이지만, 섬유질이 많고 단백질과 지방도 많이 남아 있어, 그 자체로 음식의 재료로 사용되고 있다.

1900년대 두부는 공장에서 만들어지기 시작했다. 1941년 태평양전쟁 발발로 전시체제에 들어가면서, 일제는 두부 판매도 허가를 받게 했다. 공장뿐 아니라 집에서 두부 만드는 것도 허용했지만, 점차 집두부는 사라지기 시작했다. 1970년대에는 새벽에 종을 치며 두부를 파는 것이 일상적인 모습이었다. 이것이 가능했던 이유는 동네마다 두부를 만드는 두부공장이 있었기 때문이었다. 아침이 지나면 팔다 남은 두부는 구멍가게에 진열되어 판매되었다.

1984년 풀무원에서 처음으로 두부를 플라스틱 용기에 포장하여 판매하기 시작했다. 살균 처리를 해서 장기간 보관할 수 있고, 두부가 외부에 노출되지 않아 위생적이었다. 포장두부는 큰 인기를 얻었고, 이제는 포장두부가 대세가 되었다. 포장두부는 플라스틱 용기 속에 물과 함께 담겨 있다. 때문에 두부의 맛이 희석되는 것으로 느끼는 이들도 있다. 때문에 즉석에서 두부를 만드는 집을 선호하기도 한다.

두부는 그 자체로도 먹을 수 있고, 다양한 조리를 통해 먹을 수도 있다. 특히 국물이 많은 우리 음식에 빠지지 않는 식재료이기도 하다. 중국에서 전래된 음식이지만 오히려 중국에서 우리의 두부제조법을 배워가려 했고, 일본에도 우리의 두부가 전래되었다. 이런 점에서 두부는 이제 완전한 우리의 음식이라 할 수 있다.

두부와 유사한 음식이 묵(糫)이다. 우리뿐 아니라, 일본의 일부 지역에서도 묵을 먹는다. 우리 두부가 일본에 영향을 주었듯이, 일본의 묵 역시

즉석 손두부

우리에게서 전해진 것으로 여겨지고 있다.

묵은 메밀·도토리·녹두·칡 등을 물에 불려 갈거나 말려서 가루를 낸 후, 그 앙금을 쑤어 굳힌 음식인데, 두부제조법이 18세기 이후 묵의 탄생을 가져왔다. 때문에 묵을 채소로 만든 두부라는 뜻에서 채두부(菜豆腐)라고도 했다.

묵밥

녹두로 만든 묵이 청포묵이고, 청포묵에 치자물로 색깔을 낸 것이 황포묵이다. 청포묵은 녹두부(綠豆腐)라고도 했는데, 해장음식과 술안주로 손꼽히는 음식이었다. 그 이유는 녹두가 차가운 성질을 가진 만큼 열독을 없애기 때문에 술독 역시 없애준다고 여겼기 때문이었다. 녹두묵을 쑬 때 나오는 물이 묵물인데, 황해도 지역의 유명 음식 중 하나이다. 묵물은 찰떡과 함께 먹기도 하고, 쌀을 넣어 죽을 쑤기도 하며, 나물을 넣어 국을 끓이기도 한다. 특히 위장병이 있는 사람들은 묵물을 소금으로 간을 해서 미음 대신 마시기도 한다. 청포묵이 주로 양반들이 먹었던 음식이라면, 민들은 여름과 가을에는 도토리묵, 겨울에는 메밀묵을 먹었다.

묵은 두부와 마찬가지로 그 자체로도 먹지만, 음식의 재료로도 이용된다. 묵을 썰어 장국에 양념을 넣어 먹는 묵밥, 묵을 가늘게 썰어 찬 육수에 말아 먹는 묵국수 등으로 변신하기도 했다.

만두

만두(饅頭)는 밀의 재배가 가능했던 지역의 공통된 음식으로 여겨지고 있다. 이탈리아의 라비올리(ravioli), 시베리아의 펠메니(pelmeni), 우즈베키스탄의 추치바라(chuchvara), 동유럽의 피에로기(pierogi), 남아메리카의 엠파나다(empanada) 등도 만두의 하나이다. 우리의 경우 북쪽 지역에서는 만두를 많이 먹었지만, 쌀의 재배가 많이 이루어졌던 남쪽 지역에서는 만두와 같은 형태의 음식은 나타나지 않는다.

중국에서 처음 만두를 만든 사람은 여와(女媧)라고 한다. 여와가 흙으로 인간을 만들 때 귀가 떨어지자, 바늘로 눈을 찌르고 실로 귀를 묶었다고 한다. 사람들은 여와의 공적을 기리기 위해 반죽으로 성인의 귀 모양을 만들고, 그 안에 소를 넣어 먹었다는 것이다. 후한의 의사 장중경(張仲景)이 처음 만두를 만들었다는 이야기도 전한다. 추운 겨울 동상으로 귀가 떨어진 사람을 보고, 장중경은 귀 모양으로 만두를 빚은 후 뜨거운 물에 끓여 국물과 함께 나눠 주었다는 것이다. 장중경이 끓여 준 만두를 먹고 속이 따뜻해진 민들은 동상에 걸리지 않았다고 한다.

나관중(羅貫中)이 쓴 『삼국지연의(三國志演義)』에는 제갈량(諸葛亮)이 남만(南蠻) 정벌 중 뤼수이(瀘水)에서 비바람이 불고 풍랑이 거세 강을 건널 수 없자, 밀가루로 고기를 싸서 사람머리처럼 만들어 제사지낸 것에서 만두가 유래했다고 전한다. 만두라는 단어도 원래 오랑캐[蠻]의 머리[頭]에서 비롯됐다는 것이다. 하지만 『삼국지연의』는 소설인 만큼 이는 허구일 가능성이 크다. 그러나 만두는 고기가 들어간 음식이었던 만큼 제사상에 올렸을 가능성은 있다.

만두라는 이름은 오랑캐의 머리가 음식 이름으로 합당치 않아, 제갈량이 신을 속인 것이기에 속일 만자를 써서 '瞞頭'라고 했다가, 음이 같은 饅을 빌린 것이라고도 한다. 반면 만두의 표면이 부드러워 부드럽다는 뜻의 글자

饅을 써서 '饅頭'였는데, 후에 음식[食]을 나타내는 글자를 붙여 만두라는 뜻의 글자 饅이 만들어졌다고도 한다.

제갈량이나 장중경과 관련된 이야기들은 중국 한대를 배경으로 하고 있는 만큼, 이때 만두가 탄생한 것 같다. 만두가 사람의 생명을 구한 음식으로 등장하는 것은 포자만두는 사람의 머리, 교자만두는 귀와 비슷하기 때문인 것 같다. 중국의 만두는 밀가루를 반죽해 얇게 민 다음 소를 싼 자오쯔, 밀가루를 발효시켜 고기나 채소로 만든 소를 넣고 찐 빠오즈(包子), 소 없이 밀가루에 효모를 넣어 반죽해 찐 만터우 등이 있다. 딤섬(点心; 點心)은 차를 곁들여 먹는 음식을 가리키는 말이었다.

만두의 원조가 중국이 아니라는 주장도 있다. 밀의 원산지는 메소포타미아 지역이며, 맷돌과 물레방아를 이용한 제분 기술 역시 서역에서 중국으로 전래되었다. 중국은 만두를 만터우로 부른다. 그런데 위구르는 만타(Manta), 카자흐스탄·우즈베키스탄·터키 등에서는 만티(manti), 아프가니스탄에서는 만투로 부른다. 그렇다면 밀가루로 만든 만두 역시 서역에서 중국으로 전래되었으며, 만티 내지는 만투가 중국에서 만터우가 되었다는 것이다.

우리에게 만두가 전래된 것은 고려시대로 여겨지고 있다. 『고려사』 효우열전(孝友列傳)에는 명종대 거란인 위초(尉貂)가 부친이 위독하자, 자신의 다리에서 살을 베어 혼돈(餛飩)을 만들어 드시게 하니 병이 나았다는 기록이 수록되어 있다. 혼돈은 크기가 작은 교자만두의 일종이다. 그러나 혼돈이 지금의 만두와 직접 상관이 있는지는 확실하지 않다.

『고려사』에 만두라는 명칭이 처음 등장하는 것은 1343년 10월이다. 충혜왕은 궁궐 주방에 침입해 만두를 훔쳐간 사람을 처형했다. 이때 궁궐에서는 만두를 먹었던 것이다. 또 만두를 훔쳐 먹었다고 해서 사형에 처한 것으로 보아, 밀가루를 재료로 하는 만두는 귀한 음식이었음을 알 수 있다.

궁중에서 먹던 귀한 음식 만두는 급속히 대중화된 듯하다. 고려가요 '쌍화점'에 나오는 쌍화(雙花)는 상화(霜花)라고도 하는데, 밀가루를 술로 반죽하여 발효시킨 빵의 형태이다. 상화는 소가 있다면 우리의 만두, 소가 없다면 중국의 만터우와 비슷했을 것이다. 반면 쌍화는 소를 넣지 않고 밀가루를 발효시켜 부풀린 것인 만큼 만두가 아니라는 주장이 있고, 상화를 머리장신구 또는 귀금속으로 보기도 한다. 그러나 1719년 통신사 정사로 일본을 다녀 온 홍치중(洪致中)은 『해사일록(海槎日錄)』에서 일본의 만두를 "조선의 상화병과 같은 것[所爲饅頭卽我國之霜華餠]"으로 표현한 것을 보면, 조선시대 만두를 상화로 불렀음이 분명하다. 아마도 만두를 찔 때 하얀 김이 서리는 모습을 상화로 형상화했을 것이다.

조일전쟁 중 피난 생활을 하던 오희문은 군수 부인이 싸준 만두를 먹었다. 그렇다면 조선시대 만두는 지금처럼 식사대용이나 도시락의 형태로도 이용되었음을 알 수 있다. 만두를 쪄서 먹기만 했던 것이 아니다. 수저[匙]로 떠먹는 떡[餠]이라는 뜻의 병시, 만두를 석류처럼 빚어 탕으로 끓인 석류탕(石榴湯) 등은 만둣국과 유사하다. 특히 석류탕은 주안상이나 별식으로 많이 이용되었다. 『동국세시기』에서는 만두를 대소쿠리에 넣어 찌기 때문에 증병(蒸餠) 또는 농병(籠餠)이라 한다고 설명했다. 만두가 쉽게 먹을 수 있는 음식이기에 『동국세시기』에 수록되었을 것이다.

발효시킨 밀가루 반죽으로 빚으면 포자만두, 생반죽으로 빚으면 교자만두이다. 조선시대에는 밀가루뿐 아니라 보다 다양한 식재료로 만두를 만들었다. 밀가루가 귀했던 만큼 메밀로도 만두를 빚었다. 그런데 메밀은 밀가루에 비해 찰기가 부족해 송편 만드는 것처럼 주머니 모양을 만들어 소를 넣고 빚었다고 한다. 민어·숭어·붕어 등 물고기의 살을 얇게 떠서 피를 만들고, 그 안에 고기와 채소를 소로 넣어 만든 어만두는 차갑게 식혀 먹는 여름철 만두였다. 그 외 동아[冬瓜]라는 채소를 잘라 투명한 피를 사용한 동아만두, 소의 내장인 양을 만두피로 사용하는 양만두 등이 있었다.

조선시대의 만두는 어떤 식재료로 피를 사용하느냐 뿐 아니라, 소로 어떤 식재료가 들어가느냐에 따라 나뉘기도 했다. 꿩고기를 사용한 생치만두, 닭과 꿩의 살을 발라 만든 황자계만두(黃雌鷄饅頭), 참새고기를 넣은 황작만두(黃雀饅頭), 대합을 넣은 생합만두, 굴 속에 소를 채워 끓는 물에 살짝 데쳐 파와 마늘로 만든 초장에 찍어 먹는 석화만두(石花饅頭), 전복을 넣은 전복만두, 소뼈를 이용한 골만두, 오이를 넣어 여름에 먹었던 미만두, 절인 배추의 줄기와 잎을 넣은 숭채만두(菘菜饅頭) 등 다양한 만두가 있었다.

만두는 빚는 법에 따라 다양한 형태가 나타나는데, 특이한 모습을 한 것이 변씨만두(卞氏饅頭)이다. 변씨만두는 네 귀를 붙여 바닥은 네모나고 옆에서 보면 세모 모양인 만두로 쇠고기·오이·호박·버섯 등을 넣어 소를 만들었다. 중국의 자오쯔의 하나인 비엔스(扁食)를 편식(扁食; 匾食) 또는 병시(餠匙) 등으로 표기했는데, 물에 조각이 떠 있는 모양이라고 해서 편수(片水)로 부르기도 했다. 『동국세시기』에는 변씨 성을 쓰는 사람이 처음 만들었기 때문에 변씨만두라는 이름이 생겼을 것으로 추측했다. 하지만 궁중에서 숟가락으로 떠서 먹는 물만두 내지는 만둣국인 병시가 민가에 전해지면서 변씨만두로 변질되었을 가능성이 높다.

만두는 조리법에 따라 찜통에서 찌면 찐만두, 물에 삶으면 물만두, 국을 끓이면 만둣국, 기름을 두르고 지지면 군만두가 된다. 요즘 군만두는 빨리 익히기 위해 기름에 튀기는 만큼 튀김만두가 보다 정확한 표현일 것이다. 군만두는 주로 중국음식점에서 판매되기 때문에 중국 음식으로 아는 사람이 많다. 하지만 『임원경제지』 정조지에는 참새 뱃속에 소를 넣고 발효시킨 밀가루 반죽으로 싼 후 기름에 구운 황작만두(黃雀饅頭)가 소개되어 있다. 조선시대에도 만두를 기름에 구워 먹었던 것이다. 『조선무쌍신식요리제법』에 기름에 지져 먹는 자만두(煮饅頭)가 소개된 것으로 보아, 지금의 군만두는 일제강점기에 등장한 것 같다.

중국음식점의 군만두는 영어로 'service'라는 유머가 있다. 1980년대 중국음식점이 급격히 늘어나면서 경쟁이 치열해지면서 군만두를 공짜로 주기 시작했다. 그러면서 직접 빚은 만두로 만들던 군만두는 이제 공장에서 만들어진 만두를 기름에 튀겨내는 음식이 되었다. 물론 숙성시킨 반죽으로 빚은 군만두를 판매하는 음식점도 있지만, 제대로 된 군만두를 찾아보기 어려운 것이 사실이다.

1980년대 식품업체들이 냉동만두를 생산하면서 편리하게 만두를 먹을 수 있게 되었다. 대신 집에서 만두를 빚는 일은 추억 속으로 사라졌다. 만두가 냉동식품의 형태로 판매되고 있음은 그만큼 찾는 이들이 많다는 사실을 말해 준다. 고려시대 전래된 만두는 조선시대 다양한 형태로 발전되었다. 지금은 해외에 수출되는 K-food를 대표하는 음식 중 하나가 우리의 만두이다.

짜장면

기성세대에게 짜장면은 '향수'를 불러일으키는 음식이다. 1970년대까지만 해도 입학식·운동회·졸업식 등 특별한 날 먹을 수 있는 음식이었고, 이삿날이나 손님이 오면 배달시켜 먹는 별식이기도 했다. 지금은 빨리 배달되어 쉽게 한 끼 때울 수 있는 음식이 짜장면이다.

누구나 좋아하는 짜장면은 중국에서 전래된 음식이다. 만리장성을 쌓는 인부들에게 장을 볶아 면에 얹어 준 데에서 유래했다는 짜장면은 허베이(河北)·산둥·산시(山西)·랴오닝(遼寧)·지린(吉林)·헤이룽장(黑龍江) 등지에서 많이 먹었던 음식이다. 때문에 중국에서는 북방을 대표하는 국수라고 한다.

임오군란 당시 원세개(袁世凱)는 청군을 이끌고 우리나라에 왔는데, 이때 중국인들도 함께 왔다. 중국 노동자들이 싼값에 배를 채웠던 짜찌양멘은 튀기고[炸] 볶은 장[醬]을 면[麵]과 함께 비벼먹는 음식이다. 흔히 짜장면을 짱깨라고도 하는데, 중국어 '장꾸이더(掌櫃)'에서 온 말이다. 중국말로 돈 궤짝을 지키는 사람, 즉 주인이란 뜻이다. 짱깨는 짜장면과는 무관한 말인 것이다.

1905년 인천으로 이주한 중국 산둥 출신 우희광(于希光)은 1907년 산둥 출

신 상인들의 동향회관인 산동회관
(山東會館)을 건립하였다. 여관과 음
식점을 겸했던 산동회관에 의해 짜
장면이 보급되기 시작했다. 1912년
산동회관은 공화춘(共和春)으로 이
름을 바꿨다. 청의 마지막 황제가 폐
위되고 동아시아 최초의 공화국인
중화민국이 수립되자, 이를 기념하
기 위해 '공화국에 봄이 왔다'는 의

짜장면박물관으로 활용되고 있는 공화춘 건물

미로 공화춘이라는 이름을 지었다고 한다. 공화춘은 1983년 폐업할때까지
차이나타운의 대표적인 중국음식점이었다. 이에 대해 공화춘에서 짜장면이
처음 만들어졌다는 증거나 기록이 없기 때문에 이를 부정하는 이들도 있다.

짜장면의 '炸'은 우리 발음으로는 작이고, 중국 발음으로는 '짜'이다. '짜'는
기름을 흠뻑 두른 냄비에 튀기듯 볶는다는 의미이다. 즉 짜장면은 두판장(豆
瓣醬)을 돼지기름에 볶아 국수와 비벼 먹는다는 의미인 것이다. 이렇게 만든
짜장면은 중국인들의 입맛에는 맞았지만, 느끼해서 한국인들은 좋아하지 않
는 음식이었다.

짜장면의 대중화에 대해서는 두 가지 견해가 있다. 한국전쟁 이후 짜장면
이 대중화된 것으로 보는 시각은 전후 밀가루 음식이 대중화되었음을 염두에
둔 것 같다. 반면 1963년 한국정부가 화교들에게 농토를 갖지 못하도록 법적
으로 규제하자, 화교들이 중국음식점을 차리면서 짜장면이 대중화된 것으로
보기도 한다. 가장 중요한 것은 짜장면의 맛이 변했다는 사실이다. 기존 짜장
면의 기름과 향신료를 줄이고, 양파를 넣어 단맛을 나게 했다. 무엇보다 두판
장 대신 춘장(春醬)을 사용해서 짜장면을 만들었다. 중국의 짜장면이 아닌
한국의 짜장면이 되었기에 지금의 짜장면이 존재할 수 있었던 것이다.

짜장면을 만들 때 사용하는 장을 춘장으로 부르게 된 이유에 대해서도

서로 다른 이야기가 전하고 있다. 첫째, 봄에 장을 담그기 때문에 춘장이라는 것이다. 둘째, 산둥지역에서는 기름에 면을 삶은 후 티엔미엔장(甛麵醬)을 얹은 음식과 함께 반찬으로 대파를 먹었다. 티엔미엔장은 면에 얹어 먹는다고 해서 미엔장(麵醬), 대파에 찍어 먹는다고 해서 취옹장(蔥醬)으로 불렸다. 그런데 화교 식당에서 일하던 한국인들이 취옹장을 춘장으로 잘 못 알아들으면서 춘장이 정식 명칭이 되었다는 것이다.

중국에는 춘장이 없다. 중국의 티엔미엔장은 산둥 지역이 원산지인데, 밀가루와 콩으로 만든 메주에 소금물을 붓고 햇볕으로 숙성시켜 만든다. 지금 우리가 먹는 짜장면의 재료인 춘장은 캐러멜을 넣은 까만색으로 한국식 티엔미엔장이라 할 수 있다. 1948년 화교 왕송산(王松山)이 용화장유(龍華醬油)라는 식품 회사를 창업하고, '사자표춘장'을 생산했다. 그는 한국전쟁 직후 춘장을 만들 때 캐러멜을 섞었는데, 이것이 한국인의 입맛을 사로잡았던 것이다.

중국의 짜찌앙멘은 티엔미엔장 외 몇 가지 채소를 얹은 음식이다. 하지만 한국인의 입맛에 맞는 춘장과 식재료로 한국의 짜장면을 만든 것이다. 짜장면이 인기를 얻으면서 중국음식점이 크게 늘어나자 정부는 짜장면을 물가통제대상에 포함시켜 가격을 낮추도록 했고, 원가를 낮추기 위해 짜장면에 감자와 양파를 넣었다. 1976년 박정희 정부는 화교에 대한 교육권과 재산권을 박탈하자, 화교 중 상당수가 우리나라를 떠났다. 그러면서 화교가 운영하던 중국음식점을 한국인들이 대신 운영하기 시작했다.

짜장면은 주문이 들어오면 춘장과 야채를 볶아 만들어야 한다. 그러다 보면 시간이 많이 걸렸다. 그래서 물과 전분을 넣어 미리 만들어 놓은 짜장을 면 위에 붓는 형태로 바뀌기

중국의 짜찌앙멘

시작했다. 그러면서 원래의 전분과 물을 섞지 않은 짜장면은 건(乾)짜장이란 형태로 판매되었는데, 건짜장은 흔히 간짜장으로 불렸다. 그 외 요리하고 남은 고기를 활용하기 위해 돼지고기[肉]를 갈아[泥] 만든 유니짜장, 돼지고기[肉]와 야채를 실[絲]처럼 길게 썰어 만든 유슬짜장, 새우·갑오징어·건해삼 등 해산물이 세 가지 이상 들어간 삼선짜장 등이 있다. 간혹 고기를 많이 갈아 넣은 육미짜장 또는 유모짜장을 파는 곳도 있는데, 유니짜장과 같은 음식으로 보아야 할 것 같다.

감자나 고구마, 양파와 돼지고기 등을 큼직하게 썰어 넣고 캐러멜을 넣지 않은 춘장을 사용하여 만든 옛날짜장은 향수를 불러일으킨다. 돼지고기와 돼지기름·마늘·부추·파·달래·홍거 등의 오신채를 빼고 콩기름으로 볶아 조리한 스님짜장이 있는가 하면, 차돌박이를 짜장면과 함께 먹는 차돌짜장도 있다.

한국인들이 짜장면을 만들게 되면서 짜장면은 보다 다양한 형태로 진화했다. 춘장과 면을 함께 볶아 커다란 쟁반에 담아 내어 여러 사람이 함께 먹을 수 있는 쟁반짜장, 철판에서 즉석으로 볶아 먹는 철판짜장 등이 그것이다. 쟁반짜장이 언제 어디에서 시작되었는지는 확실하지 않다. 쟁반짜장이나 쟁반짬뽕은 우동을 고기와 야채 등과 함께 볶은 일본의 야키우동(燒きうどん)으로부터 일정한 영향을 받았을 가능성이 있다.

사천짜장

짜장면은 당연히 검은 색이어야 한다. 그러나 우리는 두반장(豆瓣醬)을 첨가하여 만든 춘장으로 붉고 매운 맛이 나는 사천짜장을 만들어냈다. 또 캐러멜 색소를 사용하지 않고 콩으로 만든 춘장을 사용한 하얀짜장도 등장했다.

하얀짜장

마라도 짜장면

물짜장

우짜

　지역에 따라 짜장면이 다른 형태로 변하기도 했다. 마라도에서는 생선뼈와 해초를 우려내 육수를 만들고 해산물을 푸짐하게 넣어 짜장면을 만든다. 전주와 군산 등에서는 춘장 대신 간장을 넣은 물짜장이 있다. 원래 하얀색이었던 물짜장은 고추씨기름이나 고춧가루 등이 들어가면서 지금은 빨간색으로 변했다. 통영에는 우동에 짜장을 부어 먹는 우짜가 있다. 우짜는 우동에 짜장이 들어갔기 때문이라고도 하고, 우동도 먹고 싶고 짜장도 먹고 싶은데 우짜노라는 데에서 비롯되었다고도 한다. 1980년대 항남동 포장마차에서 해장음식으로 시작된 우짜는 지금은 통영의 명물로 자리 잡았다.

　2017년 기준 하루에 팔리는 짜장면은 720만 그릇이라고 한다. 밸런타인데이와와 화이트데이에 아무 선물을 받지 못한 이성친구가 없는 사람들이 쓸쓸함을 달래며 짜장면을 먹는 블랙데이가 생겨났을 정도이다.

　2006년 문화관광부는 한국을 대표하는 100대 민족문화상징을 선정했다. 이 중 음식이 10개였는데, 김치·떡·전주비빔밥·삼계탕·불고기·냉면·고추장·된장·청국장·소주·막걸리와 함께 짜장면이 포함되었다. 2013년 'CNN GO'는 한국에서 꼭 먹어야 할 음식 5위로 짜장면을 꼽았다. 이제 짜장면은 중국이 아닌 한국에서 먹어야 할 우리 음식인 것이다.

짬뽕

짜장면의 라이벌은 짬뽕이다. 짜장면과 짬뽕 중 무엇을 먹을 것인지 고민하게 되고, 이를 해결하기 위해 짜장면과 짬뽕을 함께 먹을 수 있는 짬짜면이 등장했다. 그런데 대개 술을 좋아하는 사람들은 짬뽕을 선호한다. 짬뽕은 훌륭한 해장음식이며, 짬뽕국물은 안주가 되기 때문이다. 짬뽕 역시 중국에서 시작된 음식이지만, 일본을 통해 전래되었다는 점에서 짜장면과 차이가 있다.

짬뽕의 원조는 돼지고기와 해산물 그리고 표고·죽순·파 등을 넣고 끓인 국물에 국수를 말아 먹는 탕러우쓰몐(湯肉絲麵)이다. 요리를 만들고 남은 재료들을 모아, 그것을 볶고 물을 부어 국물을 내고 국수를 말아 먹는 차오마몐(炒碼麵)이 청일전쟁 중 전해져 지금의 짬뽕이 되었다는 견해도 있다. 그러나 차오마몐에는 해산물이 들어가지 않는 만큼, 탕러우쓰몐이 짬뽕에 보다 가깝다고 할 수 있다.

짬뽕은 분명 중국에서 시작된 음식이지만, 우리가 먹는 짬뽕은 일본에서 유래되었다. 1892년 중국인 진평순(陳平順)은 나가사키(長崎)에서 시카이로(四海楼)라는 식당을 열었다. 이곳에서 그는 중국에서 온 가난한 유학생들을 위해 닭과 돼지의 뼈, 각종 야채 등을 함께 끓인 시나우동(支那饂飩)을 판매했다.

시나우동은 큰 인기를 끌면서 점차 잔폰(ちゃんぽん)으로 불리기 시작했다. 진평순의 고향인 푸젠성의 "식사하셨습니까?"라는 인사말이 '쉬판(吃飯)'이다. 그는 새로 개발한 시나우동을 들고 '쉬판'하면서 돌아다

시카이로의 잔폰

넛다. 일본인들은 이를 새로운 중국 국수의 이름으로 여겼고, 쉬판이 변해 잔폰이 되었다는 것이다. 그 외 혼합이라는 뜻의 중국어 '찬훈(摻混)'에서 유래되었을 것으로 여겨지기도 한다. 즉 일본의 마츠리(祭り)에서 징을 치는 소리 잔(チャン)과 북을 치는 소리 폰(ポン)이 섞여 들리듯이, 시나우동에 여러 재료가 모두 들어 있는 것이 비슷해서 여러 가지가 섞인다는 일본어 잔폰이 되었다는 것이다. 분명한 것은 일본의 잔폰이 우리나라에서 짬뽕이 되었다는 사실이다.

처음 짬뽕이 전해진 곳은 짜장면과 마찬가지로 인천이다. 중국인들은 리어카에 화로를 싣고 다니면서 야채를 볶아 국물을 넣고 즉석에서 짬뽕을 만들어 팔았다. 이때의 짬뽕은 채소와 해물을 짧은 시간 볶다가 육수를 부어 국물을 내어 면 위에 부어 먹는 음식이었다.

짬뽕이 대중화된 것은 한국전쟁 이후의 일이다. 이때까지도 짬뽕은 빨간색의 매운맛 국물이 아니었다. 아마도 지금 중국음식점서 판매하는 우동이나 겨울철 별미인 굴짬뽕과 비슷한 모습이었을 것이다. 1970년대 짬뽕에 볶은 실고추를 넣어 매콤한 맛이 더해졌다. 그러다가 고추를 볶아 낸 기름이 들어가고, 우리 입맛에 맞게 고춧가루를 풀면서 얼큰한 맛을 내는 지금의 짬뽕이 되었다.

짬뽕은 각종 해산물과 야채를 볶은 후 닭이나 돼지고기 육수에 넣고 끓인 음식이다. 여기에 해산물을 더 넣은 삼선짬뽕 정도가 예전의 짬뽕이었다. 그러나 짬뽕은 다양한 모습으로 진화하고 있다. 문어짬뽕·낙지짬뽕·새우짬뽕·꽃게짬뽕·홍합짬뽕·꼬막짬뽕·동죽짬뽕·전복짬뽕, 가리비와 전복 등 각종 조개류를 넣은 조개짬뽕 등 짬뽕에 들어가는 식재료가 다양해졌다.

기존 짬뽕에 돼지고기와 닭고기까지 들어간 육해공짬뽕도 인기가 있다. 육짬뽕·갈비짬뽕·차돌짬뽕·우삼겹짬뽕처럼 소고기가 들어가기도 하고, 낙지와 소고기를 함께 넣은 불낙짬뽕도 생겨났다. 술마신 다음 날 해장하는 이들을 위한 콩나물짬뽕, 자연산 송이를 넣은 자연송이짬뽕, 오뎅을 넣은 오뎅짬뽕도 등장했다.

매운 맛을 강조한 매운 짬뽕이 등장했는가 하면, 반대로 매운 음식을 꺼려하는 이들을 위해 원래의 짬뽕처럼 고춧가루를 넣지 않은 하얀짬뽕이 다시 등장했다. 굴짬뽕 외 굴과 매생이를 함께 넣은 매생이굴짬뽕 등도 하얀짬뽕 계열에 속한다. 아예 빨간짬뽕과 하얀짬뽕을 구분하여 주문받는 음식점도 있다.

하얀짬뽕

면 대신 수제비를 넣은 수제비짬뽕, 짬뽕에 순두부를 넣고 밥을 말아 먹는 순두부짬뽕, 여럿이 함께 먹을 수 있도록 국물이 없는 짬뽕을 쟁반에 담은 쟁반짬뽕, 철판에서 볶아 먹는 철판짬뽕 등도 있다. 심지어 더운 여름에 먹을 수 있는 냉짬뽕도 등장했다.

짬뽕은 일본에서 시작된 음식인데, 중국음식점에서 판매한다. 그러나 짬뽕은 분식집 메뉴에도 있고, 마트에서는 집에서 쉽게 먹을 수 있게 냉장 내지는 냉동식품으로도 판매한다. 무엇보다 고춧가루가 들어간 얼큰한 맛은 일본이나 중국 음식과는 완전히 다른 음식이다. 이런 점에서 짬뽕은 이제는 완전한 우리 음식이라 할 수 있을 것 같다.

돈까스

1970년대 경양식집에는 집에서 맛볼 수 없는 수프와 마카로니 등이 있었다. 나이프와 포크, 큰 접시에 여러 음식이 함께 차려진 모습도 신기하기만 했다. 당시의 경양식집은 양식에 익숙하지 않은 우리 입맛에 맞춘 서양 음식점이었다. 경제적으로 여유가 생기면서 경양식집은 점차 사라지고 있고, 이젠 거리에 진짜 서양 음식점들이 가득하다.

경양식집에서 판매했던 돈까스·비프가스(ビフカツ)·함박스테이크·오므라이스 등은 일본에서 서양 음식을 변형시켜 개발한 화양절충(和洋折衷)음식이다. 즉 우리는 경양식집에서 일본식 서양 음식을 양식으로 알고 먹었던 것이다.

675년 4월 17일 일본의 덴무덴노(天武天皇)는 소·말·개·원숭이·닭 등의 고기를 먹는 것을 금하였다[且莫食牛馬犬猿鷄之宍]. 덴무덴노가 육식금지령을 내린 것은 육고기를 먹으면 몸과 마음이 부정해진다는 불교 교리에 입각한 것이었다. 그러나 일본인들이 육식을 하지 않았던 이유는 불교 교리 때문만은 아니었다. 소는 농사, 말은 전쟁에 필요한 가축이었기에 먹는 것을 삼갔던 것이다. 소나 말을 약으로 먹는 것은 허용되었고, 소나 말이 아닌 돼지나 사슴 등의 고기는 먹었다.

1872년 메이지덴노(明治天皇)는 고기를 먹기 시작했다. 메이지이싱 후 일본은 아시아에서 벗어나자는 다쓰아론(脫亞論)을 내세웠고, 그 방편의 하나로 체형적으로도 서구인에 대한 열등감을 없애려 했다. 이후 일본에서 육식은 문명개화의 상징이 되었다.

고기를 먹지 않던 일본인에게 고기를 먹게 하기 위해 일본인의 입맛에 맞추려는 노력의 결과 탄생한 음식이 돈까스이다. 밀가루·계란·빵가루로 이루어진 튀김옷이 기름과 고기를 격리시켜 육즙이 유출되는 것을 막아 고기가 부드럽다. 튀김옷은 고소한 냄새와 함께 씹히는 맛을 좋게 한다. 빵 대신 밥, 수프 대신 된장국 미소시루(味噌汁)를 함께 내놓았다. 돈까스를 통해 고기를 먹는데 익숙해지도록 만들었던 것이다.

1899년 도쿄(東京)의 '렌카테이(煉瓦亭)'라는 식당에서 포크커틀릿(pork cutlet)의 일본식 발음인 포크카쓰레쓰(ポークカツレツ)라는 이름으로 돈까스를 판매했다. 1929년 폰타혼케(ぽんた本家)라는 식당에서는 젓가락으로도 먹기 편하도록 돈까스를 미리 썰어 접시에 담는 형식으로 바꿔, 카쓰레쓰라는 이름으

로 지금의 돈까스를 판매하기 시작했다.

일본에서 돈까스는 とんかつ, とんカツ, トンカツ, 豚カツ 등 다양하게 표기하는데, 돼지[豚]와 커틀릿(cutlet)의 일본식 발음 가츠(かつ; カツ)의 합성어이다. 그런데 승리를 나타내는 승(勝)의 일본 발음 역시 가츠(かつ)이다. 때문에 운동선수들은 경기를 앞두고 돈까스를 먹으면 승리를, 수험생들은 돈까스를 먹고 합격을 기원했다.

돈까스는 일제강점기 우리나라에 전래되었다. 일본이 커틀릿을 자신의 것으로 만들었듯이, 우리 역시 일본의 돈까스를 우리의 음식으로 재탄생시켰다. 돼지고기를 얇게 펴서

일본의 돈까스

한국의 돈까스

싼 가격에 먹을 수 있는 음식이 되었고, 엄청난 크기의 왕돈까스를 탄생시키기도 했다. 수프가 아닌 국을 내거나, 빵 대신 밥이 함께 나오는 것은 일본과 마찬가지이다. 하지만 깍두기나 김치 등을 차려 우리 입맛에 맞추었다. 일본인들은 포크와 나이프에 서툴렀던 만큼 칼로 미리 썰어 젓가락으로 먹을 수 있게 했다. 반면 우리는 양식을 먹는 느낌을 내기 위해 나이프로 썰어 먹는 형태로 변화되었다.

2000년 구제역(口蹄疫) 발병으로 일본으로 수출하던 돼지의 수출이 막혔다. 수출용 돼지고기가 낮은 가격으로 국내시장에 공급되자, 일본의 돈까스처럼 두툼한 고기를 사용하는 식당이 늘어나기 시작했다. 뿐만 아니라 부위에 따

라 등심으로 만든 로스가스(ロースかつ), 안심으로 만든 히레가스(ヒレカス) 등 다양화·고급화되었다.

돈까스는 레스토랑에서 판매되기도 하지만, 학교 구내식당이나 분식점에서도 먹을 수 있다. 도시락형태로 판매되기도 하고, 배달식품의 하나이기도 하다. 마트에서는 냉동식품형태로도 판매되고, 집에서 직접 만들어 먹기도 한다. 이젠 돈까스는 우리 음식의 하나인 것이다.

카레라이스와 오므라이스

라이스(rice)는 밥인데, 쌀과 벼를 나타내기도 한다. 그런데 라이스라는 이름이 붙는 음식들이 있다. 영어로 표현되는 만큼 우리 음식이 아님은 쉽게 알 수 있다. 하지만 카레라이스와 오므라이스 등이 일본에서 전래된 음식이라는 사실은 많이 알려지지 않은 것 같다.

카레의 어원에 대해서는 여러 이야기가 전해지고 있다. "향기롭고 맛있다"는 뜻의 힌두어 '투라리(turarri)'가 영국에서 '커리(curry)'가 되었다는 이야기도 있고, 인도 드라미드족(Dravidians)의 타밀어(Tamil language)로 소스라는 뜻의 '카리(kari)'에서 비롯되었다는 이야기도 전한다. 또 석가모니(釋迦牟尼)가 커리라는 지역에서 설법을 전하며 자신이 먹었던 나무열매·풀뿌리·잎사귀 등을 꺼내어 주었는데, 지역의 이름을 따서 커리가 되었다는 이야기도 전한다. 인도에서 카레는 각종 재료에 여러 향신료를 추가한 국물 또는 소스 요리를 통칭하는 말이다. 인도의 카레, 엄밀한 의미에서 커리가 지금의 모습으로 바뀐 것은 영국에서의 일이다. 1772년 영국의 초대 벵골 총독이었던 위렌 헤이스팅스(Warren Hastings)는 영국에서 인도인 요리사에게 카레와 밥을 혼합한 음식을 만들게 하여 왕실 연회에서 선보였다. 이 음식이 좋은 평가를 받자, 식품회사 클로스 앤드 블랙웰(Cross & Balckwell)은 영국인의 입맛에 맞게 매운

맛을 없앤 카레 분말을 개발했다. 또 원래 인도의 커리는 조린 국물에 가까웠지만, 영국에서는 밀가루를 사용해 끈기 있는 소스로 바꿨다. 이렇게 해서 만들어진 음식이 커리드라이스(curried rice)였다.

서구화를 지향했던 일본은 영국 해군이 장병들에게 커리수프를 지급하는 것에 주목했다. 그 결과 고기에 감자·양파·당근 등을 넣은 카레소스를 만들었고, 이 소스를 쌀밥에 얹어 먹기 시작했다. 일본 해군에서 카레소스를 얹은 밥을 급식으로 채택하면서, 카레는 일본 전역에 알려지기 시작했다. 처음 일본에서 카레가 탄생했을 때에는 카레소스와 밥을 서로 다른 그릇에 담았는데, 시간이 지나면서 밥 위에 카레를 얹는 형태로 변했다. 그러면서 이 음식은 자연스럽게 카레라이스(カレーライス) 또는 라이스카레로 불리게 되었다. 1877년에는 도쿄의 식당 '후게쓰도(風月堂)'에서 최초로 라이스카레가 판매되었다.

일본의 카레라이스

우리에게 카레라이스가 전래된 것은 일제강점기인 1920년대로 추정되고 있다. 1963년 9월 제일식품화성주식회사에서 '스타카레분'을 생산했다. 1968년에는 지금의 오뚜기식품의 전신인 풍림상사(豊林商社)에서 카레에 설탕·밀가루·조미료 등을 혼합하여 즉석에서 조리할 수 있는 인스턴트카레를 판매하기 시작했다. 1981년에는 뜨거운 물에 데워 먹을 수 있는 '오뚜기3분카레'를 출시했다. 이후 카레라이스는 언제 어

한국의 카레라이스

디에서 누구나 먹을 수 있는 음식이 되었다.

카레라이스와 유사한 음식이 하이라이스이다. 하이라이스는 소고기와 양파를 버터로 볶아 데미글라스(demiglace) 소스와 함께 밥 위에 부어 먹는 음식이다. 영어로는 해쉬라이스(hashed rice)인데, 일본에서 하야시라이스(ハヤシライス)로 불렸고, 우리나라에서 하이라이스로 정착했다. 1980년대까지만 해도 분식집에서 판매되었고, 즉석식품 형태의 하이라이스도 있었다. 그러나 지금은 일본 음식을 판매하는 곳이 아니면 찾아볼 수 없는 음식이 되었다. 아마도 카레라이스의 인기에 밀리면서 우리나라에서는 정착하지 못한 것 같다.

오므라이스 역시 일본에서 전래된 음식이다. 채소와 햄 등을 잘게 썰어 케첩과 함께 볶은 밥을 달걀을 얇게 핀 상태로 익힌 오믈렛(omlet)으로 싼 음식이 오므라이스(オムライス)다. 우리는 일본어 그대로 오므라이스라고 하지만, 북한에서는 닭알쒸움밥으로 부른다.

일본의 오므라이스

카레라이스나 오므라이스만을 전문적으로 파는 음식점이 있다. 그러나 학생들이 자주 찾는 분식점이나 학교 구내식당 등에서는 저렴한 가격에 카레라이스와 오므라이스를 판매하고 있다. 집에서도 카레라이스와 오므라이스를 쉽게 만들어 먹는다. 어쩌면 하이라이스가 우리나라에서 정착하지 못한 이유 중 하나가 집에서 만들기 힘들었기 때문일지도 모른다. 카레라이스를 만들 수

한국의 오므라이스

있는 카레분말은 마트에서 쉽게 구할 수 있고, 즉석시품으로도 판매되고 있다. 오므라이스는 밥과 계란, 약간의 채소와 햄 등 집에 있는 식재료만으로도 쉽게 만들어 먹을 수 있다. 이런 점에서 카레라이스와 오므라이스도 이제는 우리 음식의 하나로 여겨도 될 것 같다.

라면

2014년 영국문화원의 설문조사에 의하면 세계를 바꾼 사건 63위가 라면의 발명이었다. 2020년 라면소비량은 중국 463억 5천만 개, 인도네시아 126억 4천만 개, 베트남 70억 3천만 개, 인도 67억 3천만 개, 일본 59억 7천만 개, 미국, 50억 5천만 개, 필리핀 44억 7천만 개, 한국 41억 3천만 개다. 우리의 라면 소비량은 세계 8위이지만, 1인당 소비량은 80개로 1위이다. 세계를 바꾼 사건의 주역이 바로 한국인인 것이다.

라면의 어원에 대해서는 세 가지 이야기가 전해지고 있다. 중국의 라우미앤(老麵)이라는 국수가 있었는데, 그 발음이 라면으로 전화되었다는 것이다. 또 일본 요코하마의 차이나타운에 있는 류씨가 만든 국수라고 해서 류면(柳麵)이라고 했는데, 주인이 광둥(廣東) 출신이어서 광동어로 '라오민'이라 불러 라면이 되었다는 이야기도 있다. 가장 일반적으로 알려진 것은 밀가루 반죽을 늘이고 접는 과정을 반복하여 만들어진 가늘고 긴 면발을 중국에서 라미엔(拉麵)이라고 하는데, 라미엔이 일본에서 라멘이 되었다는 것이다. 지금의 라멘은 일본음식이지만 중국에 기원을 두고 있기 때문에, 처음 일본인들은 라멘을 지나소바(支那蕎麦) 또는 주카소바(中華蕎麦)라고 불렀다.

라멘을 지금의 즉석음식으로 만든 사람은 일본인 안도 모모후쿠(安藤百福)이다. 그는 가루로 만든 국수를 기름에 튀기면 국수 속의 수분이 증발하고, 익으면서 면 속에 구멍이 생기는데, 이를 건조시켰다가 뜨거운 물을 부으면

면 속의 구멍으로 뜨거운 물이 들어가 본래 상태로 되돌아온다는 사실을 알아냈다. 모모후쿠는 1958년 닛신쇼크힝(日淸食品)이라는 회사를 차리고, 닭뼈를 우려낸 육수를 분말 수프로 만든 닛신치킨라멘(日淸チキンラーメン)을 출시했다. 이것이 최초의 인스턴트 라면이다.

우리나라에서 라면이 처음 생산된 것은 1963년 9월 15일 삼양식품에 의해서이다. 동방생명의 부사장과 제일생명의 사장을 역임했던 전중윤(全仲潤)은 민성산업(珉成産業)을 인수하여 1961년 삼양제유(三養製油)를 설립했고, 다시 이름을 삼양공업주식회사로 바꾸었다. 전중윤은 일본인들이 라멘을 먹는 것을 보고, 라멘 생산기계를 수입하여 라면을 생산하려 했다. 그러나 기계의 가격이 너무 비싸 엄두를 내지 못하고 있었다.

닛신쇼크힝에서 개발한 치킨라멘은 면발에 스프액을 뿌린 형태였다. 1962년 4월 일본의 묘죠쇼크힝(明星食品)은 스프를 첨부한 인스턴트라멘을 개발했다. 묘죠쇼크힝의 창업자 오쿠이 기요스미(奧井淸澄)는 전중윤에게 라멘 기계뿐 아니라 제조기술까지 지원했다. 그 결과 삼양라면이 출시되었고, 이후 우리의 라면은 스프를 별도로 첨부하는 방식이 된 것이다.

쌀이 부족하던 때 라면은 '우리의 식생활이 해결됐다'는 구호아래 등장했다. 당시 일본 라면의 중량은 85g이었는데, 삼양식품은 한국인에게는 부족하다고 여겨 100g으로 늘려 출시했다. 그러나 일본과 마찬가지로 닭고기수프를 사용하여 한국인에게 국물은 느끼하게 여겨졌다. 뿐만 아니라 가격도 비쌌기 때문에 인기를 얻지 못했다. 하지만 1965년부터 혼분식 운동이 확산되면서 라면은 주목받기 시작했다. 1969년 농림부는 공무원·학생·군인을 대상으로 '하루 한 끼 라면 먹기'를 시행하기도 했다.

1965년 국내에 진출한 롯데는 농심의 전신인 롯데공업을 설립하여 라면 생산을 시작했다. 롯데공업은 1970년 한국인들이 좋아하는 소고기로 만든 '소고기라면'을 출시했다. 맵고 짠맛의 소고기수프를 사용하고 중량도 120g으로 늘린 소고기라면은 엄청난 인기를 끌었다. 베트남전쟁도 라면의 대중화에 크게 기여했다. 베트남전에 참전한 군인들이 라면을 찾았고, 1964년 삼양 라면은 베트남전에 참전한 군인들에게 라면을 위문품으로 제공하였다. 1968년 10월 베트남에 라면 수출을 시작했고, 1969년에는 라면의 군납도 이루어졌다.

북한에서는 라면이 1970년대 즉석국수 또는 꼬부랑국수라는 이름으로 보급되기 시작했다. 처음에는 면만 있고 스프가 들어 있지 않아, 채소를 볶은 후 물을 넣고 끓이다가 간장이나 된장을 넣었다고 한다. 2000년대에 들어와서는 '양념감'이라 부르는 스프가 들어간 라면과 용기면인 그릇즉석국수도 판매되기 시작했다. 맛있는 음식을 "꼬부랑국수는 저리가라 할 정도"라고 표현하는 것으로 보아, 북한에서도 라면의 인기는 대단한 것 같다.

쌀을 대체할 식량으로 등장한 라면은 간식, 비상식량, 선거에서 표를 얻기 위한 물품, 이웃돕기 위문품, 대북식량지원 등 다양한 용도로 이용되었다. 맛 또한 다양하게 진화했다. 부대찌개·김치찌개·고추장찌개 맛을 내는 라면, 짬뽕맛 라면, 해물탕·감자탕 등의 맛을 내는 라면 등이 등장했다. 국물이 빨간 얼큰한 라면이 인기를 끌면서 라면 회사들은 경쟁적으로 더 매운맛을 찾기 위해 노력했다.

라면 맛이 모두 매운 것만은 아니다. 설렁탕이나 곰탕 맛의 라면이 있는가 하면, 누룽지탕·조개탕·미역국·북엇국 등 담백한 맛을 내는 라면이 인기를 끌기도 했다. 그 외 비빔국수나 칼국수를 흉내 낸 라면, 짜장 맛·카레 맛·치즈 맛·비빔면과 볶음면, 스파게티 등 국물 없는 라면도 등장했다. 심지어 냉면, 메밀국수, 콩국수, 잔치국수 등도 라면의 형태로 만들어지고 있다.

라면의 또 다른 모습인 용기면 역시 일본과 역사를 견줄 정도이다. 1971년 일본에서 뜨거운 물만 부으면 즉석에서 먹을 수 있는 용기면을 개발했다. 그러자 이듬해 삼양식품 역시 '삼양컵라면'을 출시했다. 이후 다양한 용기면이 등장했다. 인기 있는 라면의 경우 용기면으로 만들어지는 것이 당연한 모습이 되었다. 군에서는 봉지라면에 물을 부어 용기면처럼 먹는 '뽀글이'가 개발되기도 했다.

라면은 주식을 대신할 때도 있지만, 간식으로 먹기도 한다. 조리도 간편해야외에서 쉽게 먹을 수도 있다. 높은 나트륨 함량, 과도한 열량과 영양불균형 등 건강을 해치는 음식으로 비판을 받기도 하지만 라면의 인기는 여전하다. 이처럼 우리가 라면을 좋아하는 이유는 짧은 시간에 누구나 만들 수 있는 간편성 때문이겠지만, 가장 중요한 것은 우리 음식과 잘 어울리기 때문일 것이다.

라면에 밥을 말아 먹는 모습은 일상적이다. 이는 라면 국물이 밥과 잘 어울리기 때문이다. 밥뿐 아니라 가래떡이나 만두와도 잘 어울린다. 해물을 넣은 짬뽕라면, 콩나물 등을 넣은 해장라면, 햄과 소시지 등을 넣은 부대라면 등 다양한 모습으로 진화하고 있다. 또 각종 찌개에도 라면의 면을 넣어 먹는 경우가 많다. 최근에는 면발과 수프를 차별화한 프리미엄라면이 큰 인기를 얻는 등 라면은 끊임없이 진화하고 있다.

물과 불과 냄비만 있으면 만들 수 있는 음식이 라면이다. 대부분 사람들이 처음 만든 음식이 라면인 경우가 많다. 누구나 라면과 관련된 추억이 하나쯤은 있고, 자신만의 라면 끓이는 비법이 있다. 무엇보다 우리보다 라면을 많이 먹는 민족은 없다. 라면은 중국과 일본의 음식문화가 섞여 있지만, 이제는 우리 음식의 반열에 올라섰다고 할 수 있을 것 같다.

단무지

단무지는 무를 소금과 쌀겨 등에 절인 음식이다. 중국음식점에서 빠지지 않고 나오기에 단무지를 중국 음식으로 아는 경우도 있지만, 사실 일본에서 전래된 음식이다. 일제강점기 중국 음식을 먹을 때 일본인들이 자신의 입맛에 맞는 반찬을 찾았기 때문에, 중국음식점에서 단무지를 내놓게 된 것이다.

단무지는 일본어로는 다쿠앙(たくあん)이다. 다쿠앙의 유래에 대해서는 여러 이야기들이 전해지고 있다. 첫째, 일본의 간사이(關西) 지방에서 무를 절여 저장한 것을 다쿠앙츠케(たくあんづけ)라고 불렀는데, 이 말이 도쿄(東京)로 전해지면서 발음이 변해 다쿠앙이 되었다는 것이다.

단무지의 유래를 우리나라 승려 택암(澤庵)에서 찾기도 한다. 일본에서 불교를 전하던 택암 스님은 일본인들이 생 무만 먹는 모습을 보고, 무를 바람에 말려 소금에 절인 후 나무통 속 쌀겨에 담그고 무거운 돌로 눌러 두었다가 꺼내 반찬으로 먹도록 하였다. 일본인들은 고마운 마음에 스님의 법호인 택암을 일본식으로 발음한 것이 바로 '다쿠앙'이라는 것이다. 택암 관련 설화는 그가 일본으로 건너간 때가 고구려라는 이야기도 있고, 고려시대라는 이야기도 전한다. 또 조일전쟁 직후 일본으로 건너가 다이도쿠지(大德寺)의 주지가 된 스님이 택암이라는 이야기도 있다. 때문에 이 설화에 대해서는 좀 더 명확한 고찰이 필요하다.

다쿠앙과 관련된 또 다른 이야기는 일본의 스님 다쿠앙 소호(沢庵宗彭)와 관련이 있다. 센고쿠(戰國)시대 전쟁으로 피폐해진 민들이 반찬도 없이 주먹밥을 먹는 모습을 본 다쿠앙스님이 무 짠지를 만들어 준 데에서 유래되었다는 것이다. 또 쇼군(將軍) 도쿠가와 이에미쓰(德川家光)가 도카이지(東海寺)를 방문하자 다쿠앙이 절여 두었던 무를 쌀밥과 함께 이에미쓰에게 제공했는데, 이에미쓰가 절인 채소의 이름을 묻자 다쿠앙 소호가 절인 채소라고 대답해서 다쿠앙이 되었다는 이야기도 전한다.

다쿠앙은 일제강점기에 우리에게 전래되었을 것이다. 일본의 다쿠앙은 해방 이후 달다는 의미에서 '단', 무를 뜻하는 '무', 담근다는 뜻의 지(漬)가 합쳐져 단무지가 되었다. 이런 점에서 단무지는 우리의 짠지와 유사한 부분이 있다.

일본의 다쿠앙은 우리의 단무지로 완벽하게 변신했다. 일본의 다쿠앙은 무를 말려서 절이는 반면, 우리는 생무를 사용한다. 만드는 법도 서로 다른 것이다. 단무지는 중국음식점뿐 아니라 분식집에서도 빠지지 않고 나온다. 이제는 우리 음식이라 할 수 있는 오므라이스·카레라이스·돈까스 등에도 단무지가 제공된다. 김밥에 단무지는 반드시 들어가고, 우리의 대표 음식 떡볶이와는 환상의 궁합을 자랑한다.

단무지는 우리 밥상에서 빠질 수 없는 김치를 대신하기도 한다. 단무지 그 자체만으로 반찬이 되기도 하지만, 단무지에 각종 양념을 더한 단무지무침은 반찬의 하나이다. 대형 마트나 슈퍼에서도 쉽게 찾을 수 있는 것이 단무지이다. 단무지는 우리 음식의 하나인 것이다.

오뎅

오뎅과 어묵은 같은 음식일까, 다른 음식일까? 국립국어원에서는 오뎅을 어묵의 비표준어로 규정했다. 오뎅을 꼬치로 부르자는 주장도 있었지만, 꼬치는 어묵과 합쳐져 어묵 꼬치라는 말이 탄생했다. 생선묵 또는 생선묵튀김으로 부르자는 주장도 있지만, 큰 반응을 얻지 못하고 있다. 북한에서는 오뎅을 고기떡으로 부른다. 엄밀한 의미에서 오뎅과 어묵은 다른 음식이다. 하지만 물고기를 통째 갈아서 밀가루 등을 섞어 튀겨낸 음식을 어묵 또는 오뎅으로 혼용해서 부르고 있다. 정확한 분류는 어렵지만 대개 가격이 비싸면 어묵, 저렴하면 오뎅으로 분류되는 것 같다.

어묵은 물고기 살을 발라 으깨어 만든 음식인데, 중국에서는 위완(魚丸), 일본에서는 가마보코(かまぼこ; 蒲鉾)라고 부른다. 일본 음식인 물고기 살을 다져 밀가루 반죽과 함께 동그랗게 뭉쳐 삶아 낸 쓰미이레(摘入)도 어묵의 일종이라 할 수 있다.

일본에서 가마보코는 1115년부터 만들기 시작했다. 조선 숙종대 물고기 살을 발라 끓는 물에 익힌 음식 가마보곳(可麻甫串)이 등장하는 것으로 보아,

17세기 후반을 전후하여 조선에 가마보코가 전해졌음을 알 수 있다. 조선시대 상인들이 왜관에서 거래하는 것이 개시(開市)이다. 1864년 왜관에서는 개시 때 조선인에게 쓰미이레를 넣은 국과 가마보코를 넣은 국과 조림으로 대접했다. 그렇다면 가마보코는 일본에 파견된 통신사에게 대접한 음식이 수입되었거나, 부산에 있던 왜관을 통해 조선에 알려졌을 가능성이 크다.

조선의 가마보곶은 물고기 살에 소고기·돼지고기·각종 버섯·해삼·고추·미나리 등을 다져 소를 만들고, 소에 녹말을 입혀 끓는 물에 익힌 것이다. 이런 점에서 일본의 가마보코와는 차이가 있다. 때문인지 조선의 가마보곶이 일본에 전래되었다는 주장도 있지만, 이는 문헌적으로 고증되지는 않는다.

일본의 오뎅(おでん)은 어묵·두부·곤약·무·계란 등을 꼬치에 꿰어 간장국물에 끓인 음식이다. 헤이안(平安)시대 농부들이 풍년을 기원하며 높은 장대에서 추던 춤이 덴가쿠(田樂)이다. 무로마치(室町)시대 꼬치에 두부를 꿰어 된장을 발라 구운 음식을 장대 위에서 춤을 추는 모습에 빗대어 미소덴가쿠(味噌田樂)로 불렸다. 이후 두부뿐 아니라 다른 재료도 함께 꼬치에 꿰어 먹었는데, 에도시대에는 굽는 것이 아닌 끓인 음식 니코미덴가쿠(煮込み田樂)가 등장했다. 그러면서 오뎅카쿠(御田樂)를 줄인 오뎅이 니코미덴가쿠를 가리키는 말이 되었다. 일본의 음식 오뎅을 우리가 어묵이라는 이름으로 수용하면서 어묵과 오뎅이 혼용되고 있는 것이다.

1907년 11월 부산에 야마구치가마보코세이조(山口浦鉾製造所)가 설립되었다. 이후 일본인들은 수산물을 쉽게 구할 수 있는 부산에 15개 내외의 오뎅공장을 설립했다. 해방이 되면서 일본인들이 돌아간 후 일본인 공장에서 일하던 사람들에 의해 오뎅이 생산되기 시작했다. 한국인이 세운 공장으로는 1945년 이상조가 부평동시장에 세운 동광식품이 있었다. 1950년 박재덕은 봉래시장 입구에 삼진식품을 세웠고, 동광식품과 삼진식품 공장장이 합작한 환공어묵도 설립되었다. 1960년대에는 영진·미도·효성·대원 등의 어묵공장이 등장했다.

오뎅의 대중화는 한국전쟁과 밀접한 관련이 있다. 부산에 많은 피난민들이 있었는데, 저렴한 가격으로 단백질을 섭취할 수 있는 오뎅은 매우 인기가 있었다. 원래 가마보코는 흰살생선의 살에 소금과 달걀의 흰자를 넣어 만드는 음식이다. 그런데 생선의 살과 부산물에 구호물자로 들어온 밀을 넣어 한국식 가마보코인 오뎅을 만든 것이다. 1950년대 이후 오뎅을 생산하는 공장이 늘어나면서, 1950년대 후반~1960년대 초반 부산오뎅이 유명세를 타기 시작했다. 그 결과 지금도 '부산오뎅'이라는 이름으로 오뎅을 판매하는 곳을 쉽게 볼 수 있다.

오뎅을 덴푸라(てんぷら)로 부르는 사람도 있는데, 이 역시 엄밀한 의미에서는 틀린 말이다. 포르투갈인들은 봄·여름·가을·겨울에 3일씩 금식과 기도를 통해 하느님의 은혜에 감사하는데, 이 날이 쿠아토오르 템포라(Quatuor Tenpera)이다. 이날 포르투갈인들은 밀가루 반죽에 물고기나 새우를 묻혀 튀겨 먹었다. 포르투갈 선교사들이 먹는 튀김 요리를 보고 나가사키지역 사람들이 이를 흉내 내어 템포라라고 부르다가, 덴푸라가 된 것이다. 아마도 물고기 살을 기름에 튀겨내다 보니 어묵·오뎅·덴푸라가 혼용된 것 같다. 물론 덴푸라는 기름을 사용하는 음식인데, 일본어로 기름을 뜻하는 아부라(あぶら)가 덴푸라로 바뀌었다며, 덴푸라의 어원을 일본 내에서 찾는 견해도 있다.

대표적 길거리 음식 오뎅

오뎅으로 부르든 어묵으로 부르든 우리에게 이 음식은 더 이상 낯설지 않다. 오뎅은 2016년 부산관광홍보관을 찾은 국민 대상 설문조사에서 부산 최고의 음식 1위로 선정되었다. 오뎅은 부산의 완벽한 향토 음식인 것이다. 부산뿐 아니라 길거리 어디에서나 흔히 만날 수 있는 간식이 오뎅이다. 1980년대부터는 대기업에서도 오뎅 내지는 어묵을 제조하여 판매하고 있다. 학교에 도시락을 싸 가던 시절 가장 흔한 반찬 중 하나였던 오뎅은 지금도 우리 식탁에 오르며, 술집에서 자주 찾는 안주의 하나이기도 하다.

빵

빵은 곡식을 반죽해 돌에 구운 것에서 시작되었는데, 이때의 반죽은 발효시키지 않은 것이었다. 기원전 2천년 이집트인들이 처음으로 이스트를 넣어 발효시킨 반죽으로 빵을 만들기 시작했고, 빵의 발효 기술은 이집트가 그리스에 정복되면서 그리스로 전해졌다. 이후 기독교와 함께 빵은 유럽에 전해졌다.

빵은 서양인들의 주식인 만큼 개항기 조선에 온 서양인들이 빵을 구워 먹었을 가능성이 있고, 서양인들이 묵었던 호텔에서도 빵을 만들었을 것이다. 그러나 우리에게 빵은 서양이 아닌 일본에서 전래된 음식이다. 빵이라는 용어도 일본에서 포르투갈어 팡(pão)을 빵(パン)으로 표기한 것에서 유래한다. 때문에 우리는 팡과 빵을 함께 사용했는데, 해방 이후 더 많이 쓰인 빵으로 통일된 것이다.

일본에서 전래된 빵 하면 떠오르는 음식이 고로케(コロッケ)이다. 프랑스의 크로켓(croquette)이 일본에 전해져 고로케가 만들어졌고, 일제강점기 우리에게 전해졌던 것이다. 카스텔라(castella) 역시 일본에서 전해졌다. 카스텔라는 "쌓아 올려진 것", '성(城)'을 뜻하는 포르투갈어 카스텔로(castelo) 혹은 스페인의 지역 카스티야(castilla)를 카스테라(カステラ)로 읽은 데에서 유래되었다고 한다. 『임원경제지』와 『청장관전서』 등에 가수저라(加須底羅)가 소개되고 있는 것으로 보아, 조선인들도 카스텔라를 알고 있었음이 분명하다.

표준어는 곰보빵이지만 소보로(そぼろ)로 알려진 빵 역시 일본에서 전래되

일본의 메론빵

었다. 일제강점기 우리에게 소보로 빵이 전해졌듯이, 일본의 식민통치를 받은 타이완도 소보로빵을 받아들였다. 때문에 중국과 홍콩에서도 소보로빵을 볼 수 있다. 그러나 소보로빵을 부르는 이름은 모두 다르다. 일본은 메론빵(メロンパン), 타이완·홍콩·중국에서는 파인애플빵이라는 뜻의 보로바우(菠蘿包)로 부른다. 소보로는 일본에서 조미해서 물기 없이 날리도록 만든 식품으로 초밥 등에 뿌려 먹는 것이다. 빵 표면에 붙어 있는 덩어리가 소보로와 비슷해서 소보로빵이라는 이름이 생긴 것 같다. 우리는 그 생김새 때문에 곰보빵으로도 부른다.

1874년 기무라 야스헤에(木村安兵衛)는 쌀누룩을 사용하여 빵 안에 단팥을 넣은 안팡(あんパン)을 개발했다. 이 빵이 바로 단팥빵이다. 안팡은 덴노가 맛볼 정도로 큰 인기를 끌었고, 서구화 바람과 함께 서민들에게도 사랑을 받았다. 단팥빵에 팥 대신 크림을 넣은 것이 크림빵이다.

찬바람이 불면 많은 사람들이 즐겨 찾는 붕어빵도 일본에서 전래되었다. 1930년대 일본에서는 도미 모양의 빵 다이야키(鯛燒き)가 만들어졌다. 다이야키는 경사스럽다는 뜻의 메데타이(目出度い)와 발음이 통해 일본인들은 다이야키를 먹으면 복이 온다고 믿었다. 또 국화빵도 만들어졌는데, 국화는 덴노 가문의 상징이었다. 일제강점기 도미빵과 국화빵을 만드는 틀이 전래되면서, 우리나라에서도 도미빵과 국화빵이 판매되기 시작했다. 해방 이후 도미빵과 국화빵을 흉내 낸 풀빵이 만들어졌다. 풀빵은 가난했던 시절 밀가루를 풀처럼 묽게 반죽하고 속에 팥을 넣어 먹던 음식이다. 풀빵이 모양이 바뀌면서 붕어빵으로 발전한 것이다.

우리의 전통음식으로 알고 있는 찐빵 역시 일제강점기 일본에서 전래되었다. 찐빵 속에 고기나 야채가 들어가면 만두, 단팥이 들어가면 찐빵이 된다. 때문인지 지금도 찐빵 가게는 대개 만두를 함께 판매하고 있다. 한편 호빵은 1971년 삼립식품공업에서 출시한 상표명이다.

두 무덤이 연접해 있어 표주박처럼 생긴 황남대총(皇南大塚) 옆에서 판매되는 경주의 특산물이 황남빵이다. 1939년 최영화(崔永和)가 처음 만든 이 빵은 당시로서는 귀한 팥을 듬뿍 넣은 고급빵이었다. 최영화의 첫째 아들이 최영화빵, 둘째 아들이 황남빵으로 대를 잇고 있다. 경주빵도 사실은 황남빵을 모방한 것으로, 황남빵이라는 명칭을 사용할 수 없어 경주빵이라는 이름을 사용하는 것이다. 황남빵·최영화빵·경주빵 모두 단팥을 사용하여 구운 빵이라는 점에서 일본 단팥빵에서 일정한 영향을 받았다고 할 수 있다.

누구나 한번쯤은 먹었을 건빵 역시 일본에서 전해진 것이다. 러일전쟁 중이던 1905년 일제는 밀가루·쌀가루·계란 등을 배합하여 이스트로 발효시킨 건면포(乾麵麭)를 개발했다. 건면포는 보존과 휴대가 편리하도록 비스킷(biscuit) 모양으로 구웠는데, 구을 때 공기구멍을 뚫어 터지는 것을 방지하였다. 이 건면포를 빵에서 나온 것이라고 하여 마른[乾] 빵이라는 의미에서 간빵(カンパン)으로 불렀다.

일제강점기 우리나라에 주둔했던 일본군들에게 건빵이 지급되었다. 해방 이후 창설된 국군에게도 건빵이 보급되었다. 뿐만 아니라 건빵은 민간에 구호품과 위문품으로 쓰이기도 했다. 그러나 건빵을 생산하는 공장 자체가 부족했고, 규모 역시 작아 넉넉하게 보급되지는 못했다.

한국전쟁 중 일제강점기 건빵공장에서 일한 경험이 있는 함창희(咸昌熙)가 동림산업을 설립하여 대구에서 건빵을 생산하기 시작했다. 서울수복 후 함창희는 일제의 적산(敵産)인 모리나가의 건빵공장을 불하받아 건빵을 생산하고, 군에 납품하기 시작했다. 일본에서 전투식량으로 탄생한 건빵은 지금도 전투식량으로서의 역할을 하고 있으며, 민간에서는 간식으로도 활용되고 있는 것이다.

일제강점기 전래된 빵은 양과자점이나 행상에 의해 판매되었다. 그러던 것이 해방 이후 빵집이 늘어나면서 행상은 점차 사라졌다. 이 시기 국내 일본 인이 운영하던 제과점에서 일했던 사람이나 일본의 제과점에서 일했던 사람 들이 귀국해서 빵집을 여는 경우가 많았다. 빵집 이름으로 ○○당이 많았던 것은 일본의 영향을 받았음을 말해 준다.

일제강점기 빵은 상류층의 전유물이었다. 빵의 대중화는 한국전쟁과 밀접 한 관련이 있다. 전쟁구호와 전후 복구를 위해 밀가루의 대량원조가 이루어 지면서 민들도 빵으로 배고픔을 면하게 되었다. 1960년대 정부가 혼식을 장 려하면서 빵집은 급속하게 늘어나기 시작했다.

제과점에서 일하던 허창성(許昌成)은 1945년 10월 황해도 웅진에서 상미당 (常味堂)을 열었고, 1948년에는 서울의 을지로로 옮겨왔다. 이어 1961년 삼립 산업제과공사를 설립하면서, 공장에서 빵을 대량으로 생산하기 시작했다. 그 뒤를 이어 1969년 서울식품공업과 삼미식품 기린도 제빵회사를 차렸다. 1970년에는 한국콘티넨탈식품, 1972년에는 샤니의 전신인 한국인터내셔날 식품공업 등이 빵을 생산하기 시작했다. 이듬해에는 삼우식품도 제빵업에 뛰어들었다.

1980년대에는 동네마다 제과점이 등장했다. 경제성장이 이루어지면서 고 급스러운 빵을 선호했기 때문이다. 뉴욕제과·고려당·독일빵집·태극당 등은 분점을 내기 시작했다. 분점에는 기술 인력과 경영방법 등이 제공되었지만, 제품은 공급하지 않았다. 이 시기에는 분점도 빵을 자체적으로 만들었던 것 이다.

1986년 샤니는 '파리크라상', 1988년에는 가맹점인 '파리바게트'를 열었다. 2013년 폐업했지만, 1988년 '크라운베이커리'도 등장했다. 그 결과 1990년대 에는 전국에 프랜차이즈 빵집이 들어섰다. 이전 빵집이 일본식 제과점의 변 형이었다면, 프랜차이즈 빵집은 미국식 베이커리(Bakery)의 이미지와 시스템을 도입하여 한국식으로 변형시킨 것이었다. 최근에는 프랜차이즈 빵집과 함께 제빵기술자들이 직접 운영하는 빵집도 큰 인기를 끌고 있다.

대개는 빵을 간식으로 여기지만, 밥을 대신하기도 한다. 밥과 달리 빵은 용기나 반찬이 필요하지 않다. 밀로 만든 음식인 만큼 식사로도 충분하다. 때문에 빵은 간식이면서도, 주식의 역할도 하는 것이다. 빵을 찾는 또 다른 이유는 맛에 있다. 서양인들은 우리의 빵을 매우 맛있다고 평가한다. 서양 음식 빵이 일본을 통해 우리에게 전해졌지만, 우리는 그것을 우리 방식으로 변형시켰기 때문이다. 이런 점에서 빵 역시 우리 음식의 반열에 올라섰다고 할 수 있을 것 같다.

치킨

우리가 즐겨 먹는 프라이드치킨은 미국 남부 지역에서 흑인 노예들이 백인 농장주가 살이 많은 부위를 먹은 후 버린 닭의 날개·발·목 등을 뼈째 먹을 수 있도록 바싹 튀긴 데에서 유래했다고 한다. 또 다른 이야기도 전하는데, 흑인 노예들이 자신이 키운 닭을 특별한 날 튀겨 먹은 데에서 유래했다는 것이다. 확실한 것은 프라이드치킨은 미국의 흑인 노예들이 먹던 음식이었다는 사실이다.

『오주연문장전산고』에 닭을 참기름에 튀기는 음식이 소개되어 있지만, 지금의 치킨 형태의 기름에 튀긴 닭은 한국전쟁 이후 미군 부대를 중심으로 유입되었다. 그러나 이 시기 기름에 튀긴 닭은 쉽게 맛보기 힘든 음식이었다.

치킨의 대중화는 전기구이통닭에서 시작되었다. 전기구이통닭은 쇠막대기에 닭을 끼워 돌리면서 전기열로 가열한 음식인데, 기름이 빠져 고소하고 담백하다. 전기구이통닭은 1961년 '명동영양센터'에서 시작되었다. 이후 통닭을 파는 집은 영양센터였다. '영양'이라는 이름에서 닭이 보양식이라는 우리의 관념을 엿볼 수 있다.

1969년 소고기 수요가 늘어나면서 육류 파동이 일어났고, 소고기의 대체제로 닭이 주목받기 시작했다. 1971년 동방유량(東方油亮)이 '해표식용유'를 생산하면서 시장에 닭튀김집이 등장했다. 가마솥에서 기름에 튀긴 닭은 닭을 통째로 기름에 튀긴 통닭의 형태였다. 통닭은 튀김옷이 없는 닭튀김이었다.

전기로 굽거나 기름에 튀긴 통닭의 인기는 대단했었다. 아버지가 퇴근길 사다 주시는 통닭은 가족 모두를 흥분시켰다. 지금처럼 쉽게 치킨을 먹을 수도 없었고, 가격 역시 만만치 않았기 때문이다. 통닭이 한참 인기를 끌고 있을 때 미국의 KFC를 흉내 낸 켄터키치킨이 등장했다. 켄터키치킨이 처음 등장한 시기는 정확히 모르겠지만, 1970년대 중반 무렵인 것 같다. 켄터키치킨은 통닭과 달리 닭을 조각내어 밀가루와 양념을 입혀 기름에 튀겨낸 것이었다. 기존의 통닭과 다른 새로운 맛은 큰 인기를 끌었다.

프라이드치킨은 계속 진화했다. 1977년 명동 신세계백화점 지하 식품부에 '림스치킨'이 영업을 시작했다. 최초의 치킨프랜차이즈가 등장한 것이다. 같은 해 '반포치킨'에서 전기구이통닭에 마늘로 만든 양념을 바른 마늘통닭을 선보였다. 프라이드치킨의 경우도 처음에는 튀김가루만 묻히거나 물반죽만 묻혀 튀겼다. 그러다가 소금과 향신료 등 다양한 첨가물로 만든 염지액(鹽漬液)을 닭에 묻힌 후, 튀김가루를 묻히고 물반죽코팅에 담갔다가 다시 튀김가루를 묻혀 튀겨내는 크리스피(crispy)치킨이 등장했다.

양념치킨

1980년대 후반에는 프라이드치킨에 한국식 양념을 입힌 양념치킨이 등장했다. '멕시칸치킨'의 창업자 윤종계가 치킨을 덜 퍽퍽하게 먹을 수 있는 방법을 찾으면서 처음 만들었다고 한다. 양념치킨은 우리의 독창적인 음식이지만, 중국음식점에서 판매되고 있는 깐풍기[干烹鷄]나 라조기[辣椒鷄]의 영향을 받았을 가능성도 있다. 깐풍기나 라조기를 보고 튀겨낸 치킨에 한국인의 입맛에 맞게 맵고 달콤한 소스를 발라 판매한 것이 양념치킨의 시작일 수도 있다고 생각한다.

깐풍기

양념치킨과 유사한 형태의 치킨이 닭강정이다. 양념치킨이 먼저인지 닭강정이 먼저인지는 확실치 않다. 아마도 양념치킨과 닭강정은 서로 영향을 받았을 가능성이 높다. 요즘 유행하는 순살양념치킨은 닭강정의 다른 형태로 보아도 무방할 것 같다.

라조기

양념치킨과 유사한 형식의 간장치킨도 등장했다. '대구통닭'이 원조라고 하지만 분명치 않다. 양념치킨이 큰 인기를 얻자 기존의 맵고 단맛이 아닌 우리의 전통 양념인 간장양념을 새로운 소스로 만들었을 것이다. 이 역시 중국 음식 유린기[油淋鷄]의 영향을 받았을 가능성이 있다.

1980년대 중반에는 '금강치킨'에서 바비큐치킨을 선보였다. 최근에는 오븐에 구워내는 치킨도 등장했다. 오븐구이 치킨은 원래 서양에서 닭을 조리하는 법이지만, 우리의 양념소스를 발라 만드는 경우가 많다.

간장치킨

2002년 서울월드컵은 치킨을 전국민의 음식으로 만들었다. 축구 경기를 지켜보면서 맥주를

유린기

마시며 치킨을 먹었다. 이를 계기로 스포츠중계를 보면서 치킨과 맥주를 먹는 것은 일상적인 모습이 되었다. 프로야구 경기장 주변은 치킨 냄새가 코를 찌른다. 야구를 보면서 치킨을 먹는 것이 하나의 트렌드가 된 것이다.

맥주의 탄산감은 치킨의 기름진 맛을 잡아주어 맛을 배가시킨다. 마찬가지로 치킨은 콜라와도 궁합이 잘 맞는다. 양념이 된 치킨은 훌륭한 반찬이기도 하다. 때문에 '치맥'·'치콜'·'치밥'이라는 신조어가 만들어졌다. 치킨과 소주, 치킨과 막걸리의 조합도 환상적이어서 '치소'·'치막'을 즐기는 모습도 일상적이 되었다. 최근에는 떡볶이 국물에 치킨을 찍어 먹기도 하고, 감자칩과 치킨, 누룽지와 치킨의 조합을 만들어 내기도 했다.

2018년 기준 KFC는 140여개 국가에서 2만 3천여 개의 매장을 운영 중인데, 한국의 치킨전문점은 3만 6,791개에 달한다. 전 세계 KFC 매장을 합친 것보다 더 많은 치킨집이 한국에 있는 것이다. 때문에 우리나라를 치킨공화국으로 부르기도 한다.

치킨을 판매하는 매장의 수만 많은 것이 아니다. 치킨은 전통 닭요리와 달리 기름 맛이 강하다. 하지만 우리는 기존의 치킨에 다양한 양념을 발라 요리하는 형태로 발전시켰다. 치킨 위에 파를 뿌린 파닭, 다진 마늘이나 튀긴 마늘을 곁들인 마늘치킨 등 우리 음식으로 변형했다. 치킨은 아이들의 간식, 어른들의 술안주, 반찬 등 다양한 용도로 먹을 수 있기 때문에 '치느님'으로 칭송되고 있다. 프라이드치킨의 우리말은 닭튀김이지만, 우리는 기름에 튀긴 닭 외 오븐구이·바비큐구이·강정 등을 모두 치킨으로 부른다. 우리의 치맥문화는 중국 등 주변국가에 영향을 미치고 있으며, 외국인들이 선호하는 K-food 중 하나가 치킨이다. 이런 점에서 치킨은 완벽한 우리 음식이라고 할 수 있다.

참고문헌

사서

『高麗史』(1983, 亞細亞文化社)

『高麗史節要』(2004, 신서원)

『三國史記』(1988, 明文堂)

『三國遺事』(1989, 서문문화사)

『日本書紀』(1989, 一志社)

≪朝鮮王朝實錄≫

관찬서

『經國大典』(1983, 亞細亞文化社)

『新增東國輿地勝覽』(1985, 민족문화추진회)

≪海行摠載≫(1977, 민족문화추진회)

의약서

『東醫寶鑑』(2015, 법인문화사)

『食療纂要』(2014, 진한엠앤비)

『鄕藥救急方』(2018, 역사공간)

조리서

方信榮, 『朝鮮料理製法』(2011, 悅話堂)

憑虛閣李氏, 『閨閤叢書』(1975, 寶晉齋)

李時弼, 『謏聞事說』(2012, 모던플러스)

李用基, 『朝鮮無雙新式料理製法』(2001, 궁중음식연구원)

張桂香, 『음식디미방』(2003, 경북대학교출판부)

全循義, 『山家要錄』(2007, 궁중음식연구원)

趙慈鎬, 『朝鮮料理法』(2014, 책미래)

문집

柳夢寅, 『於于野談』(2006, 돌베개)

徐有榘, 『林園經濟志』(2020, 풍석문화재단)

柳重臨, 『增補山林經濟』(2003, 농촌진흥청)

柳僖, 『物名考』(2019, 소명출판)

李圭景, 『五洲衍文長箋散稿』(1981, 민족문화추진회)

李奎報, 『東國李相國集』(1980, 民族文化推進會)

李德懋, 『靑莊館全書』(1997, 솔)

李睟光, 『芝峰類說』(1994, 乙酉文化社)

李裕元, 『林下筆記』(1999, 민족문화추진회)

李瀷, 『星湖僿說』(1979, 民族文化推進會)

丁若銓, 『玆山魚譜』(2016, 서해문집)

韓致奫, 『海東繹史』(1998, 민족문화추진회)

許筠, 『惺所覆瓿藁』(1989, 민족문화추진회)

洪萬選, 『山林經濟』(1982, 민족문화추진회)

洪錫謨, 『東國歲時記』(1972, 大洋書籍)

기타

『宣和奉使高麗圖經』(2005, 황소자리)

『禮記』(1984, 保景文化社)

『齊民要術』(2007, 한국농업사학회)

『訓蒙字會』(1971, 檀大出版部)

연구서

강인희 외(1999), 『한국의 상차림』, 효일문화사.

강준만·오두진(2005), 『고종 스타벅스에 가다』, 인물과사상사.

국사편찬위원회(2006), 『자연과 정성의 산물, 우리 음식』, 두산동아.

김경은(2012), 『한·중·일 밥상문화』, 이가서.

金尙寶(1997), 『한국의 음식생활문화사』, 光文閣.

김상보(2004), 『조선시대 궁중음식』, 修學社.

김상보(2006), 『조선시대 음식문화』, 가람기획.

김상보(2010), 『상차림문화』, 기파랑.

김상보(2013), 『우리음식문화이야기』, 북마루지.

김상보(2015), 『사상으로 만나는 조선왕조 음식문화』, 북마루지.

김상보(2017), 『한식의 道를 담다』, 와이즈북.

김영복(2008), 『한국음식의 뿌리를 찾아서』, 백산출판사.

김윤식(2012), 『도시와 예술의 풍속화 다방』, 한겨레출판.

김정호(2012), 『조선의 탐식가들』, 따비.

남기현(2015), 『음식에 담아낸 인문학』, 매일경제신문사.

농촌진흥청(2014), 『규곤요람·음식방문·주방문·술빚는법·감저경장설·월여농가』,
　　　진한엠앤비.

동아일보사 한식문화연구팀(2012), 『우리는 왜 비벼먹고 쌈 싸먹고 말아먹는가』,
　　　동아일보사.

무라야마 도시오 지음, 김윤희 옮김(2015), 『라면이 바다를 건넌 날』, 21세기북스.

문순덕(2010), 『섬사람들의 음식연구』, 학고방.

박용운(2019), 『고려시대 사람들의 식음 생활』, 경인문화사.

박정배(2013·2015), 『음식강산』 1·2·3, 한길사.

박정배(2016), 『푸드인더시티』, 깊은나무.

박정배(2016), 『한식의 탄생』, 세종서적.

박정배(2021), 『만두』, 따비.

박찬영(2010), 『양념은 藥이다』, 국일미디어.

박현진(2018), 『밥상 위에 차려진 역사 한순갈』, 책들의정원.

배상면 편역(2007), 『조선주조사』, 우곡출판사.

손종연(2009), 『한국食문화사』, 진로.

쓰지하라 야스오 지음, 이정환 옮김(2002), 『음식, 그 상식을 뒤엎는 역사』, 창해.

신숙정 외(2016), 『맛있는 역사』, 서경문화사.

안용근(2010), 『개고기』, 효일.

양세욱(2011), 『짜장면뎐』, 프로네시스.

에드워드 왕 지음, 김병순 옮김(2017), 『젓가락』, 따비.

오카다 데스(岡田 哲) 지음, 정순분 옮김(2006), 『돈가스의 탄생』, 뿌리와이파리.

옥순종(2016), 『은밀하고 위대한 인삼이야기』, 이가서.

유승훈(2008), 『우리나라 제염업과 소금민속』, 민속원.

유승훈(2014), 『작지만 큰 한국사, 소금』, 푸른역사.

윤덕노(2007), 『음식잡학사전』, 북로드.

윤덕노(2010), 『장모님은 왜 씨암탉을 잡아주실까?』, 청보리.

윤덕노(2011), 『붕어빵에도 족보가 있다』, 청보리.

윤덕노(2011), 『신의 선물 밥』, 청보리.

윤덕노(2011), 『떡국을 먹으면 부자된다』, 청보리.

윤덕노(2014), 『음식으로 읽는 한국생활사』, 깊은나무.

윤덕노(2016), 『전쟁사에서 건진 별미들』, 더난출판.

윤덕노(2017), 『종횡무진 밥상견문록』, 깊은나무.

윤서석·윤숙경·조후종·이효지·안명수·윤덕인·임희수(2015), 『맛·격·과학이 아우러진 한국음식문화』, 교문사.

윤숙자·강재희(2012), 『아름다운 세시음식 이야기』, 질시루.

윤숙자 외(2019), 『한국인의 일생의례와 의례음식』, 한림출판사.

윤형숙·김건수·박종오·박정석·김경희·조희숙(2009), 『홍어』, 민속원.

윤형숙·김건수·박종오·박정석·선영란·김경희·조희숙(2010), 『소금과 새우젓』, 민속원.

윌리엄 루벨 지음, 이인선 옮김(2015), 『빵의 지구사』, 휴머니스트.

李盛雨(1984), 『한국식품사회사』, 教文社.

李盛雨(1985), 『韓國料理文化史』, 教文社.

李盛雨(1992), 『東아시아 속의 古代韓國食生活史研究』, 鄕文社.

이숙인·김미영·김종덕·주영하·정혜경(2012), 『선비의 멋 규방의 맛』, 글항아리.

이애란(2012), 『통일을 꿈꾸는 밥상 북한식객』, 웅진리빙하우스.

이은희(2018), 『설탕, 근대의 혁명』, 지식산업사.

이정학(2012), 『가비에서 카페라떼까지』, 大旺社.

이효지(2009), 『한국전통민속주』, 한양대학교 출판부.

장유정(2008), 『다방과 카페, 모던보이의 아지트』, 살림.

張智鉉(1996), 『韓國外來酒流入史研究』, 修學社.

張智鉉(2004), 『韓國傳來醱酵飮食史研究』, 修學社.

전희정·정희선(2009), 『전통저장음식』, 교문사.

정대성 지음, 김경자 옮김(2001), 『우리 음식문화의 지혜』, 역사비평사.

정은정(2014), 『대한민국 치킨展』, 따비.

정의도(2014), 『한국고대 숟가락연구』, 경인문화사.

정혜경(2007), 『한국음식 오디세이』, 생각의나무.

정혜경(2013), 『천년한식견문록』, 파프리카.

정혜경(2015), 『밥의 인문학』, 따비.

정혜경(2017), 『옛 그림 속 술의 맛과 멋』, 세창미디어.

정혜경(2018), 『조선왕실의 밥상』, 푸른역사.

정혜경·이정혜(1996), 『서울의 음식문화』, 서울학연구소.

주영하(2000), 『음식전쟁 문화전쟁』, 사계절.

주영하(2005), 『그림속의 음식, 음식속의 역사』, 사계절.

주영하(2009), 『차폰 잔폰 짬뽕』, 사계절.

주영하(2011), 『음식인문학』, Humanist.

주영하(2013), 『식탁 위의 한국사』, Humanist.

주영하(2014), 『장수한 영조의 식생활』, 한국학중앙연구원 출판부.

주영하(2014), 『서울의 전통 음식』, 서울특별시 시사편찬위원회.

주영하(2014), 『서울의 근현대 음식』, 서울특별시 시사편찬위원회.

주영하(2018), 『한국인은 왜 이렇게 먹을까?』, 휴머니스트.

주영하(2020), 『백년식사』, 휴머니스트.

주영하·김혜숙·양미경(2017), 『한국인, 무엇을 먹고 살았나』, 한국학중앙연구원
　　　출판부.

최준식(2006), 『그릇, 음식 그리고 술에 담긴 우리 문화』, 한울.

최준식(2014), 『한국음식은 '밥'으로 통한다』, 한울.

탄베 유키히로 지음, 윤선혜 옮김(2018), 『커피세계사』, 황소자리.

톰 스텐디지 지음, 김정수 옮김(2020), 『세계사를 바꾼 6가지 음료』, 캐피털북스.

한국식량안보연구재단(2012), 『한식 세계화에 날개 달다』, 식안연.

한복진 글, 한복려 사진, 황혜성 감수(1998), 『우리가 정말 알아야 할 우리음식백가
　　　지』 1·2, 현암사.

한복진(2001), 『우리생활 100년 음식』, 현암사.

한복진(2005), 『조선시대 궁중의 식생활문화』, 서울대학교 출판문화원.

한복진(2009), 『우리 음식의 맛을 만나다』, 서울대학교 출판문화원.

한식재단(2013), 『맛있고 재미있는 한식이야기』, 한국외식정보.

한식재단(2013), 『숨겨진 맛 북한전통음식』, 한국외식정보.

한식재단(2014), 『조선 백성의 밥상』, 한림출판사.

한식재단(2014), 『조선 왕실의 식탁』, 한림출판사.

한식재단(2014), 『근대 한식의 풍경』, 한림출판사.

한식재단(2014), 『화폭에 담긴 한식』, 한림출판사.

한영실(2012), 『우리가 정말 알아야 할 음식상식 백가지』, 현암사.

허남춘·허영선·강수경(2015), 『할망 하르방이 들려주는 제주음식이야기』, 이야기섬.

혼마 규스케 지음, 최혜주 역주(2008), 『조선잡기』, 김영사.

황광해(2017), 『食史』, 하빌리스.

황광해(2019), 『한식을 위한 변명』, 하빌리스.

황교익(2010), 『미각의 제국』, 따비.

황교익(2011), 『한국음식문화 박물지』, 따비.

연구논문

고경희(2003), 「조선시대 한국풍속화에 나타난 식생활문화에 관한 연구」, 『한국식생활문화학회지』 16(3), 한국식생활문화학회.

구자원(2012), 「한국 음식문화에서의 조화로운 특징」, 『Journal of Korean Culture』 21, 한국어문학국제학술포럼.

구천서(1995), 「불교(佛敎)가 우리나라 식생활문화(食生活文化)에 미친 영향」, 『韓國食生活文化學會誌』 10(5), 韓國食生活文化學會.

權寧國(1985), 「14세기 権鹽制의 成立과 運用」, 『韓國史論』 13, 서울대학교 국사학과.

권주현(2012), 「통일신라시대의 食文化 연구: 왕궁의 식문화를 중심으로」, 『한국고대사연구』 68, 한국고대사학회.

권주현(2014), 「신라의 발효식품에 대하여: 안압지 출토 목간을 중심으로」, 『목간과 문자』 12, 한국목간학회.

김갑영(1999), 「陰陽五行的 觀點에서 본 韓國의 飮食文化」, 『超自然現象研究』 6, 공주대학교 동양학연구소.

金光彦(1992), 「만두 考」, 『古文化』 40·41, 한국대학박물관협회.

金束實·朴仙姬(2010), 「한국 고대 전통음식의 형성과 발달」, 『단군학연구』 23, 고조선단군학회.

金大吉(1995), 「조선 후기 酒禁에 관한 연구」, 『史學研究』 50, 韓國史學會.

김만태(2009), 「'짜장면'의 토착화 요인과 문화적 의미」, 『韓國民俗學』 5, 韓國民俗學會.

김명자(2009), 「세시풍속을 통해본 물의 종교적 기능」, 『韓國民俗學報』 49, 韓國民俗學會.

김문겸·이동일(2008), 「한국인의 술문화와 술집의 변천」, 『한국어와 문화』 3, 숙명여자대학교 한국어문화연구소.

김미혜·정혜경(2007), 「民俗畵에 나타난 18世紀 朝鮮時代 食器와 飮食文化 연구: 단원 김홍도의 작품을 중심으로」, 『학국식생활문화학회지』 22(6), 한국식생활문화학회.

金聲振(2007), 「『瑣尾錄』을 통해 본 士族의 生活文化: 음식문화를 중심으로」, 『東洋漢文學研究』 24, 東洋漢文學會.

김수민(2013), 「신라고분에 보이는 음식공헌과 生死觀」, 『慶州史學』, 慶州史學會.

김정하(2013), 「부산 향토음식문화의 형성과정 고찰: 생선회와 어묵을 중심으로」, 『세계해양발전연구』 22, 한국해양대학교 세계해양발전연구소.

金鍾德(2014), 「상추[白苣, 萵苣]의 품성과 효능에 대한 고문헌연구」, 『농업사연구』 13(2), 한국농업사학회.

김준(2008), 「젓새우잡이의 역사와 어로문화」, 『農耕文化』 31, 국립목포대학교 도서문화연구원.

김준혁(2014), 「조선시대선비들의 탁주(濁酒)이해와 음주문화」, 『역사민속학』

46, 한국역사민속학회.

김춘동(2016), 「한국 빵 문화 변천의 사회문화적 과정」, 『민주주의와 인권』 16(4), 전남대학교5·18연구소.

김효경(2019), 「조선시대 굴[石花] 생산과 활용양상」, 『비교민속학』 70, 비교민속학회.

나경수(2018), 「대표적인 세시절식(歲時節食)의 주술적 의미」, 『韓國民俗學』, 韓國民俗學會.

류정월(2010), 「조선 초기 양반의 술 문화: 조선 초기 잡록의 술 관련 일화를 중심으로」, 『東方學』 19, 한서대학교 동양고전연구소.

문정훈·정재석(2013), 「오비맥주 80년 경영사 및 핵심역량 분석」, 『경영사학』 67, 한국경영사학회.

박소영(2012), 「조선시대 금주령의 법제화 과정과 시행양상」, 『전북사학』 42, 전북대학교 사학회.

박소영(2018), 「조선시대 주세운영에 관한 연구: 19세기를 중심으로」, 『전북사학』 54, 전북대학교 사학회.

박유미(2016), 「한국 고대의 두류 재배와 활용」, 『고조선단군학』 35, 고조선단군학회.

박지영·오미정·이현숙·도원석(2004), 「물과 차의 관계에 대한 문헌 연구」, 『韓國茶學會誌』 10(3), 韓國茶學會.

박진(2017), 「朝鮮時代 禁酒令과 減膳의 정치적 활용」, 『역사민속학』 53, 한국역사민속학회.

朴平植(1997), 「朝鮮前期 鹽의 生産과 交易」, 『國史館論叢』 76, 國史編纂委員會.

朴平植(2008), 「朝鮮前期 人蔘政策과 人蔘流通」, 『韓國史研究』 143, 한국사연구회.

裵永東(1996), 「한국 수저[匙箸]의 음식문화적 특성과 의의」, 『문화재』 29, 국립문화재연구소.

배영동(2008), 「퓨전형 향토음식의 발명과 상품화」, 『韓國民俗學』 48, 韓國民俗學

會.

복혜자(2008), 「만두의 조리방법에 대한 문헌적 고찰」, 『한국식생활문화학회지』 23(2), 한국식생활문화학회.

徐惠卿·尹瑞石(1987), 「우리나라 젓갈의 지역성 연구(1): 젓갈의 종류와 주재료」, 『韓國食生活文化學會誌』 2(1), 韓國食生活文化學會.

徐惠卿(1987), 「우리나라 젓갈의 지역성 연구(2): 젓갈의 담금법」, 『韓國食生活文化學會誌』 2(2), 韓國食生活文化學會.

서혜경·이효지·윤덕인(2000), 「몽골의 음식문화」, 『比較民俗學』 19, 比較民俗學會.

서혜경(2004), 「한국 음식과 일본 음식의 조미료 사용법 비교」, 『韓國食生活文化學會誌』 19(2), 韓國食生活文化學會.

申芝鉉(1994), 「염업」, 『한국사』 24, 국사편찬위원회.

송화섭(2017), 「해장국의 발생 배경과 변천 과정: 전주콩나물국밥의 사례를 중심으로」, 『東아시아 古代學』, 東아시아古代學會.

신애숙(2000), 「부산의 전통·향토음식의 현황 고찰」, 『한국조리학회지』 6(2), 한국조리학회.

安大會(2015), 「18·19세기의 음식취향과 미각에 관한 기록: 沈魯崇의 『孝田散稿』와 『南遷日錄』을 중심으로」, 『東方學志』 69, 東方學會.

안영희(2010), 「아지노모토의 신문광고와 미각의 근대화: 한일근대미각의 대중화」, 『일본학연구』 30, 단국대학교 일본연구소.

안용근(1999), 「한국의 개고기 음식에 대한 고찰」, 『한국식품영양학회지』 12(4), 한국식품영양학회.

안정윤(2003), 「19세기 蝦醢(새우젓)가 食生活에 미친 영향」, 『역사민속학』 17, 한국역사민속학회.

안효진·오세영(2018), 「라면을 보는 5가지 시각: 기사분석을 중심으로」, 『한국콘텐츠학회논문지』 18(9), 한국콘텐츠학회.

양세욱(2009), 「음식 관련 중국어 차용어의 語源: '춘장·짬뽕·티'를 중심으로」, 『中國學報』 60, 韓國中國學會.

양정필·여인석(2004), 「'조선인삼'의 기원에 대하여」, 『醫史學』 24, 大韓醫史學會.

양정필·여인석(2004), 「삼국-신라통일기 인삼 생산과 대외교역」, 『醫史學』 25, 大韓醫史學會.

오순덕(2012), 「조선왕조 궁중음식(宮中飮食) 중 다식류(茶食類)의 문헌적 고찰」, 『한국식생활문화학회지』 27(3), 한국식생활문화학회.

오영주(2009), 「동아시아 속의 제주 발효음식문화」, 『제주도연구』 32, 제주학회.

유가효(2015), 「전통 태교에 나타난 임신 중 금기 및 권장 식품의 상징적 의미」, 『푸드아트테라피』 4(1), 한국푸드아트테라피.

유옥경(2011), 「朝鮮時代 繪畵에 나타난 飮酒象 연구」, 이화여자대학교 박사논문.

윤동현·이병희·왕차오(2015), 「국내 생수산업의 성장사 고찰」, 『경영사학』 30, 한국경영사학회.

윤명준·김세환·차기훈(2020), 「밥그릇 용량의 시대별 변천과정 연구」, 『식공간연구』 15(1), 한국식공간학회.

尹瑞石(1980), 「新羅時代 飮食의 硏究: 三國遺事를 중심으로」, 『신라문화제학술발표논문집』 1(1), 新羅文化宣揚會.

윤서석(1986), 「한국 식생활문화의 고찰」, 『韓國營養學會誌』 19(2), 韓國營養學會.

윤서석(1993), 「한국 식생활의 통사적 고찰」, 『韓國食生活文化學會誌』 8(2), 韓國食生活文化學會.

윤성재(2018), 「고려시대의 차[茶]와 다방(茶房)」, 『史林』 65, 수선사학회.

이규진(2019), 「'아귀찜'의 등장과 확산」, 『한국식생활문화학회지』 34(1), 한국식생활문화학회.

이귀주·정현미(1999), 「다식의 유래와 조리과학적 특성에 대한 문헌적 고찰」, 『韓國食生活文化學會誌』 14(4), 韓國食生活文化學會.

李承姸(1994), 「1905년~1930년대 초 일제의 酒造業 정책과 조선 주조업의 전개」,

『韓國史論』 32, 서울대학교 국사학과.

이승은·윤민희(2014), 「한식 젓가락의 문화적 특성에 관한 연구」, 『한국디자인문화학회지』 20(4), 한국디자인문화학회.

이시재(2015), 「근대일본의 '화양절충(和洋折衷)' 요리의 형성에 나타난 문화변용」, 『아시아리뷰』 5(1), 서울대학교 아시아연구소.

이욱(2002), 「16·17세기 '소금專賣制' 시행론과 性格」, 『朝鮮時代史學報』 21, 朝鮮時代史學會.

이은희(2015), 「박정희 시대 콜라전쟁」, 『역사문제연구』 34, 역사문제연구소.

이은희(2017), 「박정희 시대 빙과열전(氷菓熱戰)」, 『역사비평』 121, 역사문제연구소.

이정수(2003), 「16세기의 禁酒令과 儉約令」, 『한국중세사연구』 14, 한국중세사학회.

이정희(2009), 「대한제국기 원유회(園遊會) 설행과 의미」, 『韓國音樂研究』 45, 한국국악학회.

李炳熙(2015), 「高麗時期 식수의 調達」, 『文化史學』 44, 韓國文化史學會.

이재규(2003), 「수원갈비의 역사성 탐구에 관한 소고」, 『외식경영연구』 6(1), 한국외식경영학회.

이종수(2016), 「13세기 탐라와 원제국의 음식문화 변동 분석」, 『아세아연구』 60(1), 아세아문제연구소.

이종수(2016), 「조선시대 부산과 왜관의 음식문하 교류와 변동 분석」, 『해항도시문화교섭학』 14, 한국해양대학교 국제해양문제연구소.

李哲鎬·盟英善(1987), 「韓菓類의 文獻的 考察」, 『韓國食生活文化學會誌』 2(1), 韓國食生活文化學會.

이혜정·전정일(2000), 「쌀로 만든 죽의 종류와 조리 방법에 관한 관찰」, 『한국식품영양학회지』 13(3), 한국식품영양학회.

이화선·구사회(2017), 「일제 강점기 주세령(酒稅令)의 실체와 문화적 함의」, 『한

민족문화연구』 67, 한민족문화학회.

이화형(2010), 「한국음식문화에 나타나는 융복합성 一考」, 『東아시아古代學』 23, 東아시아古代學會.

李賢泰(2016), 「경주 교동 94-3번지 일원 유적 출토 삼국시대 동·식물 유체 연구」, 『신라문화』 48, 동국대학교 신라문화연구소.

이효지(1988), 「조선시대의 떡문화」, 『한국식품조리과학회지』 4(2), 한국식품조리과학회.

이효지·송혜림(2003), 「열구자탕(悅口子湯)의 문헌적 고찰」, 『韓國食生活文化學會誌』 18(6), 韓國食生活文化學會.

임은지·차경희(2010), 「고문헌을 통해 본 조선시대 식초제조에 관한 연구」, 『한국식생활문화학회지』 25(6), 한국식생활문화학회.

장소영·한복려(2012), 「초계탕의 시대적 변천에 대한 연구」, 『한국식생활문화학회지』 27(5), 한국식생활문화학회.

장지현(1991), 「우리나라 전통주의 역사」, 『식품과학과 산업』 24, 한국식품과학회.

전애리(2016), 「한·중 전통사회의 임신금기(姙娠禁忌) 고찰」, 『우리文學研究』 52, 우리문학회.

정근식(2004), 「맛의 제국, 광고, 식민지적 유산」, 『사회와 역사』 66, 한국사회사학회.

정경란(2014), 「호초(胡椒)의 두 가지 의미, 고추와 후추」, 『한국콘텐츠학회지』 12(2), 한국콘텐츠학회.

정경란(2018), 「청국장의 역사」, 『한국콘텐츠학회논문지』 18(7), 한국콘텐츠학회.

정미선(2009), 「동아시아 3국의 공통 식사도구의 전파·수용 및 변화에 대하여: 한·중·일의 공통 식사도구로서의 젓가락을 중심으로」, 『Journal of Oriental Culture&Design』 1(1), 국민대학교 동양문화디자인연구소.

정성일(2015), 「倭館 開市 때 제공된 日本料理 기록의 비교(1705년, 1864년)」, 『韓日關係史研究』 52, 한일관계사학회.

정용범(2014), 「고려시대 酒店과 茶店의 운영」, 『역사와 경계』 92, 부산경남사학회.

정의도(2016), 「고고자료로 본 조선시대의 젓가락 연구」, 『文物硏究』 29, 동아시아문물연구학술재단.

정혜경(2008), 「만두 문화의 역사적 고찰」, 『동아시아식생활학회 학술대회발표논문집』, 동아시아식생활학회.

정현숙(2003), 「江原道의 메밀음식」, 『鄕土史硏究』 15, 韓國鄕土史硏究全國協議會.

정형지(2012), 「대한제국기 조선요리옥의 출현」, 『이화사학연구』 45, 이화사학연구소.

조정규(2016), 「홍어와 가오리의 음식문화권 연구: 광주·전남을 중심으로」, 『문화역사지리』 28(2), 한국문화역사지리학회.

조희진(2015), 「아지노모도의 현지화전략과 신문광고: 1925~39년 『동아일보』를 중심으로」, 『사회와 역사』 108, 한국사회사학회.

조항범(2007), 「'도루묵'의 語源」, 『국어국문학』 15, 국어국문학회.

주영하(2008), 「'주막'의 근대적 지속과 분화: 한국음식점의 근대성에 대한 일고 (一考)」, 『실천민속학연구』 11, 실천민속학회.

주영하(2011), 「조선요리옥의 탄생: 안순환과 명월관」, 『東洋學』 50, 檀國大學校東洋學硏究所.

주영하(2015), 「동아시아 식품산업의 제국주의와 식민주의: 깃코망형 간장, 아지노모토, 그리고 인스턴트라면」, 『아시아리뷰』 9, 서울대학교 아시아연구소.

주영하(2017), 「1609~1623년 忠淸道 德山縣 士大夫家의 歲時飮食: 조극선의 『忍齊日錄』을 중심으로」, 『藏書閣』 38, 한국학중앙연구원.

朱益鍾(1992), 「日帝下 韓國人 酒造業의 發展」, 『經濟學硏究』 40(1), 한국경제학회.

최원기(2004), 「한국인의 음주문화: 일상화된 축제의 탈신성성」, 『사회와 역사』 66, 한국사회사학회.

허남춘(2005), 「제주 전통음식의 사회문화적 의미」, 『탐라문화』26, 제주대학교
　　　탐라문화연구소.

허시명(2008), 「한국 소주의 어제와 오늘」, 『한국어와 문화』3, 숙명여자대학교
　　　한국어문화연구소.

황익주(1994), 「향토음식 소비의 사회문화적 의미: 춘천닭갈비의 사례」, 『한국문
　　　화인류학』26, 한국문화인류학.